国民政府
黄河水利委员会研究

胡中升◎著

中国社会科学出版社

图书在版编目(CIP)数据

国民政府黄河水利委员会研究／胡中升著．—北京：中国社会科学出版社，2015.12

ISBN 978－7－5161－7411－1

Ⅰ.①国…　Ⅱ.①胡…　Ⅲ.①黄河－水利工程－委员会－研究－民国　Ⅳ.①TV512

中国版本图书馆CIP数据核字(2015)第309489号

出 版 人　赵剑英
责任编辑　任　明
责任校对　王　影
责任印制　何　艳

出　　版　中国社会科学出版社
社　　址　北京鼓楼西大街甲158号
邮　　编　100720
网　　址　http：//www.csspw.cn
发 行 部　010－84083685
门 市 部　010－84029450
经　　销　新华书店及其他书店

印刷装订　北京市兴怀印刷厂
版　　次　2015年12月第1版
印　　次　2015年12月第1次印刷

开　　本　710×1000　1/16
印　　张　18.75
插　　页　2
字　　数　317千字
定　　价　68.00元

凡购买中国社会科学出版社图书，如有质量问题请与本社营销中心联系调换
电话：010－84083683

目　录

第一章

黄委会的成立

鸦片战争后，中国国门被打开，中西方交流渐增，西方水利科技随之传入中国，并在治黄中得到应用。中国治黄事业由此出现转机，开始由传统向现代嬗变。

第一节　近代水利科技在治黄中的运用

洋务运动期间，由于河患频仍，部分河务官员采用西方近代治河技术治理黄河，并取得一定成效；由于通商航行需要，列强对中国的一些河道港湾进行了勘测和疏浚，加上一些西方人出于各种目的对黄河进行的“考察”，从而使近代水利技术逐步在治黄中得以运用。晚清时期，引进西方水利技术治黄仅处于起步阶段，到了民国时期，这些水利新技术的应用逐步扩展开来，于此分别论述之。

水文测量

水文测量是治河的一项基础工作，在治黄中使用较早。据记载，清政府于乾隆三十年（1765 年）在河南陕州黄河万锦滩、巩县洛河口、武陟木栾店分设水志桩（相当于近代的水位站），进行汛期洪水位观测，以便掌握黄河及泾、渭、洛、沁等支流的来水情况，传递水情。光绪四年（1878 年），黄河上已采用公制拔海计来观测水位的涨落。[1] 1912 年，督办运河工程局在山东泰安设立了黄河流域第一个雨量站。此后，其他雨量站也纷纷设立：1916 年，在山西太原和山东济南各设雨量站 1 处；1917

---

① 水利部黄河水利委员会《黄河水利史述要》编写组主编：《黄河水利史述要》，水利电力出版社 1984 年版，第 393 页。

年，在绥远省设立二十四倾地雨量站；1918年，在陕西省高陵县设立通远坊站；1920年，在归绥设立福音堂站。1920年后，各地仍在不断增设雨量站。1921年2月，顺直水利委员会在山东东阿县南桥村（今属平阴县）设立黄河南桥（又名姜沟）水位站，这是黄河干流上设立最早的水位站。

民国初年，黄河上开始设置水文站。1915年8月，督办运河工程局在大汶河设立南城子水文站，这是黄河支流上最早设立的水文站。① 1918—1919年，运河工程局在黄河的石家洼（今梁山县石洼）、魏家山（东阿位山）及蒋口（姜沟位山下游）等处设立水文站，仅做短期的间断性测量。② 1919年，顺直水利委员会在河南陕县和山东泺口设置两处水文站，“观测水位、流量、含沙量、降雨量等，为黄河干流上最先设立的水文站。……测量工作亦断断续续，自民国8—36年，停测达4次”。③ 1928年，华北水利委员会在黄河开封柳园口设水文站，次年，又在河南省武陟县姚旗营、兰考东坝头、鄄城康屯和梁山十里铺以及洛河流域之巩县等5处设立水文站。1930年5月，山东河务局颁布《水文站观测办法》，规定每年2月1日至10月31日为汛期，其他时间为非汛期；汛期每日上午6时起每两小时观测1次，洪期则不分昼夜每小时观测1次；非汛期每日6、12、18时定时观测3次。同时，该办法对水位、流量、降水量、蒸发量、含沙量等方面的测验技术、方法及时制都有规定，这是黄河下游最早的水文监测办法。

据国民政府内政部1932年调查，黄河流域鲁、豫、冀、陕、晋、察、绥七省共有雨量站521处。④ 但到1933年9月黄委会成立时，全流域只有巩县和交口镇、阳平镇3处水位站在坚持观测，其余水位站全部停测，水文站仅有9处（见表1-1），雨量站87处。

① 黄河水利委员会黄河志总编辑室编：《黄河大事记》，河南人民出版社1991年版，第140页。

② 费礼门：《中国洪水问题》，转引自黄河水利委员会黄河志总编辑室编《历代治黄文选》（下册），河南人民出版社1989年版，第127—128页。

③ 黄河水利委员会编：《民国黄河大事记》，黄河水利出版社2004年版，第20页。

④ 胡焕庸：《黄河志·气象篇》，商务印书馆1936年版，第6页。

表1-1　国民政府黄委会成立前（1933年9月）黄河流域水文站一览表

河名	站名	地址	设立日期	设立机关
黄河	潼关	陕西省潼关县	1929年2月	华北水利委员会
黄河	陕县	河南省陕县	1919年4月	顺直水利委员会
黄河	泺口	山东省济南市	1919年3月	顺直水利委员会
泾河	张家口	陕西省泾阳县	1932年1月	陕西省水利局
泾惠渠	张家口	陕西省泾阳县	1932年6月	陕西省水利局
渭河	咸阳	陕西省咸阳市	1931年6月	陕西省水利局
北洛河	状头	陕西省澄城县	1933年5月	陕西省水利局
北洛河	大王庙	陕西省大荔县	1933年6月	泾洛工程局
大汶河	南城子	山东省东平县	1915年8月	督办运河工程局

资料来源：黄河水利委员会水文局编：《黄河水文志》，河南人民出版社1996年版，第73页。

勘测

清康熙四十七年（1708年），中国开始引进西方测量技术，组织专门测绘队，进行全国性的三角测量，并测定多数天文点。至五十七年（1718年）绘成“皇舆全图。”①

从光绪五年（1879年）至八年（1882年），英属印度政府派遣以潘底特（A. K. Pundit）为主的测量队穿越西藏，渡过黄河上游之玛楚河，通过鄂陵湖西岸至河源，对黄河上游地区进行了局部测量。②

清光绪十五年（1889年），河督吴大澂奏请测绘豫、冀、鲁三省黄河地形图。获批准后，他从福建船政局、上海机械局、天津制造局和广东舆图局等单位调集20余人，分成4组，上自河南阌乡县金斗关起，下至山东利津铁门关海口止，计测河道1206公里，绘图157幅，比例尺为1：36000。③ 次年图成，经光绪过目，定名为《御览三省黄河全图》，该图是最早采用现代方法施测的黄河地图。同时，荷兰工程师单百克和魏舍曾做黄河下游考察，并撰写有关报告。考察中，他们还分别在泺口、铜瓦厢等

① 张汝翼：《近代治黄中西方技术的引进》，《人民黄河》1985年第3期。

② 黄河水利委员会黄河志总编辑室编：《黄河大事记》，河南人民出版社1989年版，第83页。

③ 河南省地方史志编撰委员会：《河南省志·黄河志》（4），河南人民出版社1991年版，第75页。

处测量含沙量。自此，西方的治河技术开始应用到黄河治理中。

光绪二十四年（1898 年），鉴于山东河患严重，清政府派李鸿章会同任道熔、张汝梅勘查黄河，拟订治理办法。比利时工程师卢发尔应邀同行，并写有勘河报告。卢发尔在《酌量应办治河事宜》中主张治河应着眼全局，他认识到黄河为害的主要原因在于中上游的泥沙，故治黄宜在病原加意，下游停淤之沙，系由上游拖带而来，至平原地区，流缓则沙停，沙停则河淤，河淤过高，水遂改道。他建议，“今欲求治此河，有应行先办之事三：一、测量全河形势，凡河身宽窄深浅，堤岸高低厚薄，均需详志；二、测绘河图，须纤悉不遗；三、分派人查看水性，较量水力，记载水志，考求沙数，并随时查验水力若干，停沙若干。凡水性沙性，偶有变迁，必须详为记出，以资参考”，即要测量全河地形，并绘制成图；纪录黄河水文，观测流量、沙量及其变化。卢发尔认为，没有这些基本资料，就“无以知河水之性，无以（定）应办之工，无以导河之流，无以容水之涨，无以防范之生也。此三者事未办，所有工程终难得当，即可稍纾目前，不旋踵而前功尽隳矣”。[①] 他提出，治黄首要工作是观测河形、水势、流量和沙量，从了解黄河河性入手，然后才能制订治理方案。卢发尔的这种治黄思想无疑是十分正确的。

光绪三十一年（1905 年）美国人泰勒（W. F. Tyler）主持测量济南津浦铁路黄河铁桥上下数十英里河段，并有勘测报告。[②] 同年，督办蒙旗垦务大臣贻谷派人测量后套乌加河，绘制图幅，称此处“地极洼下，众流所归，俗名为乌梁素海”。[③]

民国年间，测勘工作进一步展开，规模更大。北洋政府时期，陆军测量局依据北洋政府参谋部下达的任务，施测比例尺为 1∶10 万及 1∶5 万的黄河流域地形图。1914 年，在黄河流域鲁、豫、冀、晋、陕各省先行施测，因无统一的高程系统和规范要求，质量较差。[④]

其间，山东、河南河务局也设立测绘机构，对黄河下游进行了部分测

---

① 林修竹：《历代治黄史》卷五，山东河务局 1926 年印，第 511—512 页。

② Capt. W. F. Tyler：*Totes on the Yellow River*，上海江海关 1906 年印制。

③ 黄河水利委员会黄河志总编辑室编：《黄河大事记》（增订本），黄河水利出版社 2001 年版，第 137 页。

④ 黄河水利委员会黄河志总编辑室编：《黄河大事记》，河南人民出版社 1991 年版，第 139 页。

量。1918 年，山东省河务总局工务科成立测量组。次年，该局分段精测山东黄河河道，至 1925 年 6 月测竣。[①] 此次精测范围包括：山东黄河下段惠民县刘旺庄至利津县西盐窝河道；黄河上段寿张县黄庄至阳谷县陶城埠河道；山东中段范县张秋至惠民县刘旺庄河道。当年 7 月，精测《山东黄河三游河道图》完成，该图是治黄机构首先施测带有等高线的现代地形图。

1919 年 11 月，河南黄河河务局成立测绘处。至 1923 年 10 月，该处共完成沁河河道 55 公里、黄河从孟县济源交界处至长垣 190. 5 公里测绘，计测绘 1：6000 比例尺图 69 幅，并编绘成比例尺为 1：40000 的测图，高程引自顺直水利委员会京汉黄河铁桥北岸 PM249 测站点，这是治黄部门首次采用大沽零点高程。[②]

为研究黄河对运河的影响，1919 年，运河工程局聘请美国工程师费礼门指导，测量河南京汉铁路桥至山东十里堡间的黄河堤岸，绘制比例尺为 1：25000 的测图 46 幅。该图绘制精细，标示了河势、各处险工、历年决口地点，并附有实测河道横断面图。根据这次测量可知，黄河自京汉铁桥以下至铜瓦厢决口处，约有 80 英里河道之洪水位高出内堤以外平地 20—25 英尺，低水位高出 5—10 英尺，低水位之平均河底，高出于堤外平地平均约 5 英尺。[③] 这是引用西方测量技术测量黄河堤工之始。1923 年，顺直水利委员会“用导线测量山东周家桥至泺口以下一段黄河河道，所测面积约 1030 平方公里，水准线 237 公里。所测地形仅及河身左右 1—2 公里，共绘成 1：10000 简略地形图 40 余幅”。[④]

1928 年 11 月，华北水利委员会组织测量队，自豫境黄河铁桥，向下游施测，沿河两岸地形测至外堤以外数公里为止。1929 年春，该会奉建设委员会之令，停止黄河测量，总计施测约五个月。其测量方法，系用三角纲法，测至中牟县境内的孙庄，但黄河铁桥以东至武陟县黄沁交汇处以西的解封村一段亦同时测竣，面积约 1140 平方公里。据此，该会绘制出

① 黄河水利委员会黄河志总编辑室编：《黄河大事记》，河南人民出版社 1991 年版，第 143 页。

② 黄河水利委员会勘测规划设计院编：《黄河勘测志》，河南人民出版社 1993 年版，第 146 页。

③ 黄河水利委员会编：《民国黄河大事记》，黄河水利出版社 2004 年版，第 22 页。

④ 岑仲勉：《黄河变迁史》，人民出版社 1957 年版，第 667 页。

1∶5000 地形图 89 张，河身横断面 31 个，其他河身横断面 89 个、堤身横断面 155 个。①

航测是一种先进的测量技术，20 世纪初开始兴起，始用于大地测量。其利用飞机拍摄得到地形图片，并用少量的地面控制点做平面纠正，再做中心投影而为平面地形图。1912 年，德国首先采用航测技术测量全国地形，以后欧美各国竞相采用。中国 1928 年引进这一技术，并首先用于水利测量。②

水情传递

中国古代有塘马报汛制度，昼立旗杆，夜挑灯笼，鸣锣报警。这种报汛方式在历史上起过一定的作用，但是速度较慢，有一定的局限性。清末，电报、电话这些先进的通信方式传入中国后，被逐步运用到水情传递中。光绪十三年（1887 年），郑州十堡决口，直隶总督和河南巡抚奏请清廷批准，架通了山东济宁（河东河道总督衙门所在地）至开封（河南巡抚衙门所在地）的电报线路。次年正月，线路接通，经试用，电报畅通。这是黄河流域第一条专用电报线路，也是河南省境内的第一条电报线路，大大加快了黄河通信联系和汛情传递。③ 光绪十五年（1889 年）清政府又架设了曹县至东明高村电报线。光绪二十五年（1899 年），李鸿章曾建议在黄河“南北两堤，设德律风（电话）传语”。光绪二十八年（1902 年）山东河务局各河防分局都架设了电话线，至光绪三十四年（1908 年）两岸已架线长 700 多公里，黄河水情可用电话随时向两岸传递。④

北洋政府时期，由于军阀混战，国家财政困窘，电报、电话在传递黄河水文汛情方面并没有迅速推广。直到南京国民政府成立后，这一状况始有改观。1929 年 10 月，河南省政府谕令整理黄河委员会委员长何其慎，于各险工处架设临时电话以期信息灵通，预防河患。该项工作随即展开，并取得成效。黄河南岸由开封经柳园口、东漳、来童寨至京水镇，共长

---

① 沈怡、赵世暹、郑道隆编：《黄河年表》，军事委员会、资源委员会 1935 年印，第 254 页。

② 水利水电科学研究院《中国水利史稿》编写组编：《中国水利史稿》（下册），水利电力出版社 1989 年版，第 368 页。

③ 黄河水利委员会黄河志总编辑室编：《黄河大事记》（增订本），黄河水利出版社 2001 年版，第 132 页。

④ 张汝翼：《近代治黄中西方技术的引进》，《人民黄河》1985 年第 3 期。

102 公里，设五部电话，“完竣以来，黄河南岸共长二百余里消息灵通，呼应利便，裨益河工”。[①] 1931 年 4 月，铁牛大王庙至来童寨，架设电话支线长 17 公里；1932 年，沁河两岸至河北堤界（现河南濮阳段）下界沿河各段汛，先后均安设电话。[②] 民国期间，黄河上的通信建设逐渐有所发展，但规模不大。

河工机械

黄河河工中最早使用的机械是挖泥船。光绪九年（1883 年），陈士杰奏言：“下游淤塞，水流不畅，疏通海口，当与修筑长堤相辅而行。查铁门关以下节节生淤，阻滞已非一日，臣拟派长龙舢板七号，并新造浚河船三十号，购到小轮船一号，各带混江龙、铁篦子前往铁门关一带逐段试刷。”[③]

光绪十五年（1889 年），山东巡抚张曜托外商德威尼订购的法国制铁管挖泥船两只运到黄河口，在黄河铁门关以下河口段试用。该船是由法国威德尼厂制造的，吃水 1.4 米。由于当时河口段黄河水深不过尺余，经常搁浅，效果不佳。光绪十七年（1891 年），改用轮船拖带传统疏浚机混江龙，可谓新旧合璧的疏浚机械。[④]

民国年间，在黄河堵口中开始使用打桩机。1921 年，黄河在山东利津宫家坝决口。美商亚洲建业公司（Asia Development Co.）总工程师塔德承包宫家坝黄河堵口工程。据参与人潘镒芬记述，施工中“先于上海购到三十马力、锤重一吨之普通汽机打桩机一架，由东坝（即甲堤上首）开始打桩，逐渐西进”。但是打桩工作“其初以机械不灵，汽压不足，时常停顿。每日工作平均十小时，打桩不过四根。继由美国运来新机一付，马力稍大（三十五四，锤重一吨半），每日可打十三四根，进行较速”。[⑤]这种打桩机在黄河大型堵口工程中十分有用，以后的花园口堵口也曾使

① 陈汝珍编：《豫河三志》卷 7，河南河务局 1931 年版，第 1 页。

② 黄河水利委员会编：《黄河史志资料》1985 年第 3 期。

③ 山东河务局黄河志编撰办公室编：《山东黄河大事记》（1946—1984）（无出版单位）1985 年，第 321 页。

④ 水利水电科学研究院《中国水利史稿》编写组编：《中国水利史稿》（下册），水利电力出版社 1989 年版，第 374 页。

⑤ 黄河水利委员会黄河志总编室编：《历代治黄文选》（下册），河南人民出版社 1989 年版，第 236—237 页。

用过。

国民政府成立后，黄河下游开始使用抽水机和虹吸管，用于灌溉和放淤。1928年11月，河南河务局局长张文炜及工程师曹瑞芝、河南水利局局长陈泮岭从上海购回吸水机8部、发动机引擎4部。次月月初，开始在柳园口险工回回寨处建设抽水站。翌年5月，抽水站建成，“安装引擎2部、吸水机3部，抽黄河水灌溉开封老君堂、孙庄一带农田5400余亩”①，这是黄河下游第一个抽黄灌溉工程。1929年复在开封斜庙第二造林场安置引擎、吸水机各1部，作为育苗浇水之用。1930年，山西省建设厅从德国引进3台锅驼机，决定在汾河下段建立高灌站。次年，新绛县机灌站建成，浇地3000亩。稷山县机灌站于1931年建成，当年浇地4000亩。

1929年6月12日，由河南河务局在郑县花园口西安装虹吸引黄工程，至当年7月10日竣工，开始吸水灌田，这是黄河下游最早建成的虹吸灌溉工程。后来在山东历城县黄河大堤上，也仿效安设虹吸管。抽水机和虹吸管的应用，使黄河下游的灌溉事业得到了发展。

河工新材料、新技术

中国河工历史悠久，对筑堤修防、抢险堵口有丰富的经验，但多凭人力，所用材料为土、石、秸料。直到近代，这种情况才有所改变。光绪十三年（1887年）郑州十堡决口，在堵口工程中采用了新工具和新材料，“引进小铁路五里，运料铁车一百辆，架设电灯，用于工地照明，有力地促进了工程进展”②。光绪十四年（1888年），黄河长垣及山东东明段堤防施工中也开始使用小铁路运输土料。同年，“黄河堤工中首次使用水泥”。翌年，又调用小火车封堵山东章丘大寨决口。鉴于小铁路运输之显著功效，“山东巡抚张曜向天津订购铁轨1080丈及铁车若干，作为黄河下游抢险岁修专用”。③此后，黄河堵口抢险遂逐步使用小铁路。光绪二十四年（1899年）前后抢险堵口时，夜晚已用电灯照明。

民国初年，“防洪工程中出现了钢筋混凝土结构，采用启闭机械、配备钢板闸门的新型水闸。工程材料和启闭设备的变革，使河工建筑物向大

① 黄河水利委员会编：《民国黄河大事记》，黄河水利出版社2004年版，第52页。

② 刘于礼编：《河南黄河大事记》（1840—1985），河南河务局1993年版，第1页。

③ 水利水电科学研究院《中国水利史稿》编写组编：《中国水利史稿》（下册），水利电力出版社1989年版，第375页。

型化发展”。[①] 近代以来，黄河河工的施工条件和设备开始有所改善。

20世纪20年代，黄河下游修防中出现了一种编箔工程，发明者为山东河务局职员潘镒芬。其做法为：采用柳枝以铅丝编织成箔，箔的厚薄视用度而定（如做护岸工程，可薄些，能以御溜为度，如做坝用则要厚些），所有编成之箔，每层上面均要签拴长桩或枕子，横直横相叠，酌量情形，做成大小方格子，格子的中间抛压砖石。这样做法的优点在于柳箔在下层可以防御水溜，不使淘刷，砖石在上层可以镇压柳箔，不使水袭，且砖石在方格中间，四面拢住不易散失，较之纯用砖石，或抛护埽根为优。[②] 1927年，潘镒芬在李升屯做10道挑水坝，对编箔工程进行试验，并取得成功。他在李升屯险工4号坝下，仿欧美沉排技术并结合中国的埽工做法，创修柳箔工程一段。两个月后，邻近3号坝和5号坝都已出险，被严重冲刷，唯4号坝未出现险情。由此可见，用编箔作为坝埽工程的根基，具有很好的抗冲作用。

民国时期，西方的堵口技术也传入中国，并在黄河堵口中成功运用。西方堵口采用的是平堵法，而中国传统堵口采用立堵法。立堵法就是从决口口门两端用埽占向水中进堵，使口门逐渐缩窄，最后将缩小的缺口封堵截流。平堵是沿口门打桩建桥，由桥上抛料，逐层填高，直至高出水面截断水流。1921年，山东利津宫家坝决口，由美商建业公司承包堵口，采用架桥平堵法，这是黄河上首次使用此法堵口，这种方法在以后的黄河大型堵口工程中常被使用。

河工试验

中国传统河工，全凭总结和借鉴前人经验，累世相传，从无模型试验之说。19世纪末，德国德累斯顿工业大学恩格斯（Hubert Engels，也译作恩格尔斯）教授首创河工模型试验，为水利科研带来新手段，裨益河工良多。美国水利工程师费礼门盛赞说，“世界上唯有水工试验可以给出一千倍之利息”。[③] 之后，欧美国家纷纷以水工试验为治水之先导。民国时

---

① 复旦大学历史地理研究中心主编：《自然灾害与中国社会历史结构》，复旦大学出版社2001年版，第64页。

② 黄河水利委员会黄河志总编室编：《历代治黄文选》（下册），河南人民出版社1989年版，第205页。

③ 中国水利会、黄河研究会编：《李仪祉纪念文集》，黄河水利出版社2002年版，第62页。

期，水工模型试验被引入黄河治导中来。

1917年，费礼门受北洋政府聘请来华从事运河改善工作，兼研究黄河问题。费氏考察黄河后发现其下游堤距过宽，在洪水期，该河有显著的自行刷深河床功能。他主张在黄河下游宽河道内修筑直线型新堤，以丁坝护之，束窄河槽，以逐渐刷深之。1919年，费氏再次考察黄河。1922年，他发表《中国洪水问题》一文，主张在黄河下游两岸河堤内筑一直线新堤，以此窄且直的新河槽使河不复迂回曲折，久而久之，则大堤与新堤间将逐渐为溢洪泥沙所淤填，从而形成一道坚固的河堤，使水由新岸中行。为防止新岸被冲刷淘空，可用丁坝保护之。他设想保持一个低水与洪水均适用的、有自行刷深能力的窄槽，以供洪流顺利通过。①

恩格斯教授对此持不同看法，费氏乃委托他以试验加以证明。1923年，恩格斯接受费氏的委托，在德累斯顿工业大学水工试验室进行黄河丁坝试验，研究修筑丁坝缩窄河槽、丁坝间的距离及丁坝与堤岸所成的角度等问题。试验完成后，恩氏写出《黄河丁坝试验简要报告》，认为丁坝对于黄河并无实用价值。在德国进修水利的中国留学生郑肇经参加了此次试验。②

1928年，恩格斯的学生、德国汉诺威大学方修斯教授应聘来中国，赞助导淮计划，兼研究治导黄河之策。方修斯认为“黄河之所以为患，在于洪水河床之过宽”，③ 主张缩窄河床以治河，意见与恩格斯相左。在李仪祉建议下，1931年7月，恩氏在德国奥贝那赫瓦痕湖做大规模模型试验。试验采用清水，结果证明：将堤距大加约束后，河床在洪水时不但没有被冲深，洪水位不仅未降落，反而不断抬高。为进一步证实上述结论，1932年，恩格斯又在奥贝那赫瓦痕湖水力试验场专门做了黄河大型模型试验。试验河床取用沥青碳屑铺底，以更接近黄河的实际情况。试验结论与第一次相同，即堤距大量缩窄后，河床在洪水时非但水位不能降低，反而有所抬高。④

上述试验结果，不但平息了国人关于如何治导黄河下游的一些争论，而且推动了中国水工试验的开展，对治黄产生了重要作用。在1931年的

① 刘于礼编：《河南黄河大事记1840—1985》，河南黄河河务局1993年版，第41页。

② 黄河水利委员会编：《民国黄河大事记》，黄河水利出版社2004年版，第32页。

③ 黄河水利委员会黄河志总编辑室编：《河南黄河志》（内部发行），1986年版，第100页。

④ 黄河水利委员会编：《民国黄河大事记》，黄河水利出版社2004年版，第69页。

中国水利工程学会上，专家们就主张要建立中国自己的水工试验所。

地质

中国早就有沧海桑田的地质思想，但直到20世纪初才开始有了中国地质学。此前曾有西方学者来中国进行过地质调查，如美国的庞培勤、威理士、勃拉克，英国的达伟德，德国的李希霍芬，俄国的热瓦斯基和奥勃鲁契夫等，他们分别在黄河流域的甘、宁、绥、秦、晋、冀、豫、鲁等省境内，进行一些小范围的地质调查。其中以李希霍芬最为突出。他于1868—1872年7次来华，足迹遍及黄河流域的晋、冀、鲁、豫、陕、甘、内蒙古等省区。其考察范围甚广，凡地形、山脉、河流、化石、岩石、土壤、森林、作物等方面都有详细记录，并以地层为调查重点，建立了一系列地层剖面，著有《中国》五卷，对中国地质学的创立起了先导作用。

清末，地质勘探技术与设备随着铁路修建及矿山开发而引入中国。为了修建黄河铁路大桥，首次在黄河岸边进行了河床的工程地质钻探。据光绪三十年（1904年）六月督办铁路大臣盛宣怀奏称，为了选择建桥地点，“测量地势上下数十里。考验地质打钻八九丈，前后十余次，历时四五年，方择定建桥之处”，① 这是有记载的黄河上第一次地质钻探。

地质调查与制图也取得了一定成绩。1910年，中国地质学家邝荣光绘制了《直隶地质图》，这是最早涉及黄河的区域地质图。翁文灏等1919年编制了中国第一张地质图——《中国地质约测图》（1：600万）。1919年，国立北京地质调查所在黄河流域进行地质调查，此为黄河流域区域性地质调查之始。该所根据调查结果绘出了太原—榆林幅1：100万地质图。② 黄委会建立前绘制的区域地质调查图还有1924年谭锡畴主编的北京—济南幅、1926年王竹泉重编的太原—榆林幅、1929年李捷等编的南京—开封幅。③

总体而言，清末以来进行的地质勘查工作，多属于地质基本工作和矿产地质调查，专门的黄河地质勘查较少。

由上述可见，黄委会成立前，西方水利科技已经传入中国，并在治黄中得到应用。尽管其应用还是零星的、分散的，却使中国传统治河事业出

① 水利水电科学研究院《中国水利史稿》编写组编：《中国水利史稿》（下册），水利电力出版社1989年版，第372—373页。

② 黄河水利委员会编：《民国黄河大事记》，黄河水利出版社2004年版，第22页。

③ 黄河水利委员会勘测设计院编：《黄河勘测志》，河南人民出版社1993年版，第271页。

现转机，为黄委会成立后使用新的治河手段提供了技术条件。

第二节 早期的水利“海归”派与黄河治理

清末，随着洋务运动的兴起，中国学生开始了留学之旅。继幼童赴美留学之后，中国向欧洲和日本也派遣了留学生。甲午战后，尤其是清末新政期间，中国留学事业得到进一步发展。北洋时期，为了学习国外的先进科技，政府鼓励学生出国学习理工科，并在政策上给予倾斜。于是，中国出现一批早期的水利“海归”，如李仪祉、张含英、曹瑞芝、郑肇经、沈怡、李书田、许心武、陈汝珍、李赋都等人。其中多数人学成回国后从事水利教育，为中国培养了一批近代水利人才。他们还从事江河治导，在运用西方先进水利技术、发展中国水利事业等方面，多有建树。在这批早期水利“海归”派中，曾任职黄委会、并为治黄做出重要贡献的，除李仪祉、张含英外（详见本书第二章第二节），还有以下几位。

郑肇经，1894 年生，江苏省泰兴人，水利专家，中国近代水利科学研究事业的奠基人。1912 年考入法政大学预科，毕业后入同济大学改学工科。1921 年以最优等成绩毕业于该校土木工程专业，被推荐到德国深造，进入德克森工业大学，师从德国著名水工专家恩格斯教授和皇家院士费尔斯特。1923 年，郑肇经参加了恩格斯主持的黄河丁坝试验，深感黄河治理之重要。同时，他把恩格斯的论文《制驭黄河论》译成中文在国内发表，引起业内极大关注。1924 年，他获得德国“国试工程师”学位。回国之初，受江苏省省长韩国钧邀请，就任河海工科大学教授，兼江苏省长公署水利佐理。之后，他又先后担任青岛特别市港务局局长兼总工程师、上海特别市工务局技正、代局长、经委会简任技正、水利处副处长、经济部水利司司长等职。

郑肇经在水利教育和水利学术方面多有造诣。他先后担任过河海工科大学教授、中央大学和同济大学兼职教授，还被大同、英士及中央工业学院聘为客座教授。郑氏曾将一些水利界人士送往欧美进修和学习，培养了不少水利人才。此外，他编写了《港工学》、《河工学》、《渠工学》等中文教材，著有《中国水利史》、《水文学》、《农田水利学》等著作。其中，1934 年出版的《河工学》（商务印书馆版），是中国治河工程学方面

第一部权威性教科书，被列为“大学丛书”之一，被多次出版。在该书中，郑肇经强调治河要讲究科学，要因河制宜，尤其是对素以难治闻名的黄河更当如此。他认为，“世界河流，各有特性，治河方策，亦将随之而异，宜于甲者，未必宜于乙，合于乙者，又未必合于丙。是以欧美治导河流之方法，莫不因地制宜，而有所差异。况吾国黄河之难治，举世咸知，西方学者，方孜孜研讨之不遑，而吾国数千年修治黄河之方法与经验，岂容漠然视之”。[①] 在水利资料的搜集、整理及水利史研究方面，他亦贡献良多。任职经委会水利处时，他于该处下设立“水利文献编纂委员会”，自任总编。水利处集中了一批水利学者，编撰、刊印了《河工词源》等10种专刊，对外发行，出版了《河防通议》等12种“水利珍本”丛书，初步主编完成了大型水利史料——《再续行水金鉴》。而他1939年所著的《中国水利史》（商务印书馆出版）则开创了中国水利史研究的先河。英国学者李约瑟博士曾说，“如果没有郑肇经的《河工学》、《中国水利史》做指导，要想写就《中国科学技术史》中的水利史那一部分内容是不可能的”。[②]

从20世纪30年代主持全国水利事务和水利科学研究事业起，郑肇经为研究和治理黄河做了大量工作，如委托恩格斯进行第二次黄河模型试验，筹办洮惠渠、云亭渠、涝惠渠工务所，将黄河下游巩固堤防、调整河槽及小清河航运第二期工程等工作列入“全国五年水利建设计划”。此外，他还在西安组建一等测候所，研究气象与黄河流量的关系，为预报洪水做准备；设置航空测量队，航测黄河水道地形图；派员查勘花园口决口情形，在盘溪水工试验室进行花园口堵口初步试验；设置中央水利实验处河工实验区作为治理黄河试验研究机构；组建中央实验处武功水工实验室，研究西北黄土区农田水利建设；设置中央实验处黄土防冲试验场；组织黄土查勘队查勘黄河中上游地区；设立河南水文总站，统筹陕、甘、鲁、皖四省水文总站等。[③] 郑肇经是民国时期著名的水利学者，为治黄做出了重要贡献。

沈怡，1901年生，浙江嘉兴人。同济大学毕业后，1921年赴德国德

① 郑肇经：《弁言》，载郑肇经《河工学》，商务印书馆1934年版。

② 中国人民政治协商会议泰州市委员会编：《泰州历代名人》（续集），江苏人民出版社2005年版，第278页。

③ 侯全亮主编：《民国黄河史》，黄河水利出版社2009年版，第89页。

累斯顿工业大学，师从恩格斯教授学习水利工程，并对研究黄河治理发生兴趣，其博士毕业论文以《中国之河工》为题，对中国古代黄河的决溢、治理与河工技术多有论及，是中国水利界第一位“洋博士”。

学成回国后，沈怡先后担任汉口市工务局工程师兼设计科科长、上海市工务局局长、上海市中心区域建设委员会主席、导淮委员会委员、国防设计委员会委员。黄委会成立时，他担任该会委员。1934 年，沈怡受经委会委托，赴德参与恩格斯教授主持的黄河治导试验。次年，他编撰了《黄河年表》。1941 年 4 月至 1945 年 1 月，沈怡任甘肃水利林牧公司总经理，这是甘肃省和中国银行合组的一个机构。任职期间，他在河西设立多处水文站，并派出查勘队对甘肃全省进行全面的水利调查，不仅修建了湟惠、洮惠、溥惠、油丰、靖丰、登丰、永丰、永乐等渠，而且在河西地区建成当时国内第一座大型土坝蓄水工程——金塔鸳鸯池水库。1946 年 4 月至次年 1 月，他受经委会委托，接待主要由外国专家组成的治黄顾问团，并将各种治黄资料和报告整理成《黄河研究资料汇编》。去台湾后，他仍牵挂着黄河水利，在 20 世纪 60 年代编撰了《黄河问题讨论集》，辑录了民国年间保存的中外专家的主要治黄言论，对后世黄河治理及黄河水利史研究都有重要的价值。

沈怡总结历代治河经验，认为“黄河不治，世事乱，世事越乱，黄河越不治”，“河道的寿命与治河方法有极大关系”。[①] 他虽推崇大禹和潘季驯的治黄方法，但又反对一味盲从古人，比如对于河工中的裁弯取直，他提出，只应裁过于不齐之弯，不可斤斤于逢弯即裁的见解。他认为，根据中外治河经验，有“之”字形的河道，最能持久不变。[②] 在治黄方略方面，他指出，“黄河之患，患在多沙，因此治河不外治沙，治沙即以治河”，治沙之法为：断绝来源，代谋出路。[③] 关于治理原则，他说，治河当先治下游，治下游当先治河口，而治河口仍不外乎集中水势，冲刷泥沙，以水之力，治水之患。此外，还要测勘和试验，先了解河性，才能治驭河患。他认为，“要治河，第一还得先测量”，“雨量、流量、含沙量等记录，须经过长时期的实测，才靠得住”，“除了测图及实测各种记录以

① 达慧中：《治黄理论家沈怡》，《甘肃水利水电技术》1995 年第 3 期。

② 黄河水利委员会黄河志总编辑室编：《黄河人文志》，河南人民出版社 1994 年版，第 174 页。

③ 沈怡：《黄河问题》（中），《现代评论》第 4 卷第 86 期，1926 年 7 月。

外……组织一个考察团，分组勘察，溯河而上，以至于河源，将全河险要，河流形势，一一调查明白……创办一所河工试验室，凡有疑难问题，俱在此先行试验一番”。[①] 沈怡是一位理论深厚的治黄专家，提出了许多独到的治黄见解。

许心武，1894 年生，江苏仪征人。1915 年考入河海工程专门学校（今河海大学）特科班，师从李仪祉，毕业后任职于顺直水利委员会。1923 年，许心武留学美国，先就读于加州柏克莱大学分校，复转入依阿华大学研究院学习水利工程。1926 年毕业，获工科硕士学位。回国后，任河海工科大学教授。1929 年，他任导淮委员会设计主任工程师，次年受聘于中央大学，教授水文学及防洪学。1931 年 4 月奉调任河南大学校长。1933 年 4 月，国民政府任命许心武为黄委会委员兼筹备处主任。黄委会成立后，许心武任工务处长兼副总工程师、导渭工程处主任，1935 年 1 月，任该会总工程师，他在治黄方面是李仪祉的得力助手。1935 年 11 月，李仪祉辞去黄委会委员长职务后，许心武也离开了黄委会。

许心武在黄委会筹备及任职该会期间，多次对黄河进行查勘，写出了一系列勘查报告，他在当时黄委会的技术管理工作中发挥了重要作用。1933 年 8 月，黄河险情严重时，许心武随即着手灾情调查，写出《民国二十二年黄河水灾调查报告》，并着手进行黄河堵口。后因堵口任务被交予黄灾会工赈组，他遂从事黄河测勘、设计与研究工作，协助李仪祉建立测量队、水文站。1934 年，黄委会成立导渭工程处，许心武兼任导渭工程处主任，带领工程队勘察渭河，写出《勘察渭河报告》。同年 4 月，他率领黄委会测勘组主任工程师安立森、德国高钧德博士及工程师蔡振、徐宝农等人，查勘了豫冀鲁三省黄河河势及堤岸坝埽。这是黄委会对黄河下游的一次全面查勘。根据此次勘查写出的《勘查下游三省黄河报告》详细记录了下游河势工情、堤岸埽坝情况，对下游修防和管理提出诸多建议。5 月，许心武又率领黄委会部分工程技术人员，会同山东建设厅技正曹瑞芝等人勘察黄河海口，提出整治黄河尾闾的重要意见。1935 年 1 月，他接替李仪祉任黄委会总工程师。7 月，写出《引河杀险说》，参照历史经验，提出挖引河以削减黄河险工的计划。未及实施，山东董庄决口，他

---

① 黄河水利委员会黄河志总编辑室编：《历代治黄文选》（下册），河南人民出版社 1989 年版，第 50—52 页。

立即乘欧亚航空公司飞机勘察黄河下游及鲁西灾情，又赴决口口门实地勘察，同李仪祉、韩复榘等共商堵口和救灾事宜。后经黄委会许心武、张含英等人与鲁、苏两省商洽，董庄决口善后复堤范围、工程规模及经费数额等问题，均得到满意解决。是年底，他辞去黄委会任职。

李书田，1900 年生，河北昌黎人，水利专家和教育家。1917 年考入北洋大学预科，攻读土木工程专业。1923 年，赴美国康奈尔大学研究生院继续攻读土木工程专业。1927 年，李书田回国后在北洋大学教水利学，同时受顺直水利委员会委员长熊希龄邀请，兼任该会秘书长。1929 年任北方大港筹备处副主任，拟就《北方大港之现状及初步计划》。1930 年任唐山工学院院长。1931 年任刚建立的中国水利工程学会副会长，之后还担任过北洋工学院院长、黄委会委员、西北联大工学院院长、西北工学院筹委会主任、国立西康技艺专科学校校长、贵州农工学院院长、黄委会副委员长等职务。1948 年年底，他只身去台湾，后定居美国。

任华北水利委员会期间，李书田积极倡办灌溉讲学班，设置黄河水文站，组织整理运河讨论会，还指导并参与了潮白河及滹沱河灌溉工程、永定河善后和治本等水利工程的规划设计。李书田注重水工试验，积极发起筹建水工试验所。在他和李仪祉等人的积极推动下，1935 年 11 月，中国第一水工试验所建成，当时有报纸称该所是“全国唯一设备，东亚独步”。①

李书田对黄河研究和治理多有贡献。任黄委会委员及委员长期间，他搜集黄河方面的历史资料，撰写了《中国历代治河名人录及其事迹述略》、《中国治河原理、工程用具发明考》等文章，并主持编写了《中国水利问题》一书，对黄河问题做了专章论述。根据历史经验，并参考多方意见，李书田提出根治黄河水患，要标本兼治。为此，他致力于黄河治本的勘测、研究工作，指导参与了“渭河治理”、“黄河下游治理”等重要工程的规划设计，主张修建水库，强调要注重黄河中游水土保持工作，广倡植树造林。治标方面，他认为应加高下游堤坝，做好清淤工作。同时，结合防洪、灌溉、航运、发电、围垦等方面，注重对黄河的综合开发利用。为表彰李书田对中国水利事业做出的贡献，国民政府战后授予他

① 中国人民政治协商会议天津市委员会文史资料委员会编：《近代天津十二大教育家》，天津人民出版社 1999 年版，第 227 页。

“胜利勋章”及一等金色水利奖章。

李赋都，陕西省蒲城县人。先后就读于河海工程学校、同济工艺学校德文专科。1923 年 4 月，在李仪祉的资助下，李赋都自费到德国汉诺威工业高等学校攻读水利专业。1927 年他在柏林西门子土木工程公司实习，次年回国，先后在重庆、哈尔滨等水利工程部门工作。1932 年，他受李仪祉委托再次赴德，在阿朋那黑水工试验所参加由恩格斯教授主持的黄河试验，后返汉诺威母校水工试验所实习。在此期间，他获得博士学位。1933 年 8 月回国，担任中国第一水工试验所筹划专员，负责该所设计和施工。1935 年水工试验所建成后，他出任所长，并先后进行了官厅水库大坝、芦沟桥滚水坝消力等试验，为开创中国水工试验事业做出了贡献。“七七”事变后，李赋都离津返陕，任陕西省水利局工程师，成功主持了渭河支流灞河决口的堵复工程。

1938 年年初，李赋都任职于四川省水利局，担任都江堰治本研究室主任、顾问、工程师、科长，组织都江堰治本工程设计与施工，主持编纂了《都江堰治本工程计划概要》一书，撰写了《岷江水文》、《都江堰灌溉需水量》、《都江堰灌溉缺水原因》、《都江堰整理计划》等学术论文。

1942—1949 年，李赋都任黄委会设计组主任、工务处处长、西北农学院水利系主任等职，对堵复黄河花园口决口、下游河道治理及渭河河道整治进行了论证。1946 年参加黄河治本研究团，对黄河中上游进行考察，并撰写了相关的考察报告，提出开发孟津至龙门、龙门至壶口干流水利的建议。此间，他写下《费尔曼治黄计划》、《恩格尔斯治黄计划》、《恩格尔斯 1931 年大模型河流试验》、《黄河固定河槽保护河岸及滩地问题》、《黄河问题》、《黄河总论》、《民国二十四年江河水灾情形》、《整理宝鸡—潼关间渭河暨举办沿渭灌溉工程初步计划》、《整理渭河航运》等大量论著。① 中华人民共和国成立后，李赋都仍长期任职于黄河水利机关。

这些早期的水利“海归”们将他们在海外学到的近代水利科技带入中国，并应用于黄河治理中，为黄委会科学治黄提供了技术支撑。他们中的多数人从事过水利教育，为国内培养一批近代水利人才，而且这些水利“海归”们自身也多成为黄委会的领导者和技术骨干，其中一部分在中华

---

① 李振民、张守宪主编：《陕西近现代名人录　续集》，西北大学出版社 1991 年版，第 132 页。

人民共和国成立后仍为治黄事业贡献力量。

第三节　黄委会的成立

中国水利行政历史悠久。传说舜即位后，命禹作司空，负责平治水土，后来一般都以此作为中国设立水利行政职位之开始。夏、商、周时期，黄河治理已是国家重要事务。

春秋战国时，黄河流域诸侯国各自为政，各国分别掌握本辖地之水事权。当时修筑堤防已相当普遍，但各国往往以邻为壑，以水代兵，水事纠纷日益增多。为了解决这些纠纷，各诸侯国举行过多次会商，订立了一些规约，以减少河患的发生。

秦汉时设置都水长等水利官员，并制定出一系列法规、条款，如秦律《田律》中就有“决通川防，夷去险阻”的条文。汉朝还在多种官职部门下设有都水官管理水利。汉成帝始建四年（公元前29年），以王延世为河堤使者，从此，黄河上设置了专职官员。魏、晋、南北朝时设有都水台，但这一时期中原战争频仍，无暇治河，史书上有关治河的记载很少。

到了隋、唐，中央水利行政管理机构除水部（工部下属机构）掌管水利政令外，另专设都水监，总领河事，并负责运河的疏浚和管理，沿河各级地方官员都有在都水监总领下修守河防之职责。至此，中国古代水利行政管理体制基本定型。一直到明、清，中间虽有些许变化，但格局大体未变。

纵观中国历史，历代都将治黄作为重要国务，设置治水机构。汉以后，国家还派专官负责。但历代河防，体制不一，时而合治，时而分治。通常在国家统一时取合治，而在政治动荡、国家分裂之时，因无暇顾及治黄，乃采取分治模式。甚至同一朝代的不同时期也会采取不同的治黄模式，清王朝在治黄方面就经历了一个由合治到分治的历史过程。

一　1933年前黄河下游的河防体制

晚清至北洋政府时期，黄河下游河防实行分治体制，河患屡生。时人对此多有批评，倡议建立统一的水利机构，由于受到时局动荡等因素的影响，这一主张未能实现。国民政府成立后，为应对河患曾在黄河下游采取一些联合治黄措施，建立联防机构，以加强下游的河防合作，黄河河防渐趋统一。

（一）各自为政

晚清至国民政府初期黄河下游的河防体制清朝沿袭前代旧例，在中央设立工部，掌天下百工政令。河工虽隶属于工部，但河道总督直接受命于朝廷，工部不能干涉。顺治元年（1644年），河道总督驻山东济宁，管理黄、运两河。康熙十六年（1677年）移驻清江浦（今江苏淮阴市）。康熙四十四年（1705年），因山东河道与干河相距甚远，将之交该省巡抚就近管理。雍正时，治河体制又有新变化。雍正二年（1724年）设副河道总督，驻河南武陟，分管山东、河南河务。雍正七年（1729年）以徐州为界分设河南山东河道总督（又称河东河道总督，驻济宁）和江南河道总督（仍驻清江浦）。两河道总督兼兵部尚书右都御史衔。乾隆四十八年（1783年），改兼兵部侍郎右副都御史衔。

河道总督以下，设文武两套机构：文职机构设管河道、厅、汛，武职机构设河标、河营。文职司核算钱粮、购备河工料物，武职负责河防修守。两者职责也互有连带，期在互相牵制。文职管河道，设道员，以下河厅，由同知、通判充任，再下汛、堡由州同、州判、县丞、主簿、巡检充任。武职河标设参将、游击，河营由守备或协备统领，以下又有千总、把总、外委各武官。①

咸丰五年（1855年），黄河从河南兰阳（今兰考县）铜瓦厢决口改道，兰阳以下故道断流。时值清政府镇压太平天国运动，无暇顾及堵口，任河北流。咸丰十年（1860年），第二次鸦片战争结束，清政府再次败于英法，除战争耗费外，还要支付巨额的战争赔款。内外战乱的消耗使清政府财政窘迫不堪，根本没有余力堵塞铜瓦厢决口。黄河改道虽冲断运河，影响漕运，但此时南北海运已通，堵塞决口，恢复漕运对清廷已经不像过去那么重要。故在第二次鸦片战争结束的当年，清政府索性下令将江南河道总督一职裁撤，沿河各道、厅、营、汛亦同时裁撤。② 次年，清政府将河东河道总督移驻开封，负责黄河事务。

---

① 黄河志总编辑室编：《黄河河政志》，河南人民出版社1996年版，第20页。

② 黄河水利委员会黄河志总编辑室编：《黄河大事记》（增订本），黄河水利出版社2001年版，第123页。

为减少人员开支，减轻财政负担，光绪五年（1879 年），清政府又有裁撤河东河道总督、将河务交豫鲁两省巡抚兼理之议。经过多年争论，至光绪二十四年（1898 年）七月，清政府曾一度将河东河道总督裁撤。但是除减少河道总督一人外，其他人员并未减少，当年九月遂又恢复。此后争议仍未停止。至光绪二十八年（1902 年），清政府又将河东河道总督裁撤，将其应办事宜交由河南省巡抚兼办，黄河治理由合治彻底走向分治。

实际上，在河东河道总督裁撤之前，黄河治理就开始走上了分治道路。黄河自铜瓦厢决口北流后，直隶和山东已各自谋划对策。黄河改道后流经直隶濮阳、长垣和东明三县，治黄关系到直隶的切身利益。光绪元年（1875 年），直隶总督联合山东巡抚会奏，“以东南皆膏腴之地，国家财赋所出，关系国计民生甚巨，宜筑官堤束水，报可。即筑官堤六十里，设局营以修守之”。[①] 同年，直隶设东明河防同知，调大名漳河同知为东明河防同知，汛期调练军上堤防守。光绪六年（1880 年），大名府管河同知移驻东明高村，次年招募河兵成立河防营，并以大顺广兵备道兼管河道水利事宜，后复调练军管理黄河。北岸长垣、濮阳两县新修堤埝由地方自行修守。山东方面，铜瓦厢改道后，新河两岸初无堤埝。筑堤后，于光绪十年（1884 年）奏请在省城设立河防总局，由巡抚总领，负责办理河帑及岁修防守事宜，并于上中下游设立分局及 11 个河防营。光绪十七年（1891 年），山东巡抚奏请委派三游总办、会办各一员办理河务，成为定制。由此可见，黄河自铜瓦厢决口后，虽还设有河东河道总督，但下游河防已经各自为政了。

民国初期至黄委会建立前，中国并没有一个统一的治黄机构，黄河下游的治理仍然由下游三省各自负责，延续了清末分治状态。

1912 年，中华民国临时中央政府实行官制改革，各省总督、巡抚一律改称都督，黄河下游河务遂由豫鲁两省巡抚及直隶总督兼办改为由河南、山东、直隶三省都督兼管，而各省治黄机构的设置、名称、组织系统等极不一致。

1912 年 2 月，河南设开归陈许郑道和彰卫怀道，并维持清末的厅、汛、河营机构；次年 2 月，河南省改开归陈许郑道为豫东观察使，改彰卫怀道为豫北观察使，黄河河务由两观察使分别监理。3 月 19 日，又设立

① 张含英：《水利工程》，国立编译馆 1936 年版，第 293 页。

河南河防局，以马振濂为局长，总领河南黄、沁两河河务。5月，将黄河南、北两岸所属的河厅改为2个分局、6个支局及8个河防营，将管河的同知、通判改为分、支局长，都司、守备、协备改为河防营长。①

1914年1月，河南河防局成立工程队。局长马振濂第二次改组支局和营的编制，组成十支局、十营。旋奉部令："河工以工程为重，不应与营制牵混。"② 河防局乃将下属10个河防分局和10个河防营改为9个分局、2个工程队及7个支队。4月，继任河南河防局局长吕耀卿将各支局改作分局，并增设阳封分局和阳封支队。沁河仍为民修民守，但沁工所受河防局的节制。

1919年，河南河防局改为河南河务局，各支队长改称工巡长。沁河改归官守，改沁工所为东、西两沁河分局，由河务局直接管辖。

1929年9月，河南河务局被改为整理黄河委员会。次年4月，复改称河南河务局。河务局下设总务、工程、财政3科，局下沿河分设上南、下南、上北，下北，东沁、西沁六个分局，分局下共设23汛。

在山东省，1912年官制改革时，将清代所设的河防总局裁撤，三游总办改称河防局长，会办、提调改称分局长。1918年，山东省议会决议河务改组办法，将三游河防局裁撤，成立山东河务局，统辖三游河务，兼理中游工防事宜，上下游各设河务分局。河务局设总务、计核、工程3科及秘书、总稽查各一人，工程科附设测量队，并在齐河、泺口各设料场1所。

1928年，山东河务局再次机构调整，局设秘书、稽查2处及总务、计核、工程3科和石料处、料场、上游分局、下游分局、河防18营（分设南岸8营，北岸10营，每营各设5汛，常年防守），另设河工公电局，管理电话、电报业务。

1930年1月，山东省政府核准河务局改组案，将局属三游分局改为3总段，中游总段长由局长兼任，并于南北两岸改设10分段，分段以下共设工程汛17汛，防守汛31汛，将原来河防18营取消。上游总段辖南北岸2分段，中下游总段各辖南北岸4分段。防守汛每汛有汛目1人、工兵15人，巡查、看守汛内树木，报告传递工情水情；工程汛每汛汛目1人、

① 黄河水利委员会编：《民国黄河大事记》，黄河水利出版社2004年版，第5页。

② 刘于礼编：《河南黄河大事记》（1840—1985），河南河务局1993年版，第39页。

工兵20人，专司汛内修治抢护工程。

由上述可见，民国成立至黄委会成立前，豫鲁两省治黄机构名称屡次更改。河南治黄最初由清末延续下来的道负责，后改为河防局、河务局、整理黄河委员会，最后又改为河务局；山东先撤销河防总局，改三游总办为河防局长，负责山东河务，1919年才设立河务局。此外，两省治黄机构的组织结构也不同，比如，同为河务局，其内部的设置不同、结构层级不同。1930年山东河务局实行的是局—总段—分段—汛四级制结构，而河南河务局是局—分局—汛三级制结构。两省河务局主管机关也不尽相同，山东河务局由该省政府直辖，河南河务局并非始终由省府直辖，“河务局长一职本系简任，直辖于本省最高行政长官，对于各厅向皆平行，自张局长祥鹤到任，因与民政厅长鹿钟麟有旧属关系，行文用呈。又奉省政府指令，规定民政厅为直辖上级官署，此后遂沿为例，至十八年九月改组为整理黄河委员会时。始复旧式，不属民政厅管辖”。①

直隶省的治黄机构也存在类似情形。1913年，直隶省裁撤前清东明河防同知，设立东明河务局于高村，隶属于直隶省河务局，将原来修守河防的练军改为河防营，以冀南观察使兼理河务，并设立巡长统辖黄河南岸上、中、下三汛，北岸仍属民修民守的民埝。1917年，将北岸民埝改为官民共守，受东明河务局管辖。次年，设北岸河务局于濮阳坝头镇，沿河分设八汛，并建立河防营。1919年3月，将东明河务局更名为直隶省黄河河务局，南北两岸各设分局，共辖三县八汛。1929年2月，直隶省黄河河务局改称河北省黄河河务局，裁撤两岸分局，改为八个工巡段，每段设段长一人，承局长之命办理河防事宜。而河北省黄河河务局隶属于该省建设厅，与山东、河南河务局情况又有所不同。

综上可知，清末裁撤河道总督，将黄河下游河防交由沿河督抚兼管，采取分治办法，主要是基于减轻财政负担的考虑，可以说是迫不得已而为之。进入民国后，中国难以建立一个强有力的中央政权，各地军阀割据，内战不止，中央政府无财力建立统一的治黄机构来统一治黄事权，而只能延续清末分治办法。实际上，分治是一种无奈的选择，并非这种治河方式有多少优点。相反，分治会导致黄河下游治理出现各自为政的局面，弊多利少。

① 陈汝珍等编：《豫河三志》卷1，河南河务局1932年版，第1页。

首先，造成治黄畛域之分。清末以来，黄河下游河防由河南、直隶（河北）、山东三省分管，无法统筹全局，各省治黄，互不协调。特别是两省交界地带，互不重视，堤防最为薄弱。正如山东河工葛象一所言："黄河自入直豫鲁三省，为害甚烈，决口之虞，每年不免。考其故固非一端，惟分省而治，不相联属，厥为造祸之总因，……接界之省，尝有工在甲省，害在乙省者。如负责省份，无利害关系，每艰于拨款，以致失事。例如河北之南岸，工在河北，害在山东，河北省府对此，不甚注重，近年五次决口，率由于此。据以上情形，各自为治，无论如何设法，河工绝难安全。"[①] 治河最忌畛域之分，因为黄河河道的治理，上下是关联的，上段治理的好坏常常是下段治理的先导和基础。同样，下段治理不善，也会使上段的治理工程不能发挥应有的作用。故治河应统筹全局，决不能节节为之，更不能以邻为壑。

其次，地方拖欠治黄经费。实行分治体制，治河经费由相关各省拨付，数量有限。民国时，河南预算一般为四十万元，河北二十五万元，山东五十五万元。但是由于军阀割据混战，库储竭蹶，预算经费往往被拖欠，不能如数照发，影响黄河修治。据记载，1921 年，山东省"河局欠领经费据闻已达三十余万，几及全年预算三分之二。此外，河南、京兆（北京市）等处，河工经费欠领情形亦属大抵相同"[②]。对此，时任山东河务局官员潘镒芬也有记述，"九年（山东）省库如洗，财政奇绌，河工经常欠费积至三十余万元（全年经费四十八万元）。是年冬，料未购，十年春厢未修，朽埽残堤比比皆然"。[③] 1921 年 7 月，黄河在山东利津宫家坝决口，"夺溜十分之八。……泛区长 150 余华里，宽 30—60 华里，面积 5400 方里。淹利津县 210 余村、沾化县 80 余村、滨县 50 余村，灾民 18.4 万人，除自谋生计迁移他乡者外，无家可归露宿大堤者 6 万余人"。堵筑此决口，历时两年，花费二百余万元。决口的主要原因之一，据北洋政府内政部的《查勘山东利津河患报告书》所说，是因为"工款无

① 《黄河统一管理之提议》，《申报》1931 年 6 月 15 日第 8 版。

② 《豫河续志·公牍》，转引自水利部黄河水利委员会《黄河水利史述要》编写组编《黄河水利史述要》，水利出版社 1984 年版，第 367 页。

③ 潘镒芬：《山东宫家决口堵筑工程始末》，载黄河水利委员会黄河志总编室编《历代治黄文选》（下册），河南人民出版社 1989 年版，第 228 页。

着”。①

最后，分治还造成各省在治黄科技成果方面难以资源共享，影响治河的成效。1933 年以前，黄河下游河防分属河南、河北、山东管理，三省“各有其测量机构，各行其是，无论坐标（Co - ordinates），比例尺（Scales）、水准基点（E1evationdatum）均不一致”。② 故三省虽对黄河下游河道地形进行了一些测量，但因为没有统一标准，技术上难以统合，导致黄委会建立前，还没有一幅完整的黄河下游河道地形图幅，不得不重新进行测量。

清末以迄国民政府建立初期，黄河水患频发，与实行这种河防分治体制有很大关系。所以，从清末开始，时人就不断呼吁结束分省治黄体制，建立统一的治黄机构，统一治河事权，以应对频仍的黄河水患。

（二）渐趋联合的下游河防

清末以来，河患频仍的一个重要原因就是黄河下游实行分省治理体制。有鉴于此，一些有识之士不断提出统一河防的建议。

早在清末，就有人提出统一治黄的建议。1898 年，陪同李鸿章考察黄河的监工——比利时工程师卢发尔在《勘河情形报告》中认为，在详细测量全河、了解河情之后，“犹须各省黄河通归一官节制，方能一律保护，永无后患”③。1911 年 7 月 19 日，山东巡抚孙宝琦在奏章中指出，“直隶、山东、河南三省宜筹统一治河办法”。④ 此议上达朝廷后不久，清朝灭亡，故未能引起足够重视。

北洋政府延续清末的河防分治体制，在治黄及河政管理方面没有太多作为。不过，1918 年 11 月 15 日，北洋政府内务部拟订了《划一河务局暂行办法》，呈请大总统核准施行。该办法将直隶、河南及山东三省的治黄机构名称统一为河务局，规定各河务局管理所辖区域内治水工程及一切河务。次年，该办法陆续在各省施行，但黄河下游分省治理体制并未改

---

① 黄河水利委员会编：《民国黄河大事记》，黄河水利出版社 2004 年版，第 26—27 页。

② 塔德、安立森：《黄河问题》，载黄河水利委员会黄河志总编室编《历代治黄文选》（下册），河南人民出版社 1989 年版，第 180 页。

③ 《卢发尔勘河情形原稿》，转引自梁启超《李鸿章传》，中国城市出版社 2010 年版，第 260 页。

④ 黄河水利委员会黄河志总编辑室编：《黄河大事记》（增订本），黄河水利出版社 2001 年版，第 139 页。

变。其间，黄河不断决口，河患频仍。例如，1913 年，黄河在濮阳双合岭决口，[①] 一度堵而复决，酿成巨灾；1915—1922 年，“黄河六次决口泛滥：1915 年濮阳刁城决口；1917 年 7—8 月黄河先后在山东省东明县的二分庄、范县的范庄等地决口；1918 年 8 月在郓城的李庄决口；1919 年在郓城的香王西、寿县的梁集决口；1921 年 6—7 月，先后在东明县的黄固、利津县的宫家坝、郓城的四杰村决口；1922 年在河南开封、封丘、兰封、长垣四县市凌汛泛滥，受灾面积东西 40 里，南北 30 里。夏季又在濮县的廖桥决口”。[②] 对此，有人提出以统一治黄作为救治措施。1923—1927 年担任河南河务局局长的陈善同任内曾写出《治河意见》一文，上书河南省政府，曰：“特是各省河务局各自为政，其上决不可无统一机关，兼顾统筹，以保政策之贯彻，似宜仿清初正副总河之制，分驻河南山东，以专责成，而资策应。水利委员会系议事机关，安危呼吸之处，恐不足以防急应变也。”[③] 然而，北洋时期，政治分裂，政府财政支绌，其建议并未付诸实施。

1927 年，国民政府成立之初忙于“安内”，无暇关注黄河治理。迨至 1929 年，国民政府制定了《黄河水利委员会组织条例》，并公布了该会委员名单，但因经费无着，嗣又发生了蒋冯战争，黄委会并未成立。同年，陕西等地大旱，民不聊生。出于赈灾救济之需要，1930 年 3 月，国民党中央通过《由中央与地方建设机关合资开发黄、洮、泾、渭、汾、洛等河水利，以救西北民食案》。该年，中原大战后，中央政府的统治地位更加巩固，势力延伸到黄河流域。次年又发生了“九·一八”事变，西北地区战略地位凸显，开发西北之声甚高，对流经西北的黄河进行治理遂受到国民政府的关注。同年，江淮地区发生洪灾，在救济水患的同时，一些有识之士认识到黄河下游分省治理难以有效防止黄患的发生，呼吁政府应加强治黄管理，统一黄河河政，避免江淮水灾惨祸在黄河流域重演。

1931 年 10 月，华北水利委员会派人赴黄河流域实地勘察冀、鲁、豫三省黄河水势险工，其报告称：“河南境内险工最多，河北境内水道特弯，山东境内堤防虽固，但河身日渐淤塞，……建议迅速统一黄河河政，

① 黄河水利委员会编：《民国黄河大事记》，黄河水利出版社 2004 年版，第 8 页。

② 张骅：《水利泰斗李仪祉》，三秦出版社 2004 年版，第 114 页。

③ 陈善同：《治河意见》，《黄河水利月刊》第 1 卷第 1 期，1934 年 1 月。

及早疏浚黄河下游，以免同年长江水患之重演。”[①] 河工人员也建议河政统一，1931年，山东河工葛象一呈省府转国民政府曰：“治河宜做一劳永逸之计，……非全河统一，便难着手，……统一黄河，收归国家管理，由国民政府委派大员督治其事，各省工款改作协款，不敷之数，再由国款补助，庶可统筹全局，转危为安。”[②] 河务官员潘镒芬也主张统一治黄机关以实现对黄河的根本治导，“豫冀鲁三省，各就河工所在，分段修守，以专责成。惟各省囿于畛域成见，往往自为风气，各不相谋，加以近年库帑空虚，各省河务机关，以领款困难之故，对于沿岸堤防，仅仅增卑培薄，维持现状而已。……及今欲筹根本办法，非组织统一机关，力谋河政之划一，难期措置之适当。此项机关或由中央设置，或由沿河各省联合组织，聘请治河专家，以及富有河工学识经验之员，实地查勘，总览全河形势，详筹根本计划……庶治本之策，能早实现，沿河民众永除昏垫矣”。[③] 1931年，学者张含英发表了《论治黄》一文，关于治黄行政方面，他主张“宜即将各省黄河河务局等名称取消，统一成局或委员会，以负护养之责，于会中设专门委员，专司改进设计之责”。[④]

为了防御洪患，客观上需要加强黄河下游各省的河防合作。在多方呼吁下，随着国民政府中央政权地位的巩固以及建设事业的展开，治理黄河的力度也随之加大。

1931年11月，内政部在南京召开黄河河务会议，内政部、交通部、实业部、华北水利委员会及绥远、陕西、河北、山东、河南五省的代表，冀、鲁、豫三省河务局负责人，以及李仪祉、李书田等国内水利专家共40人参加了会议。会议收到华北水利委员会等单位提交的《勘察豫冀鲁段黄河水势险工》、《豫冀鲁三省河防状况》、《河北省黄河1931年春工防汛经过情形》等五份报告，以及关于治河组织、经费、治本治标工程及水文测量等方面的议案40余件。

五份报告主要阐述了黄河下游的河防沿革、河势工情、修守状况及存在的问题，明确指出黄河决口的危险性，并提出了应对措施。华北水利委

① 黄河水利委员会编：《民国黄河大事记》，黄河水利出版社2004年版，第67页。

② 《黄河统一管理之提议》，《申报》1931年6月15日第7版。

③ 黄河水利委员会黄河志总编辑室编：《历代治黄文选》（下册），河南人民出版社1989年版，第106页。

④ 张含英：《论治黄》，载张含英《水利工程》，商务印书馆1936年版，第81页。

员会在其所提出的《勘察豫冀鲁段黄河水势险工》报告中指出，要治驭黄河，免除河患，除了要上下游兼顾、标本兼治、解决治河经费严重短缺问题外，还应该由中央特设治黄机关，统一事权，克服各省治黄互不相谋、各自为政、一遇疏失则互相推诿的弊端。

在四十多件议案中，关于治本工程的有9件，关于治河经费的议案有9件，关于治标工程的有8件，关于水文测量的议案有5件。此外，还有关于治河组织的，这方面的议案数量最多，共有18件，如《请组织豫冀鲁三省黄河河务联合会统筹修防事宜案》、《黄河统一治权案》、《统一黄河水利行政以一事权案》、《治理全河须先组织统一机关案》、《拟请中央设立治黄筹备机关案》等。这些议案指出了治河行政组织与管理方面存在的弊端，提出统一黄河治理之权等建议。内政部在其所提《请组织豫冀鲁三省黄河河务联合会统筹修防事宜案》中指出，豫、冀、鲁三省是黄灾最重之区，三省虽各设有河务局办理河工及抢险，却各自为政，难以有效协调与配合。所以提议由中央主管机关与三省河务局共同设立黄河河务联合会，作为相关各方联络协商的平台，平时负责统筹修治，遇险协调，合力防堵，以使治黄事权统一，而免黄河溃决之患的发生。①

会议对各类议案进行合并审议，通过了一系列决议。关于治河组织，决议由内政部催请行政院迅速成立黄河水利委员会，由下游三省河务局负责制定黄河河务联合会办理办法。黄河河务会议是一次重要的黄河治理会议，对治河行政组织的统一，起到了有力的推动作用。

根据黄河河务会议决议，在各方努力下，1932年3月20日，在河北大名县召开了黄河河务联合会成立大会。随后又举行第一次会议，讨论通过了该会组织大纲、组织办法草案、会议规则草案等提案24条，并做出接通三省河务电话、绘制三省黄河新图、三省水文资料互换等决定。同年11月及次年年末，又分别在开封和济南召开黄河河务联合会第二次和第三次会议。第二次会议讨论通过了束水刷沙治本计划、放淤计划、疏浚河口计划等提案，加培太行堤、划一三省水标、河口测量、恢复河工预留金制度等案，也均得以通过。第三次会议则通过了由联合会呈请豫、冀、鲁、苏、皖五省政府转请中央核拨巨款，培修三省堤防等决议案。在黄委会成立前，黄河河务联合会起到了加强黄河下游河防合作的作用。

---

① 侯全亮主编：《民国黄河史》，黄河水利出版社2009年版，第118页。

此外，为详细调查黄河情形，1932 年 10 月，由国民政府主席林森提出，并经国民党中央政治会议（以下简称中政会）决议通过，特派王应榆为黄河水利视察专员，对黄河流域进行视察。王应榆等人于 10 月由南京出发，自山东利津县溯黄河西上，途经山东、河北、河南、陕西、甘肃、山西、绥远等省，历时 80 天，往返 8500 公里，对黄河及伊、洛、渭、泾、洮、沁等重要支流及泾惠渠、民生渠等灌溉渠道进行了认真考察。回到南京，王应榆向国民政府汇报考察经过，提交了《治理黄河意见书》，从政治、经济和工程三方面提出治河意见。政治方面，他建议治黄组织“必能统筹分工，且适合于事实之需要，故宜设立黄河水利委员会，总理全河事务，……并酌就现有之豫冀鲁各省河务局，改称为第一、第二、第三河务局，办理河防事宜”。[①] 他认为，如此，则黄河既有统一治河机关，又可收分工合作之效。

总之，1930 年后，由于国防及救灾等方面的需要，国民政府日益重视黄河治理。黄河下游河防开始从分散逐步走向联合。尽管 1931 年建立了豫、冀、鲁三省黄河河务联合会这样的治河组织，但其尚属松散的联合体，不是流域性的治黄机构，只能加强下游各省防汛方面的联合，而不能适应黄河全流域统筹治理的需要。黄河河务会议及《治理黄河意见书》都公开主张建立流域性治黄机构——黄河水利委员会，表明黄委会的建立已经是呼之欲出的事情了。

二 黄委会的成立

国民政府成立后，国民党很快在形式上统一了中国，为统一治黄提供了必要条件。1929 年 1 月 16 日，中政会第 171 次会议决定设立黄委会，并通过了该会组织条例及委员人选。国民政府第 16 次国务会议嗣后通过并公布了《黄河水利委员会组织条例》及委员名单，特派冯玉祥、马福祥、吴稚晖、张静江、孙科、赵戴文、孔祥熙、宋子文、王瑚、李仪祉、李晋、薛笃弼、刘治洲、陈仪、阎锡山、李石曾为国民政府黄河水利委员会委员[②]，以冯玉祥等为黄委会委员长，马福祥、王瑚为副委员长。

由于缺乏经费，黄委会的筹建并不顺利。1929 年 3 月月初，黄委会

① 王应榆：《治理黄河意见书》，《水利月刊》第 6 卷第 1、2 期合刊，1934 年 6 月。

② 《黄河水利委员会委员任免》，中国第二历史档案馆藏，1929 年，档案号：2－4－178。

筹备处在南京成立，次月开始在门帘桥办公。然而，国民政府并不拨发经费，黄委会委员长冯玉祥向国民政府主席林森呈文，“筹备处开办已逾一月，一切开支均系临时挪垫。现时筹划进行，需款尤为孔急，敬请钧座准予先行拨发开办费若干，并令饬财政部提前发给，俾资筹备而利进行”。[①]然而，冯玉祥没有要到钱，5月，又爆发了蒋冯战争，筹备工作受挫。冯玉祥战败下野后，国民政府召黄委会副委员长马福祥入京视事，马福祥乃定期召集各委员开会，商决成立办法。8月底，筹备处所办各事业已次第就绪，但开办经费依然没有着落，“该处自三月一日成立以来，事务进行在需费。……数月以来，所有筹备处房屋、电灯、电话之租金，主任、副主任、事务员、书记等之薪金以及文具购置、杂支诸费，无款开支，个人筹垫早已力竭，迄今积欠已逾八千元，无法清偿，极形竭蹶”。[②]而财政部以黄委会开办经费未列入上年财政预算为由，拒绝拨发，“旋以经费无着，而当事者又牵于他种职务，黄河水利委员会并未成立”。[③]

之后，治河主管机关经历了一些更迭，待成立的黄委会的归属也屡次变更。1930年3月，国民党三届三中全会通过张静江等四委员所提“由中央与地方建设机关合资开发黄洮泾渭汾洛颖等河水利，以救西北民食”一案，并经国民政府转行政院，令饬建设委员会遵照办理。而洮、泾、渭、汾、洛、颖等河均为黄河支流，按照治水应统筹全局的原则，建设委员会既经奉令筹办开发西北水利，所有计划治理黄河事宜，也应由该会统筹办理，以专责成。5月，国民党中政会第227次会议决议：因黄委会尚未成立，所有计划治黄事宜应由建设委员会统筹办理。11月，国民政府调整内部组织，经四中全会决议，“建设委员会应注重设计，指导国民建设，直隶国民政府，不列于行政机关”。[④]经此权变，1931年4月，行政院第八次国务会议决议：黄河水利事业，移交内政部接管，并再次决定筹备治黄机构。10月，国民政府第17次常会，决议改组黄委会，设委员7人，以朱庆澜为委员长，马福祥、李仪祉为副委员长，“后因经费无着，

---

① 《国民政府黄河水利委员会委员长冯玉祥呈国民政府》，《黄河水利委员会请拨开办费经临费》，中国第二历史档案馆藏，1929年，档案号：1－531。

② 《国民政府黄河水利委员会委员长马福祥呈国民政府》，《黄河水利委员会请拨开办费经临费》，中国第二历史档案馆藏，1929年，档案号：1－531。

③ 黄河水利委员会编：《民国黄河大事记》，黄河水利出版社出版2004年版，第54页。

④ 顾世辑：《国内水利建设事业述评》，《水利》第1卷第1期，1931年7月。

黄河水利委员会仍未成立”。[1]

黄河流域水旱灾害频发，而流域性治黄机关——黄委会却迟迟不能建立，极不适应治黄的现实需要。鉴于此，1933年4月，中政会第353次会议决议，“黄河水利，关系重要，黄河水利委员会应从速组织成立，会址设于洛阳，原任委员长朱庆澜现有他种任务，请改任李仪祉为委员长、王应榆为副委员长，加派许心武、陈泮岭、李培基为委员，该委员会组织法，交立法院参照导淮委员会组织法拟订，决议通过”。[2] 中政会第357次会议以黄委会组织法尚未公布，乃令将所有测量、设计工作，尽先着手进行，并通过办法四项，分交主管机关办理，即：（1）由委员长指定委员一人，为筹备主任，着手筹备；（2）由财政部拨开办费10万元，为购置仪器、筹备会址之需；（3）自1933年7月起，每月由财政部拨发经常费六万元，为测量、调查、设计及办公费之需；（4）河北、山东、河南三省河务局，受委员会之指导监督，照旧负该省河防之责。5月，许心武被任命为黄委会委员兼筹备处主任，在南京进行黄委会筹建工作；张含英被任命为委员兼秘书长；5月31日，中政会第359次会议议决黄委会改设西安。6月28日，国民政府制定《黄河水利委员会组织法》，规定黄委会直隶国民政府，掌理黄河及渭河、北洛河等支流一切兴利、防患、施工事务。7月，国民政府任命沿黄九省及苏、皖两省建设厅厅长为黄委会当然委员。次月中旬，黄河发生大洪水，据统计，“这次水灾导致河南、河北、山东、陕西、绥远、江苏等六省67县受灾，灾区面积达1.2万平方公里，灾民达329.6万人，死亡1.83万人，毁房50万间，经济损失2.74亿（银元）”。[3] 空前严重的黄河水灾加速了黄委会的成立，时人记述“乃经筹备三月之久，经费仍未领到，不幸于八月中旬，洪水大发，漫决50余处，益觉该会成立不容稍缓，乃以水患紧迫，委以堵口之任，至九月一日遂正式成立”。[4]

黄委会是黄河上第一个流域性水利机构，它的成立，使黄河及其支流有了统一的治水机关，标志着黄河下游实施多年的河防分治体制的结束与黄河河政的初步统一。

---

① 黄河水利委员会编：《民国黄河大事记》，黄河水利出版社2004年版，第64页。

② 《中央政治会议黄河水利会改任委员长》，《申报》1933年4月20日第6版。

③ 侯全亮主编：《民国黄河史》，黄河水利出版社2009年版，第97页。

④ 张含英：《黄河志·水利工程》（3），国立编译馆1936年版，第405页。

综上所述，近代以来，西方水利技术传入中国，并在治黄中得到运用，使中国传统的治黄事业出现转机。在这一过程中，早期的水利“海归”们起到了重要作用，他们将所学带入中国，并在治黄中加以运用，为黄委会成立后实现治黄方式由传统向现代转变奠定了技术和人才基础。而近代水利科技在治黄中的运用，对治黄体制提出挑战。自清末以至国民政府成立初期，由于政治经济等方面的原因，黄河下游实行分省治理的河防体制，导致地方各自为政，河患频仍，这一河防体制遂不断遭到多方批评。为应对频仍的河患，各方纷纷要求改变河防分治体制，建立统一的治黄机构，统一河政。国民政府成立后，曾采取一些措施，以加强下游各省的河防合作，黄河治理渐趋联合。为统一治黄，国民政府虽在 1929 年和 1931 年两度筹建黄委会，却因政治原因及经费难筹而未遂。在各方长期呼吁下，国民政府在统治地位逐渐稳定后，遂于 1933 年正式成立了黄委会。可以说，黄委会的成立，是近代治黄发展的必然结果。

第二章

组织管理

黄委会成立后，能否承担起治黄重任，取决于多种因素。其中一个重要方面就是该机构自身是否有健全的组织结构以适应治黄的现实需要。另外，如何有效管理，以保持其良性运转也非常关键。

第一节　黄委会的组织机构

从1929年筹备成立，到1947年6月改组为黄河水利工程局，黄委会的组织机构随着时局发展及治黄主要任务的改变而处于不断变化中，大致经历了初创时期、机构扩张与调整时期两个阶段。在此过程中，黄委会组织系统日趋完善，基本能适应治黄需要。而且作为一个现代水利机关，该会组织结构的特点也非常鲜明。

一　组织沿革

依据黄委会组织规模变化情况及机构完善程度，可将其发展分为两个时期：

（一）黄委会初创时期（1929—1936年）

这一时期，因为经费不足，又值初创，所以黄委会组织规模不大，委员会内部仅设置总务处和工务处两机关，没有常设的直属机构。

1929年1月，国民政府制定并公布了《黄河水利委员会组织条例》，规定“黄河水利委员会直隶国民政府，掌理黄河全部及其支流测量、疏濬、灌溉及一切防患、筹款、施工事务”[1]，设委员长、副委员长各一人，

---

① 《黄河水利委员会组织条例》，《交通公报·法规》第15号，1929年2月。

委员若干人，委员会下设总务、工务、财务三处。但是，如前所述，当时“因经费无着”，不久又爆发了蒋冯战争，致该会当时并未成立。

1933年6月28日，国民政府公布《黄河水利委员会组织法》，规定：“黄河水利委员会直隶于国民政府”，“设委员长一人，副委员长一人，特派；委员十一人至十九人，简派。委员长因不能执行职务时，由副委员长代理之”。[①] 该法还规定，委员会下设立总务和工务两处。与1929年的组织条例相比，此次组织法的一大进步是取消了黄委会的“筹款”职能。黄委会作为治黄管理与专业技术机构，是一个具有行政性质的事业机关，由其承担治黄筹款任务，显然有些不太适当。另外，在黄委会内部机构设置中，撤销了原来组织条例中规定设置的财务处，将其主要职掌归入总务处，如此，既精简了机构，又节省了开支。7月29日，国民政府批准李仪祉的提请，以山东、河北、河南、山西、陕西、绥远、宁夏、甘肃及青海九省建设厅厅长为黄委会当然委员。之后，在江苏等省的要求下，苏、皖两省的建设厅厅长也成为该会当然委员。9月1日，黄委会成立。会址原定设于南京，并在西安、开封设办事处。后在黄河下游各省要求下，经国民党中央及行政院核定，以开封为会址，并于11月8日迁开封教育馆街办公。

这一阶段，黄委会为实施导渭工作，曾建立一个临时性的直属机构——导渭工程处。在1933年4月召开的中政会第359次会议上，曾决定以导渭为治黄第一期工作。为完成这一任务，同年9月20日，黄委会委员长李仪祉命孙绍宗筹备导渭工程处。10月1日，导渭工程处在西安正式成立，设处长一人，由黄委会委员长兼任。该处主要职掌为：测量渭河及其主要支流如湃、泾、洛诸河之山谷及河床，测量以上各河之水文，设置渭河护岸工程以减少排入黄河之泥沙，建筑渭河及其主要支流之蓄洪水库工程，以期节制黄河之暴涨并减少其泥沙，掌理渭河灌溉、航运及水电工程。[②] 工程处下设总务和工务两课。总务课设课长一人，课员三人，雇员六至十人。总务课负责：（1）文书收发、分配、选拟及保管；（2）经费收支及编造会计预算决算等；（3）典守印信；（4）庶务及其他不属于工务课事项。工务课设总工程师一人，由黄委会简任技正兼任，设

① 《黄河水利委员会组织法》，立法院秘书处编：《立法专刊》第9辑，1934年2月。

② 《黄河水利委员会导渭工程处组织规程》，《黄河水利月刊》第1卷第8期，1934年8月。

工程师、副工程师、助理工程师、雇员若干人。该课掌理查勘、测绘、设计、施工及整理滩地施工事项。1935 年 2 月，导渭工程处裁撤。

1934 年，国民党中政会第 413 次会议修正通过《统一水利行政及事业办法纲要》，交行政院与经委会会拟施行办法，后于中政会第 415 次会议决议修正通过《统一水利行政事业进行办法》，决定以全国经济委员会（以下简称经委会）为水利行政总机关，包括黄委会在内的各流域水利机关，皆由经委会接管。国民政府遂于次年修正黄委会组织法，委员会构成不变，其下仍设总务、工务两处。[①] 这次组织法的修订，并未改变黄委会的组织结构，委员人数也没有变化。

此后，黄委会根据需要又设立了一个临时机构。在黄河河政没有统一的情况下，为了加强下游防汛管理，1936 年 7 月 1 日，黄委会临时成立了督查河防处，由委员长孔祥榕兼任处长，以统一下游三省的河防指挥与监督。督防处设督察、河防、事务三组，各组设主任一人，受处长之命主管本组事务。督察组置督催三人，视察十五人；河防组置主任一人，工程师一人，副工程师一人，助理工程师一人，绘图员二人，工务员三人，督防员十五人；事务组置组员六人，办事员八人，书记四人，每组成员皆受各组主任之指挥办理该组事务。[②] 督查河防处职权较大，“对于三省建设厅、河务局及沿河县长，凡与河防有关事项均有命令、指挥、监督之权，其河局及县长如有修防或协助不力者，得由本会转咨三省政府撤惩之……对于三省河局额定之修防经费及临时工程款项有随时考核之权，并将监视其用途……对于三省河局员工之进退惩奖，有随时考核处理之权，其措置不当者，得由本会纠正之”。[③] 该会对三省河局员工不分省界，有随时调遣之权。汛期到来时，驻工、督催、视察、监催、监防等职，都派出分驻三省重要工段，巡历河干，实行督催指道，逐日报告水势工情。督防处的成立和运作，使黄河下游河防日趋走向统一。

此一时期，黄河河政没有真正统一，其下游修防由冀鲁豫三省河务局各自负责，黄河堵口、排水等工程由黄灾会工赈组负责，黄委会只能从事

---

① 《黄河水利委员会组织法》，《外交部公报》第 8 卷第 7 号，1935 年 7 月。

② 《黄河水利委员会督查河防暂行规则》，中国第二历史档案馆藏，1936 年，档案号：2－3750。

③ 《关于防汛事项》，《黄河水利委员会等编送“国民政府政治总报告”（水利事业）》，中国第二历史档案馆藏，1937 年，档案号：44－2－304。

一些黄河治本的准备工作。这种处境不仅使其在治黄方面难有更大作为，也直接影响其组织发展，因为有限的治河经费被分配给不同的水利机关，修防等工作由下游各省河务局负责，不需要它来做更多的事情。

（二）机构扩张与调整时期（1936—1947 年）

这一阶段，由于黄河河政的统一，黄委会组织急剧扩张，不仅增加了多个直属单位，而且委员会内部机构也增多了。抗战时期，黄委会被纳入战时体制，在河防即为国防的形势下，该会为实施“以黄制敌”战略，不断对自身机构进行调整，以完成其治黄与制敌的双重任务。

在黄委会初创阶段，因河政未能真正统一，1934—1935 年黄河接连决口，灾害严重，混乱的河防系统遂不断遭到各方批评。在多种因素推动下，统一河政问题终于被提上了决策者的议事日程。1935 年 11 月，国民党四届六中全会通过了统一黄河水利行政组织案。翌年 10 月，中政会决议通过《统一黄河修防办法纲要》，规定：黄河治本工程及大堤修防事宜，统由黄委会秉承经委会主持办理，沿河各省政府主席兼任黄委会当然委员，协助黄委会办理各该省有关黄河河务事宜；黄河治本工程，由黄委会原设工务处掌握，修防事宜由该会设河防处负责办理；各省河务局由黄委会接收，另就黄河形势分三大段，各设修防处，各修防处设主任一人，负责修守。[①]

1937 年 1 月，国民政府修正《黄河水利委员会组织法》，将黄委会委员人数由 11—19 人减为 9—11 人，将该会当然委员由各省建设厅长升格为各省府主席，同时委员会下增添了河防处。[②] 嗣后，经委会令改豫、冀、鲁三省河务局为河南、河北、山东修防处，由黄委会领导。3 月 1 日及 4 月 12 日，河南、山东河务局先后改组为修防处。不久，又改为黄委会驻豫、驻鲁修防处。5 月 4 日，经委会复令改为驻豫、驻鲁修防处为河南修防处和山东修防处，但河北黄河河务局没有改组。至此，黄河河政实现统一。河政的统一，使黄委会机构陡然扩大，不仅黄委会内部增加了一个河防处，而且还增加了三个直属机构：两个修防处和一个河务局。

1938 年 1 月，黄委会转隶于经济部。5 月，日军侵犯豫东，黄委会奉

---

① 黄河水利委员会编：《民国黄河大事记》，黄河水利出版社 2004 年版，第 107 页。

② 中华民国史事纪要编辑委员会编：《中华民国史事纪要（初稿）中华民国二十六年（1937）》（一至六月份），中央文物供应社 1985 版，第 36 页。

令除受经济部直辖外，兼受第一战区司令长官司令部指挥监督。由于开封危急，该会于5月1日迁往洛阳，后又迁西安。山东修防处随迁，其下属机构被撤销。河南修防处在抗日战争期间驻无定所，多次迁徙，辗转于豫西郏县、南阳、洛阳、西安、郏县、许昌、内乡等地，河北河务局则被撤销。

1938年6月，花园口决堤后，黄河改道。为适应抗战形势的需要，黄委会临时设立一些新机构，旋立旋撤。1939年秋，防范新堤修成后，该会于8月在郑州设立“豫境防泛新堤监防处”，王恢先任处长，技正左起彭、潘镒芬兼任副处长，负责监防防泛西堤。10月15日监防处撤销，由河南修防处沿防范西堤设立三个修防段，负责该堤修防工作。11月1日，黄委会在郑州成立“驻工督察联合办事处”，陶履敦兼处长，负责豫境黄河新旧堤督防工作，次年3月31日又撤销。

黄河改道后，下游的防洪压力减轻，黄委会可以把更多的人力和资源转移到黄河上游地区，从事上游的治理。同时，为支援抗战，也要求该会加强对黄河中上游地区的治理与开发。适应形势需要，该会适时增设一些直属机构。1940年2月，该会聘请一批大学教授及专家成立了黄委会林垦设计委员会，由黄委会委员长孔祥榕兼任主任，凌道扬为副主任，任承统任总干事。4月，该会在成都设立办事处，处理日常事务。当年年底迁往天水，1944年被撤销。同时，为办理黄河上游水土保持及开发该地水利，应甘肃省政府要求，1940年，黄委会在兰州成立黄河上游工程处。[1]孔祥榕兼任该处主任，凌道为副主任，章光采为襄办。次年6月，该处改为上游修防林垦工程处，以陶履敦为处长，负责黄河上游修防、林垦、水土保持及航运等事项，该处后复改称黄河上游工程处。

抗战胜利前后，黄委会机构又有一些调整。为安置抗战胜利后的复员军人，行政院拟在宁夏实行屯垦。1945年1月，黄委会奉令在银川成立宁夏工程总队，勘测、发展宁夏引黄灌溉工程。次年，黄委会将宁夏工程总队改组为宁绥工程总队，由阎树楠任总队长。1946年2月，国民政府在郑州花园口成立花园口堵口复堤工程局，黄委会委员长赵守钰任局长，陶述曾任总工程师，负责花园口堵口和黄河下游复堤工作。同年4月1

① 《甘肃省政府呈》，《治理黄河机构设置与撤销》，中国第二历史档案馆藏，1940年，档案号：2－8193。

日，黄委会建立河北修防处，负责冀省黄河河务。

其间，黄委会还建立了陇南水土保持试验区、关中水土保持试验区、荆峪沟水土保持实验所及朝邑林场等附属单位，开展水土保持等工作，并兼管贵州清水江水道整理，附设清水江工程处，协助勘测川康、川黔、川甘各省主要水道。

总之，从1933年至1947年，黄委会组织规模不断扩大，不仅内部机关增多，而且还增设多个直属单位。在这一过程中，为适应形势变化及治黄需要，该会对其组织机构进行了一些调整，随时增加及撤销一些所属机关，使其组织结构趋于合理。花园口掘堤后，黄委会大部分时间在西安办公，可以负责黄河中游治黄管理，而黄河上下游设有其直属机构，基本能适应治黄的组织需要。

二　机构设置

在黄委会的组织系统中，委员会是最高权力机构，下设总务处、工务处和河防处三机关，此为黄委会的内部管理机构，可以简称为“一委三处”。该会外部下设有直属单位，主要有河南修防处、河北河务局（河北修防处）、山东修防处、黄河上游工程处（黄河上游修防林垦处）、水文总局。此外，还有一些临时设立的直属机构，如导渭工程处、林垦设计委员会等。

（一）内部管理机构

一委三处委员会为黄委会的最高决策机关，由黄委会委员长、副委员长、委员、当然委员构成。委员会通过召开委员大会来行使最高决策权力。

1933年公布的黄委会组织法规定，该会每三个月开大会一次，后改为每六个月开大会一次，必要时，得由委员长召集临时大会，讨论和决定有关该会的重要问题。委员会大会由委员长、副委员长、委员及当然委员参加，总务处处长、工务处总工程师、副总工程师及各省河务局局长均应于开会时列席，总务处科长、工务处主任工程师于必要时经委员长许可，也可列席。委员长、当然委员因事不能到会时，得派负责代表一人出席。开会时以委员长为主席，委员长因事不能出席时，以副委员长为主席；副委员长同时有事时，由委员长先期指定委员一人或由委员公推一人代理主席。开会时由出席委员过半数才能开议，非有出席委员过半数同意不得议决。每次大会讨论的主要议题为：接收前次大会后各处处理重要事务之报告；审定黄委会行政费、事业费之预算决算书；审定该会对于黄河本支流一切兴利、防患、施工计划及筹集工费之方案及委员长、副委员长、各委员、当然委员、处长暨总工程师、副总工程师、各省河务局局长提议、建议事件等①。讨论结果经主席提出咨询后，并无疑议者，即宣告作为决议。

黄委会委员长、副委员长始终各有一人，由国民政府特任，主持黄委会全面工作，负责委员会决议之执行。但该会委员人数常不固定，1933年，其成立时只有五名委员（委员长、副委员长不兼任黄委会委员——笔者注），当年12月，国民政府又增派孔祥榕为黄委会委员。直至次年4月，再增加郑肇经、须恺、李书田、陈汝珍、刘定庵、段泽青六人后，才达到1933年组织法中委员人数为“十一人至十九人”的规定。后因委员人数太多，召集不易，故1937年后，国民政府将黄委会委员人数减少9—11人。该会委员亦没有明文规定的任期，可以辞职，也可能被免职。当委员人数达不到法定人数时，由中央再行增补。当然委员由沿河九省及苏皖两省的建设厅厅长担任，1937年后，国民政府将当然委员升格为以上各省政府主席。黄委会中，委员与当然委员在每次开大会时出席，参与治黄计划的讨论和决议，执行决议则交由黄委会委员长负责。

总务处　总务处为黄委会主要机关之一，设处长一人，承委员长之命掌理黄委会总务及交办各事项，并指挥监督所属职员。总务处处长与委员长关系密切，通常情况下，随着委员长的离职，总务处处长也会跟着辞职。1933年，李仪祉任命张含英为总务处处长，二人关系融洽，“两年多中，上下级关系和谐无间”。② 1935年1月月底，李仪祉提出辞职，虽然未获批准，张含英却随即辞去总务处长的职务，并在李仪祉辞职半年后离开黄委会。张含英辞去总务处长后，李仪祉乃从自己曾工作过的华北水利委员会借调同事王华棠担任这一要职。几经交涉，王华棠才于1935年7月赴黄委会就任总务处处长。然而，李仪祉当时辞去委员长之意已决，黄委会主要由副委员长孔祥榕主持。孔祥榕当初升任副委员长时，推荐王郁骏填补自己的黄委会委员空缺。王郁骏在孔祥榕担任黄灾会工赈组主任时

① 《本会大会会议规则》，《黄河水利月刊》第1卷第2期，1934年2月。

② 《李仪祉水利论著选集》，水利电力出版社1988年版，第7页。

做过孔祥榕的秘书，是孔祥榕的亲信。王华棠自感在孔祥榕手下难以开展工作，遂提出辞职："就职以来，深愧无所报称，现华北水利委员会会务繁重，必须回会工作，担任总务处处长，势难兼顾，理合具文呈请辞职，务令鉴核照准，即予派员接替。"[①] 孔祥榕并不挽留，顺水推舟曰："该代理处长供职月余，现既呈称会务繁迫，必须回会工作，势难兼顾，情辞恳切，所请辞职，应予照准。"[②] 3天后，孔祥榕就以副委员长身份代替李仪祉发布黄委会令，聘王郁骏为黄委会总务处处长。而1941年8月，张含英任黄委会委员长时，他当月就新任命何复洲为总务处处长，后再以朱柱勋为总务处处长。等赵守钰接替黄委员委员长后，又重新任命了总务处处长。总务处处长在某种程度上相当于黄委会委员长的大管家。

总务处主要管理文书收发、编撰、保管与日常庶务，以及职员考核、任免、典守印信等事项。在黄委会没有专设财务室和统计室之前，总务处还掌管统计、会计、预算、决算事项。[③] 根据1933年6月颁布的黄委会组织法，李仪祉在总务处下分设第一、第二、第三各科，每科设科长一人，承长官之命处理本科事务。第一科掌理黄委会文书之撰拟、收发、缮校及保管；发布命令及典守印信事项；职员之任免铨叙及考绩、议案之编制、会议纪录以及不属于其他各科与随时指定的事项。第二科负责财务与统计工作。第三科管理购置、保管材料用具与庶务及护工等事项。后因编辑统计事务日渐繁多，1935年11月，又设立第四科。总务处组织，乃臻健全。第四科管理报告、刊物与图表编制，拟定规章，学术编译与宣传以及图书征集保管等事项。上述各科设科员、办事员各若干人，分承长官之命主持管理各该科事务。各科事务至必要时可酌用雇员，亦可分设各股助理之。

工务处　工务处为黄委会技术机关，掌理查勘、测绘、工程设计及养护、沿河造林及其他一切工程事项。1933年的黄委会组织法规定，工务处置技正11—13人，5人简任，余荐任；技士12—16人，4人荐任，余

---

① 《王华棠呈委员长》，《本局与国民政府文官处关于委任本会委员问题的往来文书》，黄河档案馆藏，1935年，档案号：MG8－18。

② 《黄委会指令》，《本局与国民政府文官处关于委任本会委员问题的往来文书》，黄河档案馆藏，1935年，档案号：MG8－18。

③ 《黄河水利委员会组织法》，内政部编：《内政法规汇编》第二辑，内政部公报处1934年印，第438页。

委任；技佐若干人，委任。置总工程师、副总工程师各1人，以简任技正兼任。工程师9—11人，3人以简任技正兼任，余以荐任技正兼任。副工程师12—16人，4人以荐任技正兼任，余以委任技正兼任。助理工程师、工务员、制图员、测量员各若干人，以技佐兼任，均由委员长指定之。[①]工务处设有总工程师、副总工程师。总工程师先后由李仪祉、许心武、张含英等人担任，主要负责黄委会的工程技术工作。1937年以后，工务处始设处长一职。以后黄委会组织法又经过数次修订，但工务处人员构成一直是固定的，"工务处置处长一人，简任；技正九人至十一人，四人简任，余荐任；技士八人至十四人，四人荐任，余委任；技佐三十人至三十六人，委任"。[②]因工务处人员主要从事技术工作，其人事变动幅度比总务处小得多。

工务处设测绘、设计、工程、河务管理、林垦五组，各组设主任工程师一人，承长官之命处理本组事务。测绘组掌理河道与水文之测量、绘图及图表之编制与保管、测量仪器保管、影印图表及其他属于工程测量事项。设计组管理工程之规划设计及试验研究、工程设计图表之编制保管。工程组负责工程实施，指挥监督黄委会所属机关之一切施工。此外，工人之征集、招募、管理，材料和器械的预算、购置、保管、分配及修理，监工、验工、审核工值及其他工程实施事项也归工程组管理。河防管理组掌管黄河干支流两岸堤防之管理及勘察，指挥监督黄委会所属机关办理之一切河防工程及民埝工程，并负责其他属于河防的管理事项。林垦组掌理"黄河及其支流两岸堤内外及山坡地造林、护林事项"、"计划设置苗圃及农事试验场事项"、"指导沿岸官荒及涸出土地垦殖"及其他属于林垦事项。[③]上述各组可以在规定限度内设工程师、副工程师、助理工程师、制图员、工务员若干人，并因业务需要还可以酌用雇员。必要时，工程处需举行处务会议，讨论和决定相关重要问题。

河防处黄委会成立时，在工务处下设立河防组，规模不大，因为当时黄河下游修防仍然由冀、鲁、豫三省河务局负责。后在各方呼吁下，于1936年年底，国民政府通过了《统一黄河修防办法纲要》，决定黄河修防

① 《黄河水利委员会组织法》，内政部编：《内政法规汇编》第二辑，内政部公报处1934年印，第439页。

② 《黄河水利委员会组织法》，中国第二历史档案馆藏，1937年，档案号：12-6-111。

③ 《本会工务处组织规程》，《黄河水利月刊》第1卷第2期，1934年2月。

事宜由黄委会设河防处负责办理。1937 年 1 月，国民政府修正通过《黄河水利委员会组织法》，规定黄委会内设立河防处，管辖黄河及其支流堤岸查勘、修理及防护，督查、指导黄委会所属机关一切修防事项，负责护工、训练兵夫及其他修防事项。河防处“置处长一人，简任；技正四人至八人，一人简任，余荐任；技士六人至八人，二人荐任，余委任；技佐十二人至二十人，委任”。[①] 1937 年 2 月，黄委会内添设了河防处，“处下分设训练、交通、修防、运输四组及督查室”。[②]

河防处的成立，使黄委会有了专门的防汛机构，也使黄河下游有了统一的防汛机关。河防处成立后，黄河下游已有河南、山东修防处及河北河务局负责各该省修防工作，河防处除了培养训练一些修防人才外，对下游修防事务更多的是起到一种监督和协助作用。花园口决堤后，黄河改道，其下游的修防工作主要由河南修防处负责。为了加强防泛新堤的修防，抗战期间，黄委会将所属的四个工程队划归河南修防处管辖，河防处的部分职责由河南修防处承担。故该处从成立到撤销，人员编制基本没有发生大的变化。

（二）黄委会的主要直属单位

1933 年 9 月，黄委会成立时，其下并无直属单位。根据导渭需要，次月成立临时性的导渭工程处，1935 年即撤销。1936 年 7 月，为加强对下游防汛的监督指导，又成立了督查河防处，复旋撤。可以说，河政统一前，黄委会没有常设的直属单位。1936 年年底，国民政府决定将下游豫、冀、鲁三省黄河河务局改归黄委会指挥监督。该会遂增添了三个直属单位：河南修防处、河北河务局、山东修防处。1940 年后，根据形势变化及治黄需要，黄委会又设立了林垦设计委员会、黄河上游工程处（上游修防林垦工程处），并将原来的水文队改建为水文总站。黄委会直属单位遂不断增多。

河南修防处河南修防处是河南河务局由黄委会接管后改组而来的。1937 年 2 月，根据经委会的命令，河南河务局被改为河南修防处，归黄委会管辖。随后，该会将原河南河务局下属的上南、下南、上北、下北、

① 《黄河水利委员会组织法》，中国第二历史档案馆藏，1937 年，档案号：12－6－111。

② 《黄河水利委员会呈全国经济委员会》，台北中研院近代史研究所，1937 年，档案号：26－44－001－04。

东沁、西沁6个分局改为6个总段，即南一总段、南二总段、北一总段、北二总段、沁东总段和沁西总段。1938年6月，花园口决堤后，黄河改道，河南修防处仅剩南一总段。7月，河南省政府与黄委会等单位成立防泛新堤工赈委员会，修筑防范新堤。次年完工后，河南修防处建立防范新堤第一段、第二段、第三段，负责修守防范该堤。

河南修防处于1938年西迁郏县，后辗转至南阳、洛阳、镇平、西安、郑州、许昌、内乡、蓝田等地，1945年迁回开封。是年5月11日，经行政院修正备案，《黄河水利委员会河南修防处组织规程》颁布实施。该规程规定：修防处设主任1人，秉承黄委会委员长之命综理处务，并监督所属职员；设秘书2人，办理机要事务及核阅文稿；设科长2人，工程师2人，稽查长1人，均荐任，承主任之命，掌理各该管事务；设科员8—12人，办事员8—12人，副工程师4—5人，工程员8—12人，均委任，分承长官之命办理应办事务。修防处因事务之需要可酌用雇员8—12人，伏秋大汛及春厢时得酌用临时委任员工及监工。①

修防处下设两科一室，即第一科、第二科和会计室。第一科掌理文书、印信、会议记录、职员任免考核、购置登记及保管应用物品、编订报告、刊物及调查宣传、拟订规章及征集保管图书等事项。第二科掌理堤工之测量、设计、实施及保护；工料、工具之分配、登记与保管；办理修防物料运输；河兵招募、训练及指挥、民夫工人之征集；所辖工段民埝工程之指导监督；保护所辖工段沿河公产及林木；管理、保护所辖工段沿河电话及公路等事项。会计室设会计主任1人，受修防处主任指挥，并受水利委员会主办会计人员之监督指挥。会计室置科员4—6人，办事员2—4人，均委任，雇员2—3人。

1947年3月，花园口堵口合龙，泛道断流，沿防范新堤所设三个修防段随之撤销。5月，黄河花园口堵口复堤工程局撤销，河南修防处接收沁、黄两河南一、南二、北一、北二、沁东、沁西六个总段，每段设总段长1人，并将下属各汛改为分段，每分段设段长1人，段下设汛，每汛设汛长1人，各承长官之命办理各该段、汛一切修防事宜。

河北修防处黄委会成立前，河北黄河河务局负责河北境内的黄河修

---

① 《黄河水利委员会河南修防处组织规程》，水利委员会编：《水利法规汇编》第2集，水利委员会1946年印，第20页。

防。该局隶属于河北建设厅。1937年2月16日，经委会第41423号令改河北省黄河河务局为河北修防处，但河北河务局当时并没有改组。1938年，花园口决口后，黄河改道，河北境内黄河断流，河北黄河河务局遂被撤销。

抗战胜利后，鉴于黄河归故又将流经河北境内，行政院于1945年12月21日核准了《黄河水利委员会河北修防处组织规程》。该规程规定，在人员编制方面，河北修防处设置主任1人，综理处务；置秘书1人，科长2人，会计主任1人，稽查长1人，技正1人，均荐任，科员3—5人，稽查员2人，技士1—3人，官佐2—4人，办事员2—4人，会计佐理员1—3人，均委任，并得用雇员4—6人；修防处于伏秋大汛及春厢时得酌用临时委员及监工员。机构设置方面，河北修防处下设第一、第二两科和一个会计室，各科室执掌与河南修防处相同。该规程还规定，修防处就河北省黄河形势将之分为三段至四段，每段置技士兼段长1人，技佐1人或2人，办事员1人，均委任，并得用雇员1人。修防处所辖各段需要分设若干汛，每汛置汛长1人，委任，并得用监工员1人或2人、雇员1人。修防处为办理紧急工程得设工程队1队或2队，每队设置正副队长各1人，分队长2人，均委派，并得用雇员1人或2人。①

1946年4月1日，河北修防处在开封成立。1949年9月，河北修防处与河南修防处及山东修防处均被国民政府撤销。

山东修防处黄委会成立前，山东河务局负责山东段黄河修防。1933年9月，黄委会成立，黄河治理统一筹划。但山东河务局当时直隶于山东省政府，间接受黄委会指挥监督。1936年，国民政府通过统一黄河修防办法，黄河下游各省河务局由黄委会接收改组。

1937年4月12日，奉经委会令，山东河务局改组为修防处，归黄委会管辖。次年5月，山东修防处随黄委会西迁，其下属机构被撤销。

抗日战争胜利后，行政院于1945年12月21日核准了黄委会山东修防处组织规程。1946年2月，山东修防处迁回开封，是年底迁到济南。

山东修防处设处主任一人，简任，综理处务并监督所属职员，修防处内部科室的设置与河南修防处及河北修防处大体相同。

黄委会上游工程处为统筹办理黄河上游水利工程，1940年10月，黄

① 水利委员会编:《水利法规汇编》第2集，水利委员会1946年印，第23页。

委会在兰州成立黄河上游工程处。黄委会委员长孔祥榕兼该处主任，凌道扬任副主任，章光彩为襄办。1941年6月28日，该处扩建为黄河上游修防林垦工程处，下设工程、林垦、事务三个组，负责黄河上游各省境内修防、林垦、航运、水土保持及农田水利等事项。1942年3月，陶履敦任黄河上游工程处处长，处下设事务和工务两组。同时，该处接管了陇南、关中两个水土保持实验区及平凉苗木草子繁殖场。1944年1月，黄委会上游工程处复改名为上游工程处。

1945年5月11日，行政院修正《黄河水利委员会上游工程处组织规程》，上游工程处设处长1人，承黄委会之命指挥监督所属机构及综理处务。处下设总务和工务两科以及会计室、统计室。总务处掌理该处文书、印信、人事、财务、购置及保管事项，工务处掌管各项工程之测勘、设计、实施及养护，考核各项工作进度及审核各项工作报告，负责沿黄河上游干支流造林护林工作，审核上游各水文站测量工作报告及管理其他一切工务、林垦事项。黄河上游工程处是黄委会设在黄河上游的一个较大的直属机构。

在黄委会会址设于开封，同时黄河下游豫、冀、鲁三省分别设有黄委会直属机构的情况下，上游工程处的设立，使地域辽阔的黄河中上游地区终于有了专门的治黄机构，从而使治黄机构的空间布局更趋合理。上游工程处的重要任务有：（1）防洪抢护；（2）修葺河岸，整理河床；（3）养护河工；（4）督促指导、改善沿河山坡阶田，防止土壤冲刷；（5）筹划黄河治本工程计划之实施与应需试验工作；（6）精确测验黄河上游水文及筹设气象测候所；（7）便利开发灌溉、造林、航运等事业之推进；（8）指导协助各省兴办水利事业等八项。[①] 由此可见，黄委会上游工程处的设立，可使黄委会上下游兼顾、防害兴利相结合的治黄方略得以落实。

水文总站 1933年12月，黄委会从华北水利委员会调来一批技术人员，在开封组建了黄委会水文测量队，队长为许宝农，这是黄河上第一个流域水文管理机构。当时，该队隶属于黄委会工务处测绘组，挪威人安立森（S. Eliassen）为测绘组主任工程师。1938年5月，由于日军进犯豫东，开封战事吃紧，水文测量队随黄委会由开封迁至洛阳，后再迁往

① 《甘肃省政府呈》，《治理黄河机构设置与撤销》，中国第二历史档案馆藏，1939年，档案号：2－8193。

西安。

1942年，根据水利委员会工字第0171号令命令，“各中央水利机关所属水文测站等编制未能划一，名称亦不一致，值此年度开始，亟应加以调整，……各站之名称视工作之繁简，一律改称为水文总站、水文站、水位站、雨量站”[①]，黄委会遂将水文测量队改为黄委会水文总站，委派许宝农为主任。水文总站机关内不设科、室，只有工程师、副工程师、助理工程师、工程员等编制，各员分工明确，各司其事，各负其责。该总站职工一般有10多人，其下属水文站职工一般为3—5人，最多不超过7人。水文总站还下设水位站、雨量站等机构，其业务受水文总站指导。

1946年，水文总站主任许宝农调往黄委会工务处任职，其职务由沈晋接任。同年春，黄委会宁绥工程总队增设宁绥水文总站，由陈锡铭任主任，领导宁夏及绥远地区灌溉渠道上所设的水文站。次年6月，黄委会水文总站和宁绥水文总站在西安合并，更名为黄河水利工程局水文总站。

1946年后，随着水文总站人员逐渐增多，该站在管理方面采取了一些措施。机构方面，在总站内设立编审和测验两业务组，分别负责资料审查和测验等工作；专设两名巡回检查员，在总站主任直接领导下，经常巡视下属各测站，贯彻有关技术规定，检查指导水文站各项工作。总站还会和各测站人员进行交流，以便使总站熟悉测站情况，期限一般在半年左右。总站有时也抽调测站人员到总站参加业务工作，以提高各测站人员的技术水平。当时总站搞业务的工作人员（包括借调人员）最多时曾达30多人。

三　组织结构特点

黄委会作为一个新式水利机构，在组织结构上呈现出一些新特点。

（一）科层化的组织结构

科层制是“以正式规则为核心的，强调分科执掌与分层负责的管理结构或管理体制。换言之，它是根据明确的规则和程序进行工作的等级权力机构”。[②] 由此可知，科层制既是一种组织结构形式，又是一种管理方式。作为一种组织结构，它强调通过建立一定的规则制度，使组织内部层

① 转引自黄河水利委员会水文局编《黄河水文志》，河南人民出版社1996年版，第17页。

② 风笑天主编：《社会学导论》，华中科技大学出版社2008年版，第116页。

级分明、各部门分工明确，以提高组织的工作效率。“具有明确的规章制度”，[①] 这是科层制重要特征。

黄委会具有鲜明的科层制特征。该会建立前，国民政府颁布了黄委会组织法，对其主管机关、职掌、内部设置等方面都做了明确规定。在该会存在期间，根据形势的变化，国民政府不断修正公布该会组织法，对上述各方面进行调整或重新确认，以便做到有法可依。对黄委会直属机构，如黄河下游三省修防处、导渭工程处、黄委会上游工程处等，行政院也制定有相应的组织规章，对各机构的组织、职掌、人员数额及职级等方面都有具体的规定。

黄委会也为其下设各处制定相应的规章制度，如《黄委会总务处组织规程》、《黄委会工务处组织规程》等，在该会组织法规定的范围内，对总务处、工务处的组成、其下设各科、各组的分工等再做具体规定。笔者根据《黄河水利月刊》进行统计，黄委会在成立后的一年时间内，就制定了二十多项规章，如《黄河水利委员会大会会议规则》、《黄河水利委员会办事通则》、《本会职员请假规则》等。这些规章涉及该机构的日常工作管理、人事及财务制度等方面，为该会各机关及其人员的工作提供了行为指南。

“职位有明确分工”，[②] 这是科层制的又一重要特征。为此，需要“根据不同的管理任务设立某种职位和科室，明确规定各自的管理范围。与管理职位的分工相联系，管理人员必须拥有一定的专业知识和技能”。[③] 黄委会具有这种明确的层级分工，委员会和委员长、副委员长分掌黄委会决策和行政权。其下一个层级为处或室，是黄委会的办事机关，有总务处、工务处、河防处、会计室、统计室、水文总站及该会直属机构——河南、河北、山东三省修防处和上游工程处等。各处下又分设科（或组或课或段），如总务处下设四科，而工务处下设五个业务组，导渭工程处下设两课，修防处下设（总）段，有的修防处又在总段下设分段或汛。这样，黄委会就形成了委员会—处（或室或站）—科（或组或课或段）的三级结构，或委员会—处（或室或站）—总段（或组）—分段（汛或股）的

① 钟玉英主编：《社会学概论》，华南理工大学出版社 2011 年版，第 87 页。

② 风笑天主编：《社会学导论》，华中科技大学出版社 2008 年版，第 117 页。

③ 同上。

四级结构。每一层级的每个机关都有各自的管辖范围和职掌，分工明确。

在科层制中，“权力划分层级……处于其中的管理人员，既要接受上级的管束，又拥有对下级发布命令的权力”。[①] 科层制的这一特征在黄委会的组织结构中也有体现。以总务处而言，该处组织规章明文规定，处长“承委员长、副委员长之命掌理本会总务及交办各事项，并指挥监督所属职员”，其下设各科科长，也要“承长官之命处理本科事务”。[②] 而科长又有监督管理本科科员的权力，这样就形成了一个分层管理的权力层级，分工负责，各司其职。同样，工务处设总工程师、副总工程师各一人，承委员长、副委员长之命掌理本处一切事项并指挥监督所属职员。该处下设测绘、设计、工程、河务管理、林垦五组，各组设主任工程师一人，承长官之命处理本组事务。[③] 黄委会直属单位也是如此，以河南修防处为例，修防处主任要“秉承黄河水利委员会委员长之命综理处务，并监督所属职员”，而其下属的第一、第二两科科长、修防段各段段长、会计室主任又要分承修防处主任之命掌理各该管事务，监督指挥下属职员。[④] 可见，黄委会直属单位也是按科层制组织起来的。

（二）实行委员会决策制和委员长执行制相结合的组织体制

委员会制（也称合议制）“是指行政组织的法定最高决策权由两人以上的人员组成的集体或委员会执掌的一种行政组织体制”。[⑤] 黄委会既是一个专业技术机构，也是一个流域性的水利管理机构。作为专业技术机构，该会职掌黄河及其支流的兴利防患事宜。黄河素以难治闻名于世，治理难度大、工程技术复杂，涉及面广，需要集体的智慧，而委员会制的一大优点就是能够集思广益，所以对于治黄而言，实行委员会决策制是有一定道理的。

黄委会内部的最高决策机构是黄河水利委员会大会，由中央特任的委员长、副委员长及简任的委员组成。该会委员在 1937 年以前有 11—19 人，后来减为 9—11 人。他们多是水利专家，由他们聚集在一起，讨论有关问题，提出治黄方策，制订治黄计划，可以在一程度上保证决策的民主

① 风笑天主编：《社会学导论》，华中科技大学出版社 2008 年版，第 117 页。
② 《本会总务处组织规程》，《黄河水利月刊》第 1 卷第 2 期，1934 年 2 月。
③ 同上。
④ 水利委员会编：《水利法规汇编》第 2 集，水利委员会 1946 年印，第 21 页。
⑤ 何颖：《行政学》，黑龙江人民出版社 2007 年版，第 97 页。

化和科学化。黄委会大会每年召开两次，讨论并决定有关该会组织发展、经费、工程、黄河治标治本等方面的重大问题。

委员会作出的决议由黄委会委员长负责执行，所以委员长掌握着该会的行政权。委员长对外代表黄委会，对内全面主持该会工作，“按照该会组织法，一切行政事宜均由委员长负责处理，委员仅于大会时出席参加，是委员仅有参议计划之权，委员长负主持全会及执行一切事务之职责”。① 对于二者之间的关系，黄委会的主管机关——经委会有过明确的说明：“黄河水利委员会之组织，虽系委员制，委员长下设有委员，然各委员仅出席每年两次大会，参与计划讨论，所有该会一应行政技术之指挥、监督等规定，由委员长负责主持办理。”②

委员长执行制并不等于首长制（也称独任制或一长制），后者“是指行政组织的法定最高决策权由行政首长一人执掌的行政组织体制”。③ 黄委会委员长权力虽大，但他掌握的是该会的行政权，决策权掌握在委员会手中。所以，黄委会实际上实行的是委员制和首长制相混合的一种组织体制，重大问题的决策权由委员会行使，黄委会委员长负责该会日常行政工作，执行委员会的决策。这样既能集思广益，又可责有专负，为黄委会正常运行提供了组织保证。

第二节　黄委会委员长

委员长在黄委会中具有重要地位，他参加并主持黄委会大会，是该会的决策人之一。同时，他又主持黄委会行政工作，该会事务“均须经委员长核行，委员长因公离会时，由副委员长代理；副委员长同时离会时，由总务处长或由委员长指定各处主管长官一人代拆代行。但重要事件仍应

---

① 《对于设置河务督办之意见》，《全国经济委员会制定统一黄河修防办法纲要及有关文书》，中国第二历史档案馆藏，1936 年，档案号：44－2213。

② 《对于“于院长请变更黄河水利委员会组织设置河务督办案”之解说》，《全国经济委员会制定统一黄河修防办法纲要及有关文书》，中国第二历史档案馆藏，1935 年，档案号：44－2213。

③ 何颖：《行政学》，黑龙江人民出版社 2007 年版，第 96 页。

秉承委员长办理”,[1] 委员会做出的决议也交由委员长负责执行。此外，他还负有指挥、监督其下属机构及人员之责，对外代表黄委会。所以，委员长这一职位，不论是对黄委会自身的工作和管理，还是对治黄事业的发展，都十分重要。

一　首任委员长李仪祉

李仪祉是黄委会第一位委员长，也是对治黄事业做出开拓性贡献的一位委员长。其余历任委员长也为黄河治理做出了不同程度的贡献。

（一）李仪祉出任黄委会委员长

李仪祉，名协，字宜之，后改为仪祉，陕西省蒲城县人，是中国近代著名的水利专家，曾两度留学德国。1915 年学成归国后，受张謇邀请，执教于南京河海工程专门学校，在该校掌教达七年之久。1922 年下半年，他回到陕西，任该省水利局长兼渭北水利工程局总工程师，拟建引泾工程，并筹划兴修陕南和陕北水利。在担任陕西水利局局长的同时，李仪祉还先后兼任过陕西省教育局长、西北大学校长和陕西建设厅厅长等职。因陕西时局动荡、治水经费难筹，引泾工程无法施工，1927 年李仪祉离开陕西，先后就任上海港务局长、南京第四中山大学教授和重庆市政府工程师等职。1928 年，顺直水利委员会改组为华北水利委员会，李仪祉出任该会委员长。1929 年，他任导淮委员会委员兼总工程师。次年，在主陕的杨虎城将军邀请下，李仪祉返任陕省建设厅长兼省府委员，与北平华洋义赈会合作，实施引泾工程。1931 年，李仪祉兼任国民政府水灾救济委员会委员兼总工程师。同年，中国水利工程学会成立，他被推举为会长。1932 年泾惠渠完成，他辞去建设厅长职务，专任陕西水利局长。1933 年后，他又先后任黄委会委员长、经委会水利委员会常委、扬子江水利委员会顾问工程师等职。

李仪祉不仅是一位官员，也是一位水利专家。根据胡步川所编《李仪祉先生年谱》统计，从 1915 年李仪祉回国发表《最小二乘式实用微积分》一文算起，至他担任黄委会委员长之前的 1932 年止，李仪祉所写的文章达 80 余篇。这些文章涉及治黄、导淮、引泾等多方面内容，其中 1922 年发表的《黄河之根本治理办法商榷》一文，分析了黄河为患的原

---

[1] 《本会办事通则》，《黄河水利月刊》第 1 卷第 2 期，1934 年 2 月。

因及治导途径，影响颇大。

李仪祉在水利学术方面多所造诣及长期担任治水机构领导职务，加之他对黄河治导的独到见解，为其走上治黄领导岗位提供了条件。1929 年 1 月，国民政府制定《黄河水利委员会组织条例》并公布该会委员名单，李仪祉名列其中，是该会为数不多的技术官员之一。由于经费无着，不久又爆发蒋冯大战，该会筹备遂被搁置。1931 年，国民政府复筹备黄委会，任命李仪祉为副委员长，然而由于经费缺乏，该会这次仍未能成立。1933 年 4 月 24 日，国民政府特派李仪祉为黄委会委员长，再次着手该会的筹建。同年 9 月 1 日，国民政府正式成立了黄委会。

从 1929 年黄委会开始筹备，到 1933 年该会正式成立，李仪祉在其中的地位不断变化，他从委员升至副委员长直至委员长。这一变化反映出国民政府治黄方针经历了由"官僚治黄"到"专家治黄"的变革。由于"黄委会是民国时期黄河水务的主管机关和专业技术机构",[①] 所以，对于治黄这种专业技术性很强的工作，必须依靠李仪祉这样的水利专门人才，实行专家治河，才可能在治黄方面有所作为。正如汪精卫所说，黄委会"此次改组，纯重实际工作，聘请水利专家李仪祉为委员长，各方技术专门人才为委员及其他重要职员，……以利工作进行"。[②] 由此可见，实行专家治黄是国民政府成立黄委会的既定方针。

（二）李仪祉在黄委会委员长任内的事功

在李仪祉担任黄委会委员长两年多时间内，黄委会的自身管理与建设及治黄工作，都取得了重大成就，显示了专家治黄的成效。

1. 李仪祉对黄委会的管理

治黄是一项宏伟复杂的工程，需要有一个好的团队，所以要把黄委会管理好，这是治理好黄河的前提与基础。李仪祉在黄委会自身管理方面颇有建树，他根据该会为专业技术机构和水利管理机关的性质，在用人、组织与规章制度建设等方面采取了一系列措施，显示了学者官员的管理特质，其主要表现有：

（1）坚持用人唯才、用人公开原则。作为治河机构，黄委会必须使

① 谢俊美：《档史结合论从史出〈功罪千秋——花园口事件研究〉余论》，《民国档案》2004 年第 4 期。

② 《鲁代表晋京请赈经过》，《申报》1933 年 9 月 11 日第 10 版。

用专业技术人才。该会筹备时，李仪祉曾就该会用人等事致书许心武（黄委会副总工程师）、张含英（黄委会秘书长）二人，提议“（黄委会）筹备时期用人尤宜审慎，须具有开创精神，不需之人勿用一人”。[①] 黄委会成立之初，李仪祉又建议“委员不宜滥，人数不宜多，宜就于黄河水利有深切认识者、重要关系者、宏远急谋者委之。勿以名器为酬庸之具也”。[②]

李仪祉唯才是举、唯才是用，即便是曾“得罪”过自己的人，他也加以重用。张含英曾写文章“冒犯”过他，但李仪祉并未计较，后来还主动结识张含英。任黄委会委员长后，他推荐张含英任该会秘书长，而且据张含英说，“这一任命我事先一点也不知道”。[③] 二人关系融洽，“两年多中，上下级关系和谐无间”。[④]

李仪祉坚持用人公开原则，拒绝说情。黄委会初建时，曾登报公开征聘技术人员。[⑤] 其间，行政院秘书处奉汪精卫谕令，向李仪祉转荐蔡元培推荐的浙江青年叶遇春，要求“如需此类人才可酌予录用”。李仪祉以公函回复：“本会延用技术人员，须经缜密审查，期在用惟其才。”因没有走公开招聘程序，叶遇春终未被黄委会聘用，他无奈地表示，“遇春查黄河水利委员会前登各报，……初以为报纸所传，未必见诸事实，兹奉到李委员长函复，知李委员长真欲照此手续，见诸事实，亦佳事也”。[⑥]

（2）注重组织和规章制度建设，严格按章则办事。黄委会成立时，国民政府只制定了该会组织法，作为其组建的基础。至于该会如何运作，并无明确规定。在完善黄委会组织及其规章制度方面，李仪祉做了不少的工作。

黄委会初建时，委员会仅设有总务处和工务处两处。从治黄的实际需要出发，李仪祉不断充实和完善该会的组织机构。他在工务处下设置林垦组，并在该处下先后组建黄委会第一、第二、第三测量队及导渭工程处测

① 《李仪祉水利论著选集》，水利电力出版社1988年版，第751页。

② 同上书，第74页。

③ 张含英：《我有三个生日》，水利电力出版社1993年版，第138页。

④ 《李仪祉水利论著选集》，水利电力出版社1988年版，第7页。

⑤ 《工作报告》（1933年10月份），《黄河水利月刊》第1卷第1期，1934年1月。

⑥ 《国民政府黄河水利委员会公函》（第220号），《黄河水利委员会勘察下游三省黄河报告及豫冀鲁请款培养堤防》，中国第二历史档案馆藏，1933年，档案号：2－1－3756。

量队。李仪祉还在黄委会内增设了导渭工程处及水文测量队，并逐步加强了对下游三省河务局的指导。在李仪祉任委员长期间，黄委会机构逐渐趋于完备，这为治黄工作的全面展开提供了组织基础。

李仪祉十分注重黄委会的制度建设。在该会成立后的一年时间内，他领导制定了二十多项规章。这些规章涉及多个方面，有关于该会组织、财务、黄河防汛的，也有涉及职员日常工作、考绩以及黄委会会议规则等方面的。这些规章制度的订立为黄委会相关机构的组建和运作提供了依据和准则。

严格按章则办事。如在财务方面，李仪祉严格遵循财经制度，“所有开支都是按预算执行的，没有一项冒支，没有一项预算外开支，……（这）在旧社会是绝无仅有的。尤其是以贪污腐化出名的‘河务’衙门，更是难能可贵”。[①] 黄委会在办理1933—1934年决算时，开办费内“剩余洋二百六十七元零六分”，李仪祉如实上报国库。[②] 由于他恪守财务制度，在其任期内，黄委会中没有贪污案件发生。

（3）制定治黄方略和工作计划。李仪祉为黄委会及治黄活动制订了多种工作计划与方略，如《黄河水利委员会工作计划》（1933年）、《治理黄河工作纲要》（1934年）、《黄河治本计划概要叙目》（1935年）等。对于一些治黄的基础工作，李仪祉也订有计划，如《研究黄河泥沙工作计划》、《黄河流域土壤研究计划》等。此外，在他领导下，黄委会每项工程都拟有相关计划。诸多计划的制订，一方面跟黄委会从事的工作性质有关，另一方面也表明技术官员李仪祉开展工作的计划性和严谨性。这些计划为相关工作的开展指明了方向，其中一些对治黄具有长期指导意义。

（4）注重科研。李仪祉十分注重学术研究，他任黄委会委员长期间，写了40多篇文章，进一步探讨黄河的治本方策及具体治理措施，成为后人研究治黄的重要参考文献。他还常鼓励同事撰文，说要把水利工作做好，只靠埋头苦干是不够的，还要对工作的广度与深度进行探究，写文章便是研究的结果。李仪祉非常重视治黄学术交流，在其任内，支持黄委会创办了《黄河水利月刊》。在经费拮据的情况下，该刊发行长达三年，终

---

① 《李仪祉水利论著选集》，水利电力出版社1988年版，第7页。

② 《国民政府黄河水利委员会公函》（第220号），《黄河水利委员会勘察下游三省黄河报告及豫冀鲁请款培养堤防》，中国第二历史档案馆藏，1934年，档案号：2－1－3756。

在李仪祉辞职后不久停刊。事实上，“李仪祉……每到一处，他必组织出版一份月刊”。[①] 这是他学者官员气质的表现，也是他的管理特色之一。

2. 李仪祉领导下的治黄作为

李仪祉任黄委会委员长期间，还兼任该会总工程师。可以说，他既是治黄事业的领导者和主要决策人之一，又是治黄工作的主要执行人，这样的身份地位为他实施自己的治黄主张提供了得天独厚的条件。黄委会成立后，在李仪祉领导下，各项科学治河工作全面开展，并取得了较大成就。

实践其科学治黄主张。李仪祉早就主张以科学从事河工之必要。如何实现科学治河？他认为，以科学从事河工，“在精确测验，以知河域中丘壑形势，气候变迁，流量增减，沙丘推徙之状况，床址长削之原由”。[②] 黄委会成立前，黄河上仅设有少数几处水文站，且记载时断时续，很不完整，使得治河缺乏必要的资料准备。李仪祉就任黄委会委员长后，立即致力于黄河水文的测量。按照他制定的黄河流域水文站网规划，黄委会成立后的两年时间内，在黄河干流增设 8 处水文站、5 处水位站，并在支流上设立 5 处水文站，“黄河流域水文站网初具规模，入汛后，各水文站可一日数次电报水情至开封，对黄河防汛起到显著的作用”。[③] 在李仪祉的领导下，黄委会还着手黄河下游河道地形及精密水准的测量及重要地点的经纬度测定，为治黄积累了宝贵的资料。

李仪祉积极促进有关黄河科研活动的进行：与河北工学院合作建立“天津第一水工试验所”，这是中国设立的第一个水工试验所，该所为治黄进行过黄土渠道冲淤等多项试验；首次进行黄河悬移质泥沙颗粒分析；促成了在德国进行的黄河河道治理模型试验，这是中国治黄史上首次进行的河道模型试验，由此得出了“河道之刷深，在宽大之洪水河槽，较之狭小之河槽为速”的结论，[④] 为治黄做出了重要贡献。

清代以前，中国历代治黄只将眼光局限于下游，而忽视中上游的治理。李仪祉对此进行批评，指出“历代治河皆注重下游，而中上游曾无

① 《李仪祉水利论著选集》，水利电力出版社 1988 年版，第 10 页。

② 黄河水利委员会黄河志总编辑室编：《历代治黄文选》（下册），河南人民出版社 1989 年版，第 3 页。

③ 黄河水利委员会编：《民国黄河大事记》，黄河水利出版社 2004 年版，第 89 页。

④ 沈怡：《参加黄河试验之经过》，《水利》第 8 卷第 4 期，1935 年 4 月。

人过问者。实则洪水之源，源于中上游；泥沙之源，源于中上游”。[①] 他主张把上下游的治理结合起来，“当一面从上游减沙，一面从下游浚治”。[②] 他在任黄委会委员长期间，除在中上游建立水文站、雨量站以搜集水文资料外，还积极推动在该地区采取植林、种苜蓿等水土保持措施，并勘探建水库的库址，以期实现其上下游并重、标本兼治的治黄主张。此外，黄委会成立的次月，李仪祉就在该会下设立导渭工程处，自己任处长，从事渭河的治导，践行其干支流兼顾的治黄主张。

李仪祉的这些治黄主张和实践，“改变了几千年来单纯着眼于黄河下游的治河思想，把中国的治河理论和方略向前推进了一大步。今天看来，仍然具有现实意义”。[③]

治理与开发黄河兼顾。治理黄患的同时，李仪祉主张对黄河进行开发利用。在黄患严重的当时，李仪祉提出这一大胆主张，表明他对以科学手段和方法治驭黄河的信心，这是他参照中国古代治河传统和借鉴欧洲治河经验而提出的正确主张，也是李仪祉治黄不同于前代之处。在发展黄河水利方面，他提出整理航运、发展灌溉和开发黄河水力为主要内容的综合开发利用方案。他积极支持发展黄河下游地区的虹吸灌溉工程，而且在其领导下，黄委会和陕西省政府合作兴修了渭惠渠，促进了关中地区水利事业的发展。遗憾的是，他任黄委会委员长时间太短，其整理黄河航运及开发黄河水力的主张多未来得及实施。

总之，李仪祉任黄委会委员长期间，中国开始了全面科学治黄的实践，并开辟了现代治黄的新趋向。

二 其他历任委员长

除李仪祉外，黄委会还有数位委员长，他们任职时间长短不一，出身、经历、学历、性格等方面也各不相同，对黄河治理贡献各异。兹分别加以论述。

1935 年 10 月，中政会批准李仪祉辞职，同时还决议由副委员长孔祥

---

① 《李仪祉水利论著选集》，水利电力出版社 1988 年版，第 71 页。

② 黄河水利委员会黄河志总编辑室编：《历代治黄文选》（下册），河南人民出版社 1989 年版，第 19—20 页。

③ 钱正英：《在纪念李仪祉先生诞辰一百周年大会上的讲话》，《中国科技史》1982 年第 4 期。

榕代理他的职务，次年5月，孔祥榕被正式任命为黄委会委员长，成为该会第二任委员长。

孔祥榕字仰恭，1890年生，山东曲阜人，孔子第七十五代孙，1911年毕业于京师大学堂译学馆，曾任北京财政处全国所得税总办。1925年，孔祥榕任永定河河务局局长。1928年任扬子江水道整理委员会委员兼总务处处长、技术委员会委员，次年调任内政部河道水利专门委员会委员。1933年改任黄灾会委员兼总办事处总视察、黄委会委员，他由此开始从事治理黄河的工作。1934年，孔祥榕先后担任黄灾会工赈组主任、经委会水利委员会常委等职。次年2月，他出任黄委会副委员长。在任该职期间，因为在治黄理念等方面与李仪祉不合，导致李仪祉辞去黄委会委员长职务，孔祥榕代理之。1936年5月至1938年6月，孔祥榕第一次任黄委会委员长。1939年5月，孔氏再次任黄委会委员长，1941年卒于任内。

孔祥榕是堵口专家，在其任黄委会委员及该会委员长期间，先后成功主持黄河贯台及董庄堵口。1934年2月，冯楼堵口受挫后，工赈组主任周象贤辞职，由孔祥榕继任该职。他迅速采取补救措施，调度火车与船只，迅即赶运石料，广泛征集砖、柳、麻袋、铅丝等物料，驻守工地督促指挥，终于使冯楼决口迅速合龙。1935年、1936年两年，他又先后主持了河南贯台及山东董庄两处堵口工程，均获成功。孔祥榕擅长以旧法堵口，但他也能采用近代河工新技术，比如在堵筑冯楼决口时，“以旧法秸占质轻难持，故冯楼堵口工程改用柳石坝堵塞”。[①] 接办鄄城堵口工程后，孔祥榕已经升任黄委会代委员长，亲自担任堵口总工程师兼工程处主任。施工时，他先采用中国传统的立堵法，由东西两坝基分别用秸料捆厢压土进占，并于临河方面修柳石坦坡，背河方面以大土戗跟进。如此，不仅加大了占埽前面的坡度，减轻了大溜在坝前的淘刷，而且也增加了埽体的重力和稳定性。等到东西两坝相距约剩40米时，改为抛柳石枕合龙，逐层填筑出水，此法为以后堵塞花园口提供了良好的经验和借鉴。

董庄堵口合龙后，孔祥榕从冀、鲁、豫三省河务局抽调部分熟练河工，成立三个工程队，分驻河南、河北、山东各险要工段，直属黄委会调

① 《孔祥榕事略》，《国民党政府黄河水利委员会及导淮委员会委员褒扬传记资料》，中国第二历史档案馆藏，1941年，档案号：34－836。

遣。这是黄河有专业工程队的开始。孔祥榕“持躬清慎，莅事精勤”,[①]每届大汛，他均亲临险段，与员工共同奋战，在黄河防汛与堵口方面，做出了积极的贡献。

孔祥榕擅长黄河堵口，偏向于以传统经验治理黄河，但他也主张治黄要标本兼治。1936年，他向经委会提出了一个《黄河治本治标计划》。在该计划中，其提出黄河治本要“上游造林防沙”、“中游拦洪缓沙”、“下游减水分沙”及“尾闾束水攻沙”。[②]虽然经委会认为他的意见在内容方面有些空泛，但无可否认，孔祥榕已经认识到泥沙问题的严重危害及黄河治本要上中下游齐治的必要性。抗战期间，他呈请建立了黄委会林垦设计委员会及黄河上游工程处，并亲自兼任两机构的负责人，从事黄河流域的水土保持研究及上游的治理与水利事业的开发。这些反映了孔祥榕也具有标本兼治、上下游兼顾的治黄思想，尽管他没有像李仪祉和张含英那样公开提出和宣扬过。

孔祥榕领导黄委会为抗战做出了重要贡献。“八·一三”事变后，长江防务紧急。国民政府军事委员会鉴于黄委会以往在堵塞决口方面富有经验，乃下令黄委会委员长孔祥榕、江防司令刘长兴、扬子江水道委员会委员长付汝霖、海军副司令曾以鼎等共同组成“长江阻塞设计督查委员会”，进行阻塞长江航道工程。这项工程主要由黄委会的技术员工负责实施。孔祥榕接受任务后，先后主办长江乌龙山、马当要塞等地的阻塞、封锁工程，阻遏敌舰上驶，使国防计划得以从容布置，延缓了日军进攻武汉的时间。黄河花园口决堤后，保持黄泛区及修培新旧堤各重要工事以防水、阻敌，关系国河两防，孔祥榕随时与军事机关配合。对于如何保持泛区阻敌，他提出三点意见：（1）不使溃水方面水流干涸，保留必要之相当水量以阻敌前进；（2）使分水一部分归入老河，破坏敌之企图；（3）保持溃口水流需要之深度，兼及导溜分散，泥泞成滩，阻敌重兵器西进（使其）运输发生困难。他的意见为军事当局采纳，成为抗战时期

① 《国民政府令》，《国民党政府黄河水利委员会及导淮委员会委员褒扬传记资料》，中国第二历史档案馆藏，1941年，档案号：34-836。

② 《黄委会委员长孔祥榕关于黄河治本治标计划》，中国第二历史档案馆藏，1936年，档案号：44-2-282。

政府维持黄泛的基本方针。[①] 针对日方在泛东修堤筑坝，逼溜西移，冀以图破中方国防线，孔祥榕复与军事机关商筹对策，粉碎敌西侵阴谋。此外，孔祥榕还领导黄委会疏浚了前方双洎、贾鲁等河，以利河防与军运，并整理了后方清水、赤水等河，便利交通，对抗战裨益良多。

孔祥榕因其对黄河治理及抗战的贡献，国民政府曾授予他三等采玉勋章和一等水利奖章。孔祥榕有留世著作《修治永定河方略》、《续治永定河方略》、《扬子江的疏竣方法》等。

但是，孔祥榕有一个颇受人们诟病之处，即他迷信思想严重，遇疑难大事多取决于“扶乩”，求神相助。每次主办堵口工程竣工后，他必高搭彩棚，中奉小蛇，尊为“大王”，为其唱戏庆功。同时，在他任职黄委会委员长期间，只准讲安澜，不准说“开口”。一次，在开封宴会上先上一道菜，名“开口汤”，他令改为“安澜汤”，一时传为笑谈。[②] 1936 年 11 月 31 日，冀、鲁、豫三省黄河安澜庆祝大会在济南举行，孔祥榕率黄委会及山东河局人员在洛口致祭禹王及历代治河先贤。[③] 他在如此盛大的场合竟公然带领下属去“拜神”，是他内心对“河神”怀有虔诚敬畏的一种反映。对此，也不必过于苛责，因为民国时期正是中国治黄处于由传统向近代的过渡阶段，那时，西方近代水利技术和治河思想虽然已经传入中国，但要被人们广泛接受需要一个过程，不是可以一蹴而就的。张含英就曾有过这方面的遭遇，他早年在黄委会工作，提到治理黄河应兴利除害时，有人说：“唱高调，患还没除，还谈兴利？”黄委会在从事地形测量、水文观测、模型试验时，又被那些人讽刺说：“没事干了，拿这玩意（儿）消闲解闷啊！”[④] 况且，用西方近代水利科技治黄，也不可能将为害数千年的河患立刻就治驭，所以，不少治黄工作者那时也没有战胜河患灾害的十足把握。这种情况下，孔祥榕把黄河安澜的希望寄托于河神的庇佑，也就不难理解了。在孔祥榕身上，体现了新与旧、科学与迷信、传统

---

① 《黄河水利委员会快邮代电》，《黄河水利委员会针对日伪破坏河堤研拟对策及实施办法》，中国第二历史档案馆藏，1939 年，档案号：2－2－2716。

② 李云琦编：《孔祥榕》，黄河网：http：//www. yellowriver. gov. cn/hhwh/lszl/rw/jxdzhrw/201108/t20110811－84922. html。

③ 《水利新闻·黄河安澜庆祝大会》，《华北水利月刊》第 9 卷 11、12 期合刊，1936 年 12 月。

④ 张含英：《我有三个生日》，水利电力出版社 1993 年版，第 185—186 页。

治黄经验与近代水利技术的结合。

王郁骏　孔祥榕的亲信和帮手，做过黄灾会工赈组秘书。孔祥榕升任黄委会副委员长后，在其推荐下，1935 年 7 月，王郁骏担任黄委会总务处长，当年 11 月，升任该会副委员长，辅助孔祥榕工作。1938 年，孔祥榕因病辞去黄委会委员长职务，由王郁骏代理委员长。孔祥榕病愈后，王郁骏被免去代理委员长职务，调离黄委会。1937 年，王郁骏曾被国民政府授予五等采玉勋章。和其他黄委会委员长相比，王郁骏对治黄贡献相对较少。

万晋　1941 年 7 月，黄委会委员长孔祥榕病故于任内，国民政府乃派万晋代理委员长职务。万晋，河南省罗山县人，1912 年考入河南留学欧美预备学校，1918 年赴美国留学，1924 年毕业并获得林学硕士学位。回国后曾任北京大学农学院教授。1925 年转任河南省立农业专门学校教授兼校长。1927 年 8 月开始执教于河南公立农业专门学校，1931 年担任河南大学农学院森林系教授兼系主任，后兼任院长。1933 年 9 月，黄委会成立时，万晋任工务处林垦组组长。该组主要负责黄河及其支流两岸堤内外及山坡地造林、护林，设置苗圃及农事试验场，指导沿岸官荒及涸出土地垦殖及其他林垦事项。①

万晋对于治黄的贡献主要在黄河流域的水土保持方面。1934 年，李仪祉率万晋等人考察了黄河上游。万晋根据考察情况，撰写了《防止土壤冲刷为治理黄河之要图》的论文，论述黄河的洪水及含沙的特性、黄土高原的概况，并提出防止土壤冲刷的方法及当时应采取的措施，是中国一部较早的水土保持著作。1936 年 6 月，万晋又在《黄河水利月刊》上发表了《黄河流域之管理》一文。他认为，治理黄河的根本途径为制止流域内的土壤冲刷，并提出以农田耕作、林业、牧草等措施来防止土壤冲刷。

万晋代理委员长仅一个月，1941 年 8 月，国民政府特派张含英为黄委会委员长。张含英担任此职两年，是李仪祉后又一位为治黄做出重要贡献的黄委会委员长。

张含英　1900 年出生于山东菏泽。1918 考入北洋大学，次年转入北大物理系。1921 年赴美留学。1924 年，他获得伊利诺大学土木工程专业

① 黄河水利委员会编：《民国黄河大事记》，黄河水利出版社 2004 年版，第 78 页。

学士学位。之后，再去美国康奈尔大学深造。1925年，他被破格授予土木工程专业硕士学位后回国，先后担任山东建设厅主管水利的科长、主任工程师、华北水利委员会课长。1933年，他任黄委会委员兼秘书长、黄委会总务处处长。1935年，他辞去总务处处长职，担任黄委会总工程师。次年，张含英辞职离开了黄委会，任北洋大学教务长、经委会水利处副处长。抗战爆发后，他辗转奔走于川、陕、桂之间，曾任湘桂水道工程处处长兼总工程师、扬子江水利委员会代理委员长、顾问。1941年，他出任黄委会委员长。1943年改任中央设计局设计委员兼水利组长，赴美考察水利。1946年，水利委员会组织黄河治本研究团，张含英任团长，带队前往黄河上中游进行考察。1948年年初，他就任北洋大学校长，第二年又任中央大学教授。中华人民共和国成立后，他在水利部门担任要职，继续服务于水利事业。

张含英很早就对黄河有所了解。1925年学成回国后，他应山东河务局之邀，查勘了菏泽城北李升屯民埝决口。他提出将秸埽改为石坝、石护岸的主张，得到的回答是：黄河治理经验是几千年传下来的，不能变，不能动。此行还让他亲眼看见了一些旧河工人员的不良作风。这些使他认识到治黄不仅是一个技术问题，也是一个社会问题。以后的一些遭遇使他对此更加坚信不疑。1928—1930年，张含英在山东建设厅工作。其间，他曾与人合作，在齐河县南岸安装一个虹吸管进行引黄灌溉，还在济南小东门外修造了一个小型水力发电站。当他想再造一个规模更大的水电站时，却遭到保守势力的嘲笑和阻挠。1931年，他发表《论治黄》，阐述了黄河难治的社会原因：一、畛域之见的危害；二、治河人员成见太深；三、主管机关职权不定；四、职员责任心轻；五、地方困穷，财政无着。[①] 张含英不仅从技术，而且从政治社会方面认识和分析黄河难治的原因，是难能可贵的。"这在当时一般只就技术问题探究治河的潮流中，他独辟蹊径，思想是深刻的。"[②]

1932年10月，张含英陪同国民政府黄河视察专员王应榆考察了河南孟津至山东利津段黄河河道情况，不仅对该段河道有了全面的了解，也进一步加深了对黄河的认识。考察后，他写了《黄河视察杂记》和《黄河

① 张含英：《治河论丛》，国立编译馆1936年版，第77页。

② 中国水利学会主编：《张含英纪念集》，中国水利水电出版社2003年版，第8页。

河口之整理及其在工程上经济上之重要》等文章，分别介绍了黄河下游之概况与开发黄河口的主张。进入黄委会工作后，张含英在治黄方面的贡献，主要是协助李仪祉开展科学治黄实践，并进行一些研究工作，提出了自己的观点。具体而言，主要有以下四方面。首先，利用现代科学技术，加强观测研究，以了解黄河的河性，如开展黄河河道地形测量工作，研究流量、流速和泥沙的相互关系，多大流速才能减少沉淀等。其次，加强实地试验以研究改进治河措施，如在黄土高原的不同水土流失形态地区，设立绥德韭园沟、董志塬西峰镇、天水吕二沟三处水土保持试验站，在天津设立下游河道模型试验所等。再次，主张治理黄河应上中下游兼顾，兴利除害并举，采取多种治黄措施，多管齐下进行治理。最后，对黄河下游治理，主张除加强堤防外，还应重视“固定河槽”，包括研究护岸的方法和布局、河槽断面的大小和形状等方面的研究。① 他的治黄意见收集在1936年出版的《治河论丛》与《水文工程》两部著作中。经过黄委会工作的历练，张含英成为一位既有理论素养，又有丰富实践经验的治黄专家。离开黄委会后，他仍关注着黄河的治理，1938年，他出版了《黄河水患之控制》一书。

张含英担任黄委会委员长时，正值抗战时期，他非常关注防范西堤的安全，“在当时交通极度困难的情况下，他从西安多次辗转来河南，视察黄泛西堤，指导修防工作”。② 治黄领导者的地位及20世纪30年代的治黄知识与经验的积累，使张含英在40年代更加重视黄河治本工作和治河方略的研究。为获得第一手资料，他在40年代走遍了黄河从龙羊峡以下的各处峡谷，将搜集到的各种治河资料加以整理、分析和研究，理论联系实际，在历史和现实结合的基础上，于1945年出版了《历代治河方略》及《土壤之冲刷与控制》两部著作。1946年，行政院水利委员会组织黄河治本研究团，由张含英任团长，对黄河上中游进行了广泛的考察。次年，他根据考察结果及多年切身实践撰写《黄河治理纲要》一文，系统而全面地阐述了他的治黄主张。他认为治黄的目的，“应防治其祸患，并开发其资源，借以安定社会，增加农产，便利交通，促进工业，由是而改善人民生活，并提高其知识水准”。在治理方法上，治理黄河之方策与计

① 张含英：《我有三个生日》，水利电力出版社1993年版，第188页。

② 中国水利学会主编：《张含英纪念集》，中国水利水电出版社2003年版，第8页。

划，应上中下三游统筹，本流与支流兼顾，以整个流域为对象，“治理黄河之各项工事，凡能做多目标计划者，应尽量兼顾”。“黄河之治理应与农业、工矿、交通及其他物资建设联系配合”。[①] 为了达到治理目的，治河者要广泛搜集资料，不论是历史的还是现实的，都要搜集，并对其进行分析和总结，使治黄建立在科学的基础上。他尤其强调对泥沙的控制，认为黄河为患的主要原因是含泥沙过多，“治河而不注意于泥沙之控制，则是不揣其本而齐其末，终将徒托于空言”，“欲谋泥沙之控制，首应注意减少其来源。减少来源之方，要（点）不外（乎）对流域以内土地之善用、农作法之改良、地形之改变及沟壑之控制诸端，惟兹多为农林方面事，故应与农林界合作处理之”。[②] 文章还对黄河水电开发、水土保持、防洪、灌溉、航运做了完整叙述。

在中国历史上，张含英第一次提出上中下游统筹规划、综合治理和利用的治黄指导思想，为治黄事业从传统转向现代指明了方向。这是继李仪祉之后，对治河思想的又一次成功探索，标志着近代治河思想发展到了一个新阶段。

赵守钰　1943 年 8 月，张含英被免职，国民政府特派赵守钰担任黄委会委员长，他是国民政府的最后一位黄委会委员长（赵守钰被免职后，黄委会改组为黄河水利工程局）。

赵守钰，字友琴，号式如，1881 年生于山西太谷。1906 年参加同盟会，后在晋军和西北军中任过要职。1932 年，赵守钰出任陕西省建设厅厅长，次年 7 月至 1934 年 5 月，他兼任黄委会当然委员。这期间，赵守钰曾率员亲勘并整修关中泾河及渭河的水利工程，撰写了《治河意见》。1936 年 8 月，赵守钰被奉派为护送班禅额尔德尼回藏专使，12 月任陆军中将。1938 年，他担任行政院非常时期战地服务团主任兼总干事。1943 年 8 月 21 日，赵守钰出任黄委会委员长。赵出身行伍，并不谙水利。据说，让他出任该职，是为了在青海、宁夏开展工作，好与那里马家军地方势力协调关系。[③] 此说有一定的道理，因为赵守钰原是冯玉祥的部下，在其出任西北联军骑兵第一集团军总指挥期间，曾指挥过马步芳和马步青的

① 张含英：《治河论丛续篇》，水利电力出版社 1992 年版，第 1—6 页。

② 张含英：《治河论丛续篇》，水利电力出版社 1992 年版，第 9—10 页。

③ 鲁承宗：《八旬忆往：一个知识分子讲述自己的故事》，重庆出版社 2001 年版，第 58 页。

部队。中共也曾利用他与二马的特殊关系，营救过西路军被俘将士。[①]

1946年2月，国民政府为使黄河归故，在花园口成立黄河堵口复堤工程局，赵守钰以黄委会委员长身份兼任该局局长。3月1日堵口工程正式开工。当时黄河已改道8年，下游故道堤防经风雨侵蚀和战争摧残，已经破烂不堪。一旦黄河骤然归故，势必威胁故道内外人民生命财产安全。在中共反对和舆论压力下，赵守钰亲赴新乡会晤了周恩来、马歇尔、张治中三人军事小组，商谈堵口、复堤问题。4月8日，赵守钰又与黄委会顾问塔德、堵复局总工程师陶述曾一起在解放区代表的陪同下，查勘黄河下游故道。通过一周的实地考察，赵守钰认识到，在下游残破不堪的故道大堤修复前，决不可“骤然堵合，致下游再酿灾变”[②]。因此，在与中共签署《菏泽协议》时，黄委会接受了解放区提出的先复堤后堵口原则。赵守钰并于4月下旬向新闻界发表谈话，说堵口工作要到凌汛前完成。在联总顾问塔德的压力下，4月30日，行政院提出“于汛前合龙”的要求，赵守钰迫不得已秉承当局旨意进行堵口。结果，堵口桥桩被冲，花园口汛前合龙计划失败，赵守钰备受攻击，遭监察院弹劾，引咎辞去堵复局局长职务。1947年6月12日，国民政府改组黄委会，赵守钰被免去黄委会委员长职务，而改任水利部顾问。

从1933年至1947年，除了王郁骏和万晋曾短期代理过黄委会委员长外，该会正式委员长共有李仪祉、孔祥榕、张含英和赵守钰四位。其中，李仪祉和张含英都有海外留学的经历，孔祥榕毕业于京师大学堂，也是水利专家，只有赵守钰出身行伍。可见，在此期间，政府在黄委会委员长用人方面有一些微调，前期注重使用技术官僚，后期则因为黄委会以较多精力从事西北开发工作，需要与西北地方势力打交道，故选用与该地区关系密切的赵守钰任该会委员长。但政府也未放弃专家治河的方针，与赵守钰长期搭档的就是留洋博士、水利专家李书田。

---

① 冯亚光：《西路军生死档案》，陕西人民出版社2009年版，第239—240页。

② 黄河水利委员会《黄河志》总编辑室编：《黄河人文志》，河南人民出版社1994年版，第157页。

第三节　内部管理

黄委会机构的合理构建为治黄提供了组织准备，这是该会有效运作的条件之一。此外，该会的正常运转，也需要建立相应的规章制度作为保证，以便对其进行有效管理，从而提高治黄工作效率。

管理是人类社会一种常见的活动，社会组织出现后，便产生了对组织的管理。组织管理是“指协调组织内部人力、物力、财力达成组织目标的过程，其中最重要的是使组织成员的活动与组织目标结合”。[①] 任何一个社会组织都需要管理，因为管理是提高组织机构效率，有效实施分工合作的重要手段，有助于社会组织任务的完成及目标的实现。

黄委会作为一个事务性的行政管理机关，十分注重各项规章制度建设。为使工作有据可依和迅速展开，黄委会在成立后短短一年时间内，就制定和公布了二十多项规章，从制度、人事、财务等方面加强对该会的管理。

一　建立日常工作管理制度

为科学有效地对黄委会实施管理，规范各种工作程序，1933 年 11 月 24 日，该会公布了《黄河水利委员会办事通则》（简称《通则》），《通则》对黄委会机构运行规则及职员工作制度做了详细的规定。其中有涉及黄委会机构运作程序及规则的，这方面的规定较为详细，如“本会事务均须经委员长核行，委员长因公离会时，由副委员长代理；副委员长同时离会时，由总务处长或由委员长指定各处主管长官一人代拆代行，但重要事件仍应秉承委员长办理”；黄委会“各处或各组、科承办事件有互相联系者，应由各主管长官或主管人员会商办理，如意见不同时，应陈明上级长官核定之”；“各处为处理本处重要事务及集思广益起见，得由各处主管长官召集各组、科主管人员开处务会议，其规则另定之”。[②] 在机构办事规则方面，对总务处的规定尤详细，约占整个通则条文的三分之一，

① 张咏梅、宋超英：《社会学概论》，兰州大学出版社 2007 年版，第 214 页。

② 《法规》，《黄河水利月刊》第 1 卷第 2 期，1934 年 2 月。

因为黄委会文件的收发与保管，日常物品的购置与保管、财务与统计等事项都与该处密切相关，事务多而杂，且易滋生腐败，所以对于该处的办事规则须有较详尽的规定。此外，《通则》对职员考勤、病事假等方面都有具体规定，是黄委会及其下属机关与职员的行为指南。

黄委会制定的用于指导其机构及人员活动的规章还有：1933 年 12 月 5 日公布的《黄河水利委员会大会会议规则》；1933 年 12 月 1 日公布的《黄河水利委员会职员出差旅费及勘测人员出勤费规则》；1933 年 12 月 11 日发布的《黄河水利委员会管理档案暨调卷规则》；1933 年 12 月 19 日公布的《黄河水利委员会购料规则》等。黄委会机关如总务处、工务处的组织规程中对各该机关及其内部科室职掌范围、职员的职责也都有明确的规定。这些规章制度的制定，为黄委会及其下属各机关的工作开展和有序运作提供了依据，也为该会职员的工作提供了指南。

二　人事管理

人事管理，从广义上讲，“就是指人事管理主体以从事社会劳动的人和有关的事的相互关系为对象，通过组织、协调、控制、监督等手段，谋求人与事以及人与人、人与组织之间的相互配合，相互适应，以实现人事相宜，事竞其功”①。

一个组织或单位，要充分发挥内部人员作用，使人尽其才，良好的人事管理起着非常关键的作用。人事管理的主要内容包括：考试、录用；任免、选拔、调配、调整和晋升；考核；培训与教育；奖惩；劳动报酬；福利与保险；退休、退职、离休等。作为一个具有事业性质的行政管理机构，黄委会建立了自己的人事管理制度和办法。

职员招聘与录用

在人员选用方面，黄委会实行聘任制。职员聘任方面，黄委会虽然没有订立规章，但并不是没有标准和原则。

首先，坚持聘任的专业技术标准。作为治河机构，黄委会必须使用大量专业技术人才。该会筹备时，李仪祉曾就黄委会组织、用人等事致书该会副总工程师许心武、秘书长张含英曰：“筹备时期用人尤宜审慎，须具有开创精神，不需之人勿用一人。前拟各简任技正，须经一度常务会议决

① 刘淑珍、艾思同：《人事管理概论》，济南出版社 2002 年版，第 2 页。

议后再行呈请任用。”[①] 黄委会成立后，由许心武、张含英等人组成审查委员会，审查应聘者的资格。许心武主张在合格者中选聘高校毕业生，“拟先就本处工作上之需要，在每学校毕业生之合格人员中选定一人，函聘试用三个月，再行考核成绩，正式委派并拟定其职务、薪额”[②]，他的建议得到委员长李仪祉的肯定。张含英也呈请使用相关专业的大学毕业生，据其报告，“工务处佐理人员年余以来颇多缺额，内外业均感不敷分配，兹拟就各大学毕业学生中具有土木工程知识者酌量选用”[③]。黄委会甚至直接函请相关学校推荐自己的优秀毕业生到该会就职，笔者在黄河档案馆就曾见到过一份这样的一份函件，内容如下：“浙江大学、唐山学院、中央大学、北洋工学院勋鉴：本会现需添用初级技术人员，畀以助理工程师名义，月支薪给六十元，先行试用三个月，俟试用期满，考核成绩定其去留。拟请贵（大学、学院）选派优良土木系毕业生二名，并备具公函，迳交该生，尊于最短期间内持函来会报到，听后试用。”[④]

其次，征聘坚持公开原则。为征聘到各种专门人才，黄委会初建时，曾于京沪各报登载征聘启事，先在应聘者中依其资格经历进行审查，“审查结束，合格者284人，计分工程师、副工程师和助理工程师三级聘用”。[⑤] 应聘者必须走公开程序，否则，即使是人才，甚至有领导打招呼，黄委会也拒绝接收。如前所述，在黄委会征求治河意见及招聘人才期间，汪精卫通过行政院秘书处向黄委会转荐浙江青年叶遇春。黄委会以公函回复曰：“本会延用技术人员，须经缜密审查，期在用惟其才。”[⑥] 虽有汪精卫推荐，但是因为没有走公开招聘程序，叶遇春最终没有为黄委会所聘用。

坚持试用期一视同仁原则。初级技术人员，若被聘为黄委会职员，先

① 《李仪祉水利论著选集》，水利电力出版社1988年版，第751页。

② 《许心武呈委员长》，《本会函聘试用审查合格技术人员情况》黄河档案馆藏，1933年，档案号：MG8－9。

③ 《黄河水利委员会代电》（1934年12月1日），《本局与国民政府考试院关于函聘试用各大学学生问题》，黄河档案馆藏，1934年，档案号：MG8－22。

④ 《黄河水利委员会代电》（1935年1月9日），《本局与国民政府考试院关于函聘试用各大学学生问题》，黄河档案馆藏，1935年，档案号：MG8－22。

⑤ 《工作报告》（1933年10月份），《黄河水利月刊》第1卷第1期，1934年1月。

⑥ 《国民政府黄河水利委员会公函》（第220号），《黄河水利委员会勘察下游三省黄河报告及豫冀鲁请款培养堤防》，中国第二历史档案馆藏，1933年，档案号：2－1－3756。

以助理工程师职试用三个月，月薪60元。期满，经查核成绩再决定去留。考核合格，再正式予以委任，不得破例。曾有中央大学学生姚祖范携有校长罗家伦介绍函件，函询薪金可否酌加。黄委会复函曰："试用期间，本会对于各校初毕业之人员同等待遇，薪金自不能超过原定限度。倘果能力优异，试用期满，考绩时再斟酌办理。"① 虽是中央大学的学生，并有校长罗家伦的介绍函，姚祖范终究不能打破黄委会关于初毕业大学生试用期内薪金同等待遇的规定。此事足以证明黄委会在人事任用与管理方面之规范。

职员考核

考核是指"国家行政机关及国有企事业组织等根据法定的管理权限，按照一定的原则和工作绩效测量标准，定期或不定期地对所属公职人员在工作中的政治素质、业务表现、行为能力和工作成果等情况，进行系统、全面的考查与评价，并以此作为公职人员奖惩、职务升降、工资增减、培训和辞退等客观依据的管理活动"②，它是公共部门人力资源管理的重要环节，对健全人事管理制度具有极为重要的意义。任何一个单位或部门都会对其人员进行考核，黄委会也不例外。

1933年11月22日，黄委会公布了《黄河水利委员会职员考绩规则》，为其职员考核提供了依据。根据规定，黄委会职员考绩于每年年终举行，由各员直接长官随时考察服务情形，至每年年终，列举事实，从工作表现、职员操行和学识方面进行考察，并填写职员的任用时间、薪给、职等，在考核表上加具考语，送各处主管长官审核。主管长官核审完毕，交由总务处处长汇集，造具清册转呈副委员长、委员长分别核示办理。各处主管长官由委员长、副委员长直接考核。但有特别劳绩或重大过犯者得随时奖惩。其奖励条件：（1）成绩卓著；（2）办事勤劳；（3）对于技术有新发明或新计划；（4）服务满一年以上。奖励办法：擢升；加俸；记功；传令嘉奖。但职员有下列情形之一者应予以惩戒：（1）营私舞弊或有重大违法行为者；（2）贻误要工或违抗命令者；（3）泄露机密或不守纪律者；（4）办事玩忽或废弛职务者。惩戒办法有：免职、降级、减薪、

① 《黄河水委员会笺函》（1935年3月31日），《本局与国民政府考试院关于函聘试用各大学学生问题》，黄河档案馆藏，1935年，档案号：MG8－22。

② 张泰峰、［美］Eric Reader：《公共部门人力资源管理》，郑州大学出版社2004年版，第97页。

记过、训诫。职员功过也可以互相抵销。但职员如有"营私舞弊或有重大违法行为者"，除免职外应依法惩办；有记过处分者，考核当年不得晋级；一年内记过满两次者降一级。对于考核合格人员，一般会循例晋级加薪。凡考绩考勤列特等者（在90分以上）可加二级薪；列甲等者（在80分以上）可加一级薪；列乙等者（在70分以上）可记功，由黄委会奖叙。此外，还可能另给奖状。

20世纪40年代，为了强化抗日防奸需要，黄委会成立了职员甄审考绩委员会，由该会负责黄委会职员的甄审考绩事项。职员甄审考绩委员会由黄委会秘书长、总务处处长、总工程师、副总工程师、各组主任、各科科长组成，以秘书长为主席，随时召集开会。秘书长缺席时，以总工程师或总务处处长为主席。职员甄审考绩委员会依照公务员任用法、考绩法及黄委会考级规则办理黄委会拟任人员的资格与经历审查、俸额拟订、介绍人员的登记、现任人员考绩及其他属于甄审考绩之交办事项。组主任及科长以上之职员由委员长、副委员长直接考核之。①

黄委会职员考核结果需送上级主管机构核查，然后再由主管机关转中央铨叙部核复。上级主管机关和铨叙部主要核查黄委会的考核是否符合公务员任用法及考绩法之规定，并注意控制优等职员的名额、职员薪给与其职等是否相符以及各员是否合乎晋级条件等方面。所以，从流程看，黄委会职员考核的权力主要还是掌握在黄委会手里，这样便于该会对其职员进行管理和监督，利于督饬他们工作，提高其工作效率。

黄委会的人事制度较为完善。该会招聘职员时虽然未举行考试，但其招聘的初级技术人员是经过高校训练的毕业生，从招聘、录用到考核、晋级等环节基本符合近代西方文官制度要求。但是黄委会委员长、副委员长及委员均由中央特派或任命。因为委员多在召开委员会大会时才到会，所以黄委会大权实际掌握在该会委员长、副委员长手里。副委员长本来是辅助委员长工作的，但他们之间也常常发生矛盾，从而会影响到工作的开展。

其中最突出的例子是李仪祉与孔祥榕间的矛盾。李仪祉为第一任委员长时，王应榆为副委员长，但王应榆当时并没有到会工作，所以李仪祉主

① 《黄河水利委员会职员甄审考绩委员会组织规程》，《黄委会民国24年—37年（1935年—1948年）人员考勤考绩、出国留学及河北修防处齐寿安任职》，黄河档案馆藏，1941年，档案号：MG8－162。

掌黄委会，秘书长张含英充当他的副手，双方配合默契。然而，1935 年孔祥榕继任副委员长后，李仪祉和孔祥榕之间因性格、为人和治黄理念皆不同，难以共事，并最终导致了李仪祉的辞职。

黄委会人事的不和对治黄产生了不利影响。李仪祉辞去黄委会委员长后，副总工程师许心武也随即辞职，张含英辞去黄委会总务处处长，半年后也离开了黄委会。

1935 年二三月间，李仪祉提出辞职时，正值贯台堵口进行时。辞职事件影响到了堵口工作，据黄炎培记载，“（1935 年 4 月 24 日）与陶翼圣君谈贯台工程，求找略图。既有黄河水利委员会（正李宜之），又有黄河水灾救济委员会工程组长（孔祥熙）。自孔祥榕为水利副，李辞决事停顿”。[①] 可见，黄委会人事的不合，延误了贯台堵口合龙的时间。

李仪祉担任黄委会委员长期间，他领导的治黄事业没有按其预期取得根本性的进展，反而处处受到阻挠，离其当初所定“十年小成，三十年大成”的治黄目标相去甚远。《大公报》对李仪祉辞职的看法是：“又观本年（1935 年）2 月初，黄河水利委员会委员长李仪祉氏忽有辞职之举，其动机，即谓事权不专，负责无补。”[②] 这只道出了李仪祉辞职的一个方面，他与孔祥榕之间的人事矛盾才是他辞职的主要原因。这位开辟了治黄新道路的水利专家和卓越的治黄领导者离开黄委会，是治黄事业的一大损失。

李仪祉辞职获批的次年 5 月，孔祥榕由代委员长被正式特派为黄委会委员长。鉴于他和李仪祉之间曾发生矛盾与掣肘之事的教训，他趁经委会统一黄河水利行政之机，电呈经委会常务委员暨经委会水利委员会委员长孔祥熙，请将黄委会副委员长一职裁撤，“其副委员长一席，……可否裁去，改设秘书长，下设秘书二三人，一可统一事权，增加效率，一可与各省政府秘书处联合融洽，以免隔阂而利进行。管见所及，谨电陈明，是否有当，伏乞核夺”[③]。经委会秘书长秦汾也建议裁撤黄委会副委员长：至于添设秘书长、秘书一项，虽其他水利机关组织法，均未设置秘书长、秘书等员额，唯该会因裁撤副委员长，请添设秘书长等缺，似尚不无理由。

---

① 中国社会科学院近代史研究所整理：《黄炎培日记》第 5 卷，华文出版社 2008 年版，第 40 页。

② 《论黄灾》，《大公报》1935 年 3 月 16 日第 2 版。

③ 《抄孔祥榕巧电》，《黄委会委员长孔祥榕关于修正该会组织法等问题给全国经济委员会秘书长秦汾的函件》，中国第二历史档案馆藏，1936 年，档案号：44－1838。

可否照准，他决定将之交孔祥熙裁夺。孔祥熙虽也同意孔祥榕的意见，然而立法院以不合先例为由予以否决。但是，1936年，孔祥榕为黄委会委员长时，中央特派他一手提拔的亲信王郁骏为副委员长，黄委会的一应大事皆孔祥榕做主，双方工作还算能配合一致。

黄委会正副委员长不睦的事情以后还有发生。1943年，赵守钰为黄委会委员长时，他与副委员长李书田之间也有较大矛盾。其原因"主要是秘书长杨某权大于副委员长，按规定，委员长不在会时，应由副委员长代行，赵却以秘书长代行"[①]。赵守钰特喜昆曲，对当时绥远第十四测量队队长董在华十分推崇，因为董在华能拉、能唱，还会吹笛子。在宁夏工程总队改为宁绥工程总队时，赵守钰本有意让董在华任副总队长。但听阎树楠说，杨秘书长已批准孙致祜为副总队长，赵守钰也只好作罢。可见，黄委会领导者之间的矛盾，是一个时常困扰着黄委会的问题，是该会人事制度需要完善之处。

三　财务管理

在财务制度方面，黄委会也制定了一系列规章。1933年11月27日，该会公布了《黄河水利委员会会计事务规则》，规定黄委会岁出实行"总预算制度"，于上年会计年度末终了以前，将来年支出总预算提请黄委会委员大会决议，经委员长核定后送中央主管建设机关汇编转呈国民政府核准施行。总预算应将测勘、工程费及经常、行政费分别，并须编送附属表以备参考。黄委会会计事务初由总务处负责，该会经常费、行政费由总务处第二科依照预算按月列表，呈总务处处长核转委员长批准，交总务处第二科支付；次月初由总务处第二科分别审核汇编计算书及单据呈总务处处长核转委员长核阅。全年度使用经费应于年度终了后三个月以内制定决算书，经大会通过后送审计部。黄委会附属机关每月支出计算书及单据于次月十五日以前送总务处，交第二科审核、汇编，递呈审核，各局、处、队收支情形每十日呈报一次。附属机关会计人员应由黄委会迳派。

《黄委会会计事务规则》对于出纳人员的日常工作规则及职责规定严格而且详细。出纳会计人员任职须由介绍人出具保证书，经审查合格并须

---

① 中国人民政治协商会议卢龙县委员会文史资料委员会编：《孤竹骄子》（内部资料），1999年版，第53页。

出纳保证金。出纳人员对于现金，除日常必须得自行保管外，余存于中央银行及由黄委会委员大会指定之其他银行。上项存款需将测勘及工程经费、行政经费分项存之，支取时应由委员长暨第二科科长共同签名或盖章。出纳人员掌管现款、物品之出纳，对于现款及物品应负一切责任。出纳会计人员自行保管之现款或各种有价证券及贵重物品，均应储藏于金柜及库房，妥慎保管，如遇因公出差或因事请假得呈请派员代理，连带负责。出纳会计人员对于所掌现金及物品因事故致意外损失者，非经审计部认可为可以解除责任者，不得免其责任。

1942 年后，黄委会内设会计室，会计事务从总务中分离出来。该会设会计室主任一人，统计员一人，办理岁计、会计、统计事项，受委员长之指挥监督，并依国民政府主计处组织法规定直接对主计处负责。

此外，黄委会还制定了一些其他与会计事务相关的规则，如 1933 年 12 月 1 日制定公布的《黄河水利委员会职员出差旅费及勘测人员出勤费规则》，1933 年 12 月 16 日，该会发布《黄河水利委员会支出单据规则》，1933 年 12 月 19 日公布的《黄河水利委员会购料规则》、《黄河堵口工款保管委员会简章》（1934 年 10 月 12 日呈准备案）等。这些规则和《黄河水利委员会会计事务规则》一起，构成了一个相对完整的会计制度体系，进一步完善了黄委会的会计制度。

综上所述，黄委会成立后，适应形势发展及治黄实际需要，其组织机构不断扩张和调整，临时增设和撤销一些所属机关。黄委会的最高权力机关是委员会，其下设总务、工务、河防三处及河南、河北、山东、上游工程处等直属单位。各处下设科或组或段等，有些甚至在段下设汛，在组下设股。每一层级按照既定的规则，承上级长官之命行事，同时又指挥监督下级。所以，作为一个近代水利机构，黄委会具有鲜明的科层制结构特征。在权力运行方面，黄委会实行的是委员会决策制与委员长执行制相结合的一种体制，既可以发挥委员会集思广益的作用，又可以防止决而不行的弊端。在黄委会的组织系统中，委员长具有重要地位与作用，对黄委会的发展至关重要。在黄委会的历史上，首位委员长李仪祉不论是在治黄还是治“会”方面，都做出了开拓性贡献，后任委员长如孔祥榕和张含英等人在任期间，也多有建树。黄委会不仅建立了较为健全的组织机构，而且从制度、人事、财务等方面加强了管理。黄委会的管理大体上是成功的，但其人事管理的缺陷，也给治黄事业带来了不利影响。

第三章

与各方的关系

作为近代水利机构，黄委会建立了较为完善的组织机构和内部管理制度。同时，该会又是一个流域性的中央水利机关，只有处理好与中央、地方及其他相关机构的关系，才可能顺利运作。

第一节　黄委会与中央及地方的关系

黄委会与中央及地方都有着密切的联系。一方面，它代表中央实施对黄河的治理，中央不仅确立该会的主管机关，而且从人事和经费方面对其施行控制，以实现中央的治黄意志；另一方面，黄委会必须与地方政府打交道，因而这一中央水利机构身上打着明显的地方烙印。该会和地方政府之间既有博弈，又有合作。

一　中央的管理与控制

（一）中央确立黄委会的主管机关

黄委会是中央设立的水利机构，由中央确定其主管机关。从筹备成立到被最终撤销，黄委会一直由中央确定的某一主管机关管辖。1929 年国民政府颁布的《黄河水利委员会组织条例》和 1933 年公布的《黄河水利委员会组织法》都明确规定：黄委会直隶于国民政府，掌握黄河及其支流渭、洛等河的一切防患、兴利事宜，委员长和副委员长由中央特派、委员简派。1933 年秋，黄河发生水灾，行政院请求国民政府和中央执行委员会，将黄委会改归该院直辖，“迭据各该省政府来电呈报危急情形，本院以职责所攸关，自不能不妥筹救济，惟关于防止黄河水灾及督饬抢险救济各事项，又属于黄委会之职掌，本院并无直接监督指挥之权。事权既不统一，贻误自所难免，为期统一以免流弊，而重水利起见，拟请将该委员会改归行政院直辖”，[①] 嗣经中政会第370次会议决议，黄委会暂归行政院指挥监督。1933年9月1日，国民政府又成立黄灾会，隶属于行政院。鉴于黄委会与黄灾会同为处理黄河事务而设立，行政院认为，“若该两会彼此不相联属，则救灾与治河，必难收分工合作之效。兹为谋办事便利及统一事权起见，特于本院第126次会议决议，在黄灾会存在期间，黄委会应受其指挥监督。此项措置，系属一时权宜之计，将来如水患稍平，赈灾告竣，仍归还旧制，由本院直接指挥监督”。[②] 黄委会遂又被置于黄灾会领导下。

1934年，中政会第413次会议修正通过《统一水利行政及事业办法纲要》，嗣该会第415次会议决议修正通过《统一水利行政事业进行办法》，国民政府以全国经济委员会（以下简称经委会）为统一水利行政总机关。11月起，原由国库负担的各水利机关经费，统归经委会总领转发，并准将黄委会等水利机关，于12月1日起移归经委会管辖。

1938年1月，国民政府成立经济部，黄委会复改隶该部。同年5月，为适应抗战需要，蒋介石电令：“现值河防紧急，黄河水利委员会除受经济部直辖外，兼受第一战区司令长官指挥监督，务期河工与军事密切配合，以适应目前抗战需要。”[③]

1941年7月22日，行政院第524次会议议定设立全国水利委员会，直隶行政院，掌理全国水利行政事宜。9月，水利委员会在重庆成立，黄委会等全国水利机构均归其管辖，不再隶属于经济部。[④] 1942年10月17日，国民政府修正公布《黄河水利委员会组织法》，规定“黄委会隶属于全国水利委员会，掌理黄河及渭、洛等支流一切兴利防患事务”。[⑤] 1947

---

① 《行政院呈》，《黄河水利委员会呈报组织成立及改隶经过情形》，中国第二历史档案馆藏，1933年，档案号：1－3265。

② 《行政院呈国民政府》，《黄河水利委员会呈报组织成立及改隶经过情形》，中国第二历史档案馆藏，1933年，档案号：1－3265。

③ 《国民政府军事委员会快邮代电3338号》，中国人民政治协商会议河南省郑州市委员会文史资料研究会编：《郑州文史资料》第2辑1986年版，第47页。

④ 陈济民等：《民国官府》，金陵书社出版公司1992年版，第121页。

⑤ 黄河水利委员会编：《民国黄河大事记》，黄河水利出版社2004年版，第165页。

年6月，水利委员会改组为水利部，黄委会改组为黄河水利工程局，隶属于水利部。

主管机关对黄委会实施行政领导和进行业务指导。但凡该会机构的增减、规章制度的拟定、修改与施行、经费开支、职员考核、重要工程计划的拟定等都需呈报主管机关审核与批准。此外，主管机关还负责国家相关法令、政策的传达，沟通与协调黄委会同其他政府机构的关系，并对该会进行一些业务方面的指导与检查，帮助其拟定工程施工方案以及给予技术上的援助等。如黄委会隶属于经委会时，经委会水利处副处长郑肇经在董庄堵口方面对黄委会多有帮助，他亲自巡视口门，与李仪祉等一起研究和确定堵口原则，制订堵口方案，对董庄堵口成功助益良多。此外，他还促成了1934年恩格斯为黄河所做的模型试验等。当然，主管机关的技术指导，一般需要建立在其自身为行政技术机关的基础上，像国民政府和行政院这样纯粹的行政机关则很难提供这种指导。所以，就黄委会从最初隶属于国民政府到后来隶属于行政院水利委员会而言，其在政府机构中的地位虽有所降低，但其定位更加准确。

（二）中央对黄委会的人事和经费控制

黄委会是一个流域性的中央水利机构，国民政府不仅制定了《黄河水利委员会组织法》，为该会的成立和运作提供了依据，而且还在以下两个方面保持控制权。

1. 中央主导黄委会上层人事任免权

黄委会委员长、副委员长由中央特派，黄委会委员也一直由中央任命。从1929年筹备到1933年正式建立，委员会的构成发生了明显的变化，实现了由官僚治河向专家治河的转变。1929年国民政府任命了17位黄委会委员，他们多为政府官员，水利专家很少，治河难以开展。1933年，黄委会以水利专家李仪祉为委员长，委员也多是工程技术方面的专家。至1934年4月，该会正副委员长、委员人数达14人。他们所学专业多为工科，年富力强，平均不到41岁。其中李仪祉、张含英、许心武、沈怡、郑肇经、须恺、李书田和陈汝珍8人曾留学欧美，沈怡和李书田2人还获得工科博士学位。其余6位委员也多为国内高校毕业，只有刘定庵1人没有读过大学（参见表3－1）。正如汪精卫所说，黄委会“此次改组，纯重实际工作，聘请水利专家李仪祉为委员长，各方技术专门人才为委员及其他重要职员，……以利工作进行”①。可见，专家化是国民政府治黄用人的一项重要方针。在此背景下，李仪祉连续向中央推荐张含英、郑肇经、须恺、陈汝珍等水利人才，他们后来全被国民政府委任为黄委会委员。但这并不意味着黄委会委员的任命由该会委员长做主。1935 年 2 月，黄委会副委员长王应榆调任甘肃民政厅厅长。因他熟悉黄河水利，李仪祉曾函请行政院，盼仍以王应榆为副委员长，汪精卫也认为其兼任合适。此时，黄委会已改隶于经委会，水利事宜由孔祥熙领导。他“以黄河水利事宜事繁责重，不宜兼任”② 为由，拒绝了李仪祉的推荐，而以孔祥榕继任副委员长。李仪祉的提议不仅未能被孔祥熙采纳，反使自己以辞职告终。

表 3－1　黄委会委员会构成表（截至 1934 年 4 月）

职别	姓名	年龄	籍贯	学历学位或职称
委员长	李仪祉	53	陕西	工程师
副委员长	王应榆	42	广东	大学
委员兼秘书长	张含英	34	山东	硕士
委员	许心武	40	江苏	硕士
	沈怡	33	浙江	博士
	陈泮岭	43	河南	大学
	李培基	48	河北	大学
	孔祥榕	44	山东	大学
	郑肇经	40	江苏	工程师
	须恺	34	江苏	硕士
	李书田	34	河北	博士
	陈汝珍	39	河南	学士
	段泽青	41	陕西	大学
	刘定庵	36	山西	师范肄业

资料来源：《黄河水利委员会职员录》，中国第二历史档案馆藏，民国时期黄河水利档案选编，档案号 377－5－843；张宪文等主编：《中华民国史大辞典》，江苏古籍出版社 2001 年版；辞海编纂委员会：《辞海》历史分册（中国现代史），上海辞书出版社 1980 年版；徐友春主编：《民国人物大辞典》，河北人民出版社 1991 年版。

① 《鲁代表晋京请赈经过》，《申报》1933 年 9 月 11 日第 10 版。

② 《黄河水利委员会委员长副委员长委员任免》，中国第二历史档案馆藏，1935 年，档案号：2－4－177。

与黄委会委员长一样，地方政府也只有黄委会委员的推荐权。治河与地方关系密切，所以，地方政府在遵循中央“治黄专家化”的前提之下，会极力推荐本地人才担任黄委会委员，至于所荐人才是否被录用，则全凭中央权衡决定。黄委会行将成立之际，河南清乡督办张钫曾向中央推荐陈汝珍和李公甫为该会委员。鉴于陈汝珍为留美大学毕业生，又有蒋介石、刘峙和李仪祉三人的推荐，张钫预计陈汝珍任黄委会委员应无悬念，遂全力向汪精卫和戴季陶推荐李公甫，曰：“前开封市长李公甫，系水利专家，熟谙黄河水利情形。钫为事举贤，拟恳我公尽先提出中政会议，俾得备席委员，庶于水利前途多所贡助矣。”[①] 之后，他又游说陕西省政府主席邵力子，请其帮助向中央推荐。邵力子确曾向行政院进行转荐：“现值黄河出险，防堵重要。日前张总指挥钫来陕，盛称李公甫为工程界不可多得之才，对于治河，研求有素，心得尤多。昨复来电，称黄河水利委员会委员闻尚需人，以之充任，定能称职。嘱为转荐。”[②] 韩复榘也曾应张钫之请，向汪精卫和戴季陶力荐李公甫为黄委会委员。由于各方荐举之人太多，陈汝珍和李公甫又同为河南人，中政会考虑地域平衡等多种因素，最终并未任命李公甫为黄委会委员。

2. 经费控制

中央不仅掌握着黄委会上层人士的任免权，而且在经费方面保持着控制。1929 年和 1931 年，黄委会之所以两次组建未遂，一个重要的原因就是中央不能及时拨开办费，导致该会筹备时经费缺乏。

1933 年，黄委会筹备时，中政会第 357 次会议决议该会的开办费为 10 万元。而实领到的数目，仅 4 万元，财政部少拨 6 万元，所以实际开支，不敷甚巨。幸而黄委会成立当年 7、8 两月尚处筹备阶段，经常费开支较少，结余下 5 万元。该会遂经呈准，将此款列入开办费内，以补不足。开办费用于购买仪器，共用 4 万余元，试验设备费 3 万余元，修筑费、购置车辆及其他用具等费用两万余元，这些开支都是要经过审核的。

黄委会的经费由中央拨给，按其用途可分为经常费和固定事业费。遇有大的堵口或修培工程时，由中央拨款或筹集资金从事，数量不定，称为

---

① 《黄河水利委员会委员长副委员长委员任免》，中国第二历史档案馆藏，1933 年，档案号：2－4－177。

② 同上。

专项工程经费。该会经常费，按中政会决议，自1933年7月起，每月由财政部拨发6万元，作为测量、调查、设计及办公费之需。而黄委会实际每月只能领到3万元。1934年10月起，每月准增1万元，达到每月4万元。[①] 经常费的开支，只能按照核准的预算项目支出。如果变更经常费的用途，必须呈请上级主管部门批准。如1933年，黄委会筹备时，中央原允拨10万元开办费，后只拨给4万元。黄委会委员长李仪祉乃呈请国民政府将当年7、8两月的经常费移补到开办费以填补不足，获得后者允许后，始可支用。

黄委会初建时只有经常费，没有事业费预算。1933年8月，该会奉令召集六省防汛会议，并办理堵口工程，行政院决议将此前经决定发交扬子江防汛费余款50万元，拨交黄委会使用。财政部只拨给5万元，其余45万元始终未曾领到。黄灾会成立后，负责办理黄河堵口，而由黄委会着手善后工程。黄委会根据黄河河槽堤坝残破不堪之情形，拟定了1400万元的善后工程经费，并拟具筹款办法三条，“分别征得冀鲁豫三省政府及导淮、华北各委员会的同意，后由黄河水灾救济委员会转呈中央核准，嗣经奉令，善后工程由黄河水灾救济委员会督同各省整理，本会负责技术设计之责”[②]。呈请这么多的善后工程经费，显然超出国民政府财政负担能力，结果不仅没有要到钱，黄委会负责的善后工程项目也奉令交给了黄灾会，只能从事善后工程设计了。1934年，黄委会为办理当年各项事业，又向中央提出了100万元的事业费申请，“本会自成立以来，仅有经常费预算，而无事业费预算，致各项事业，均无法进行，本会应办事业甚多，而最紧要者有三：一、防汛工程。……此项事业，每年约需洋三十万元；二、基本工程。……每年约需洋三十万元；三、临时工程。……每年约需洋四十万元。以上各事业费，均关重要，每年共需洋一百万元，除由会造具二十三年度事业费概算书，函请建设委员会汇转外，并电请行政院筹拨”[③]。然而这100万元并没有领到，据张含英报告，“又曾呈请列入事业费每年一百万元，亦未蒙核准”[④]。次年，黄委会开始有了事业费，该年

① 黄河水利委员会黄河志总编辑室编：《河南黄河志》（内部发行）1986年版，第375页。

② 秦孝仪主编：《革命文献》第81辑，《抗战前国家建设史料——水利建设（一）》，台北中央文物供应社1979年版，第514页。

③ 《施政报告》，《黄河水利月刊》第1卷第5期，1934年5月。

④ 《黄河水利委员会成立一年来工作概况》，《黄河水利月刊》第1卷第9期，1934年9月。

经常费及固定事业费两款，“年共七十二万元，几经文电陈请，业奉核准，防汛费十五万元”[①]。除去36万元的经常费，该年黄委会的事业费只有区区36万元，不仅数量极少，而且还得反复催要。需要办的事情太多，而能办的事则太少。

1935年后，政府投入治黄经费稍有增加。当时国民政府统一了全国水利行政，经委会成为全国水利行政最高机构，国民政府每年拨发600万元的水利经费由该会分配。当年，在经委会水利委员会第一次会议上，河南省政府主席兼经委会水利委员会委员刘峙提出的《请经委会筹拨巨款，补助黄河河防工程案》获得会议通过，决定经委会每年拨款100万元交黄委会会同下游三省制订计划，年年加修下游堤防，以巩固河防。但是同次会议上，经委会水利委员会常务委员兼黄委会委员长李仪祉提出，“拟请政府水利事业费600万元外，另拨治黄专款500万元，以为根本治导黄河之用”。[②] 可见，政府所拨治黄经费虽有所增加，但与实际需求相差尚远。

全面抗战爆发以后，“下游两岸地区大部沦陷，工程缩减，历年开支不详”。[③] 但是笔者从一份档案中发现，1941年以前，黄委会每年的事业费仍维持在100万元的规模。该年6月，黄委会委员长给行政院的一份呈文中提到，“本会前奉中央政治会议决议规定，每年由中央水利事业费项下拨给本会修防费一百万元，……此项修防费一百万元之预算尚为民国二十五年所核定，今则物价飞涨，……本会仰体困难时期之财政艰困，每年均撙节支用，勉渡难关，并未向中央请求增款。本年度仍以一百万元（防凌费列估在内）为范围，撙节拟估修防费预算”。[④] 黄委会事业费本来不多，在抗战物价飞涨的情况下，又多年没有增加，致使黄河修防举步维艰，防泛新堤所修新工有修无防，危险万状。

---

① 秦孝仪主编：《革命文献》第82辑，《抗战前国家建设史料——水利建设（一）》，台北中央文物供应社1980年版，第530页。

② 《水利委员会第一次会议》，《全国经济委员会会议纪要》第6集，全国经济委员会丛刊第十六种，1935年，第7页。

③ 黄河水利委员会黄河志总编辑室编：《黄河河政志》，河南人民出版社1996年版，第281页。

④ 《抄本会呈》（1941年7月1日），《黄河水利委员会针对日伪破坏河堤研拟对策及实施办法》，中国第二历史档案馆藏，1941年，档案号：2-2-2716。

黄委会的专项工程经费，由中央拨款或筹措，其数额由中央根据工程大小的实际情况确定，并在工程结束后对经费的使用情况进行审查。

黄委会是一个行政性事业机构，其主要经费由中央拨发。由于国民政府财政拮据等多方面的原因，其拨发给黄委会的经费始终极其有限，不仅开办费和经常费远低于预定数字，事业费也不多，且需经常催拨才能领到，这对黄委会的运转及治黄事业都造成一定的影响。此外，事业费及经常费的使用需要事先造出预算呈报中央，待核准后方可拨款，年终还需将当年经费决算上报主管机关核查后转主计处核复。可见，国民政府对黄委会的经费一直进行严格的控制。

二　与地方政府的关系

（一）地方政府与委员会构成

黄河流经九省，治黄绕不开地方政府，自黄委会筹备成立始，其委员会构成就带有明显的地方色彩。1929 年 1 月，国民政府公布的黄委会委员共 17 人。其中冯玉祥、阎锡山、马福祥都是黄河流域的地方实力派，再加上属于冯部或与冯部关系密切的薛笃弼、刘治洲、刘骥、王瑚、李仪祉以及阎部的赵戴文，该委员会中“地方势力”约占委员总数的一半。冯玉祥当时控制着黄河流域大部分地区，没有他的参与或支持，治黄工作难以进行；加上冯玉祥此前表现出的对黄河及水利问题的关注和热心①，所以国民政府任命他担任黄委会委员长，而马福祥和王瑚则分任副委员长。由此可见，地方势力在该委员会中居重要地位。从黄委会委员的省籍来分析，委员会中只有张静江、宋子文、刘骥、李晋、陈仪 5 人为非黄河流域省份人士，黄河流域（包括受黄泛影响的江苏和安徽两省）省籍委员人数则达到 12 人。1933 年 9 月，黄委会正式成立时，委员会只有 7 人。后来又陆续增加了孔祥榕、郑肇经、须恺、李书田、陈汝珍、段泽青和刘定庵等人。至 1934 年 4 月，委员会人数已达 14 人，其省籍分布为：山西 1 人，陕西、河南、河北、山东各 2 人，江苏 3 人，广东、浙江各 1 人（参见表 3－1，表中未列入“当然委员”，该问题下文另有详述），黄河流域省份的委员占绝大多数，其余则为东南沿海省份人士。

黄委会委员多由黄河流域省籍人士担任，其主要原因是，一方面，该

---

① 李玉才：《冯玉祥的水利思想与实践》，《合肥学院学报》（社会科学版）2009 年第 4 期。

流域人民饱受黄灾之苦，此乃坚定了本地一些人献身治黄事业的决心，如李仪祉、张含英等人，他们都曾赴海外求学，专攻水利，学成后回国，受到政府重用，得以在黄委会效力。张含英曾谈及自己专习水利的缘由："含英幼年饱受河惊，深知其害也，因患思治，于是研究之念油然而生。长而负笈海外，专习水利，期以达此志也。"① 另一方面，治黄与地方关系密切，地方政府希望由本地人士担任黄委会委员，从而在治黄中尽量维护其地方利益。国民政府在统一水政过程中，对地方政府在各流域水利专局中的作用曾专门进行过讨论。许多水利工程是地方财政资助的，地方政府想在水利管理方面有一定的参与权，所以《全国水利行政法》草案曾提出在各个地区成立监督委员会，由地方绅士担任委员，负责监督各流域水利专局的工作。1932 年，中政会曾召开专门会议对此事进行讨论②。会上，成立监督委员会的议案虽然没有通过，但足见中央对地方势力的关注，不敢轻易漠视地方利益。

黄委会正式成立前后，因委员尚有空缺，各地纷纷为之荐才。河南清乡督办张钫以"黄河水患数千年，豫省受害尤烈深"③ 为由，向行政院长汪精卫推荐两位河南籍人士为黄委会委员，即信阳人陈汝珍和洛阳人李公甫，河南省府主席刘峙也电请中政会任命陈汝珍为黄委会委员。蒋介石曾将刘峙的电文内容转达给汪精卫，曰："黄河经河南腹地，长二千余里，治河一事，关系豫民甚深，该会委员似应有一豫人参加。"④ 刘峙坚持黄委会委员中应有一豫人参加，蒋介石对此也表示认可，这是陈汝珍后来被简任为黄委会委员的一个重要原因。由此可见，黄委会委员的省籍不仅为地方政府所关注，也是中央用人时考量的一个重要因素。

（二）地方政府与黄委会会址确定

黄委会会址的确定与地方政府也有着密切的关系。1933 年 4 月，中政会第 353 次会议决定从速组织黄委会，并决议将该会设于洛阳。5 月 20 日，陕西泾惠渠第一期工程竣工放水，"举国震惊，南京政府以其功在杨

---

① 《自序》，张含英：《治河论丛》，国立编译馆 1936 年版，无页码。

② ［美］戴维·艾伦·佩兹著：《工程国家——民国时期（1927—1937）的淮河治理及国家建设》，姜智芹译，江苏人民出版社 2011 年版，第 94 页。

③ 《黄河水利委员会委员长副委员长委员任免》，中国第二历史档案馆藏，1933 年，档案号：2－4－177。

④ 《黄河水利委员会委员任免》，中国第二历史档案馆藏，1933 年，档案号：2－4－177。

虎城将军主陕下竟成而后悔不迭，故投资兴建洛惠等渠”[①]。为了配合西北开发战略，也为了就近领导陕西水利建设，快出政绩，5月31日，中政会第359次会议复决议，“黄河水利委员会改设西京（西安——笔者注），并以导渭为整理黄河水利计划第一期之工程”。[②]

决议见报后，河南省政府主席刘峙首先做出反应，他从现实和历史两方面陈述理由，电请汪精卫将黄委会会址改设洛阳，以便就近指挥三省河务局。“此间人士佥以为巩固河防实治河之先决条件，盖因黄河下游如有溃决，不但冀鲁豫苏皖将蒙重大损失，即测量、设计之工作，亦因河流改道，尽归无用。倘会址设于西安，对于测量、设计或不感困难，而对于河防，因不能就近指挥三省河务局，不便实多。清之河督设置开封，用意良深。兹值筹办之始，似应斟酌尽善，将会址改设洛阳，庶地点适中，无论治标、治本均有裨益。”[③]

随后，河南省赈务会主席张钫电呈内政部，详陈黄委会不应设于西安之理由，请求将会址改设豫、鲁两省适当地方，以顺人心。电文称：“黄河为害，考之历史，均在豫鲁等省，陕境向未受害，会址自不应设于西安，此其一；即以渭水论，地居黄河上游，向无水患，导之自易，设一分会即能办理，此其二；即曰该会之设，以兴水利为主题，不注重水害。然若及时添挖以杀水势，修筑水坝以固河堤，俾数千里沿河居民无土地、禾稼之损失，水害既除，水利之兴，此其三；该会常年经费系由豫鲁等省负担，关系民众利害尤巨，会址自应就择一设立，此其四；黄河经过数省，害在下游，西安相距太远，管理诸多不便，此其五；豫鲁黄河溃决漫溢，无岁不有，历来大功，动逾百万，不先导黄而先导渭，本末倒置，缓急失宜，此其六。据以上各种理由，谨代表全省三千万民众力争，务恳钧部俯就舆情，收回成命，将黄河水利委员会改设豫鲁两省以顺人心，屏营待命之至。”[④] 张钫所列理由充分，行政院亦认为他所言有理。但因该决议经中政会通过仅一个月，且《黄河水利委员会组织法》第14条有“黄河水利委员会设于西京”之规定，6月29日，中政会第363次会议决定维持

① 王翔、邢朝晖：《关中八惠与陕西十八惠》，《陕西水利》2002年第2期。

② 《中政会决议案》，《申报》1933年6月1日第10版。

③ 《黄河水利委员会确定会址并设立办事处工程处》，中国第二历史档案馆藏，1933年，档案号：2－3748。

④ 同上。

改设西京之原案。

7月，山东省政府主席韩复榘电呈行政院，力挺刘峙和张钫，主张黄委会应设于豫鲁适宜地点。“规定会址设于西京，窃以未甚相宜。查黄河上游水势平稳，致（至）孟津以后，河身淤淀，始泛滥为灾。今言整治，自应由下游入手，实利宣泄。且鲁省为黄河入海之区，横贯千里，险工尤多，治本治标均关切要。若委员会设于西京，诚恐鞭长莫及，指挥不便。倾闻河南省赈务会曾电请中央，改就豫鲁两省，择地设立，所持理由，似甚切当。……转请将会址迁设豫鲁两省以利工务而顺民意。”① 行政院以“此案业经中政会决定，且黄委会组织法甫经公布，未便骤议变更，所请应从缓议”为由，予以婉拒。

8月，黄河下游发生严重水灾，张钫直接电呈国民政府，请将黄委会改设下游适中地方。“考之中国历史，黄河险工尽在下游，此次三省不幸又遭巨灾，地方昏垫，民怨沸腾，国谁尸其咎耶？钫职司救济，再渎陈钧府，饥溺为怀，恫瘝在报，务恳俯念灾黎，从速提议，准予变更前案，将该河会址改设豫冀鲁三省适中地点以顾全局而便指挥，不胜迫切屏营之至。”② 其言辞中似有将黄河水灾归咎于黄委会改设西安之嫌，理由虽欠充分，但他敢冒“犯上”风险，直言相谏，为民请命，使国民政府不得不慎思之。

黄河大水不仅使下游豫冀鲁三省遭受巨灾，还波及苏皖两省。各省在防堵救灾的同时，深感黄委会远设西安，于下游防洪堵口等有诸多不便，有改设下游之必要。为使国民政府变更成议，豫皖冀鲁苏五省政府主席联名电请国民政府和行政院，将黄委会改设下游适中地方。“此次黄河暴涨，到处漫溢，空前灾害，仍在下游。现在水虽归槽，而两岸堤埝埽坝节节塌陷，倘不设法防堵，则来年水涨，终有横流四决、另辟新道之一日。职等征之以往之历史，横睹目下之情势，佥以为黄河水利委员会负统筹规划之责，而会址远设西京，对于历生险工处所之测量、设计、指导工程、临时抢险，往返费时，实多不便，似应移设下游适中地点，俾便统治全河，庶免贻误事机。”③

---

① 《黄河水利委员会确定会址并设立办事处工程处》，中国第二历史档案馆藏，1933年，档案号：2－3748。

② 同上。

③ 《五省电请将黄水委会移设下游》，《申报》1933年9月11日第10版。

在张钫的一再电请和豫皖苏冀鲁五省政府的一致要求下，9月13日，中政会第374次会议决议：可在黄河下游酌设办事处或工程处，交行政院核定。嗣行政院第126次会议决定，遵照中政会议决议，在下游酌设办事处，令知黄委会。黄委会遂在开封勘修房屋，于11月8日由南京迁移开封办公，开封乃取代西安成为黄委会会址所在地。正是地方政府的一再坚持和据理力争，黄委会会址才设于开封。

（三）地方政府与当然委员问题

1933年6月28日，国民政府颁布《黄河水利委员会组织法》，其第二条载："黄河水利委员会设委员长一人、副委员长一人，特派；委员十一人至十九人，简派"①，当时并无当然委员之说。由于治黄的现实需要，后来才设立了当然委员。根据黄委会组织法，黄委会下设总务和工务两处。总务处管理该会日常庶务，而工务处职掌查勘、测绘、设计、工程实施、养护、造林及其他一切工程。长达数千公里的黄河，仅凭黄委会工务处来负责其查勘与修防，保证黄河安澜，绝非易事。黄委会委员长李仪祉深感在治河方面必须得到沿河各省政府的积极协助与支持，于是，1933年7月，他和副委员长王应榆以黄委会的名义呈请国民政府和行政院，"以鲁、冀、豫、晋、陕、绥、察、甘、青九省政府为当然委员，以建设厅长为代表"②。中政会第367次会议讨论并决议，准以山东、河北、河南、山西、陕西、绥远、宁夏、甘肃、青海九省建设厅厅长为黄河水利委员会当然委员。

黄河治理不仅跟沿黄九省关系密切，而且跟苏皖两省也利益攸关，因为黄河水患常常波及苏皖，黄水甚至有夺淮改道的可能。历史上，黄河曾长期夺淮，甚至在铜瓦厢决口后，淮道依然不通，为害苏皖地区。"淮自为黄所袭，六百五十八年，而淮大病；黄北徙，淮失其道，复七十七年，而淮仍无所归。于是泛运侵江，浸淫于淮扬之间。"③ 鉴于此，国民政府成立后，于1929年成立导淮委员会，实施导淮工程。30年代初，这一工程正在进行中，地处下游的江苏省政府，担心黄委会若没有苏省当然委员参加，恐于江苏乃至导淮工程不利，遂于1933年8月25日，致电黄河六

① 《黄河水利委员会组织法》，《黄河水利月刊》第1卷第1期，1934年1月。

② 《黄河水利委员会委员长副委员长委员任免》，中国第二历史档案馆藏，1933年，档案号：2-4-177。

③ 《李（仪祉）序》，宋希尚：《说淮》，南京京华印书馆1929年版。

省防汛会议，申请于黄委会中加入苏省委员。8 月 28 日，在黄委会主持的六省防汛会议上，“关于黄河治理应由有关各省参加事项”列为会议议题之一。会议决议，呈请中央加派江苏、安徽建设厅厅长为黄委会当然委员。之后，李仪祉呈请行政院，请求加派苏皖两省建设厅厅长为黄委会当然委员。“苏皖两省与黄河之间关系均极重要，若无人参加本会治黄计划之讨论，自无从为切实之互助，水利前途不无窒碍。”① 经中政会第 374 次会议审议，李氏的呈请获批，苏皖两省建设厅厅长亦成为黄委会当然委员。以后，凡“沿河各省建设厅厅长有更动时，均系新厅长就职后函报到会，再由本会函知为当然委员”。②

1937 年 1 月，国民政府复修正《黄河水利委员会组织法》，将黄委会当然委员由沿黄九省及皖苏两省建设厅厅长升格为各省政府主席，进一步加强对治黄工作的组织领导。1942 年，国民政府修正黄委会组织法，该会改隶行政院水利委员会。同时，该组织法重申沿河各省主席为当然委员，与黄委会共负黄河修守职责。

当然委员的设立，使沿河相关各省可以参与治黄计划的讨论和制订，从而更加积极主动地置身于治黄事务中，既能维护其本地利益，也有利于地方政府与黄委会在治黄方面的沟通与合作。黄委会定期召开委员大会，当然委员都要参加，委员们聚集在一起，共同商讨黄河治理事宜，这为黄河统一治理提供了一个交流与合作的平台，一定程度上有利于克服昔日治黄只注重下游且实行分省治理模式的弊端。

（四）黄委会对下游三省河务局的接收

黄委会成立时，黄河堵口由临时成立的黄灾会负责，职在治河的黄委会，暂时只能从事测量、设计及研究工作。黄河下游继续由豫、冀、鲁三省河务局各自负责本省修防。各河务局直隶于其省政府，间接受黄委会指挥监督，黄河河政没有真正统一。1935 年年初，黄灾会撤销后，黄河下游的修防仍由豫、冀、鲁三省河务局负责，“下游三省主席坚决表示，三省河务局依然由三省直接管理，黄委会不能动，不必问。于是下游的治理任务又取消了”③。此外，三省还各设有善后工程处。

---

① 《黄河水利委员会委员任免》，中国第二历史档案馆藏，1933 年，档案号：2－4－178。

② 《河北建设厅公函》（第 137 号），《本局与国民政府文官处关于委任本委员会委员问题的来往文书》，黄河档案馆藏，1935 年，档案号：MG8－18。

③ 张含英：《中国水利史的重大转变阶段》，《中国水利》1992 年第 5 期。

由此可见，黄委会建立之初，河防系统不仅未能统一，而且比以前更加纷乱，导致各治河机关“事权不一、责任不专，一遇疏失，则互相推诿”。[①] 为此，黄委会曾提议撤销豫、冀、鲁三省河务局，并以该会为唯一治河机关，未果。1934 年，黄河在河南贯台等处决口，监察院院长于右任批评治河机关“平时工作迁延观望，各存己见，出险之后，分省分段互相推诿，无从督责”[②]。他提议变通黄委会组织，废除其他骈枝机关，特置河道总督，直隶经委会；沿河各省河务局局长统由督办节制，沿河各县县长办理河务应受督办指挥督率，如有疏失，督办有提请撤办之权。《大公报》当时也曾批评政府治河无统一机关，事权不专，用人不当。呼吁黄河中下游堵口、修防等事应脱离省的关系，责成唯一机关，专门办理。[③] 但上述统一河防的建议并未被政府及时采纳。1935 年，黄河又在山东董庄决口，酿成巨灾。分歧的河政系统再次遭到监察院批评，为了治理黄患，该院建议统一治河机关。“黄河连年成灾，原因故不止一端，而行政权不统一，不能不列为重要原因之一。故欲根本治理黄河，应将现有一切治黄机关，合并为一个有系统之组织，而统属中央总治水机关之下。”[④]

在多种因素的推动下，统一河政问题终于被提上了决策者的议事日程。鉴于河防系统分歧、决溢屡屡发生，1935 年 11 月，国民党四届六中全会通过了方觉慧等人提出的《统一黄河水利行政组织的议案》，该案主张变通黄委会组织，废除骈枝机关，照前代成例，设置黄河督办，并提出统一办法 11 条。

1936 年四五月间，黄委会代委员长孔祥榕拟具《统一河务修防办法纲要》，电呈经委会水利委员会主任孔祥熙。他建议乘冀、豫、鲁三省河务局局长皆系新换，三省河务工款无着、工程停顿之机，将豫、冀、鲁三省河务局分为上、下两游。上游河局局长由孔祥榕以黄委会委员长名义自行驻汴兼任，负责改组并管辖冀、豫河务局；下游河局则管辖原鲁省河局

---

① 《全国经济委员会制定统一黄河修防办法纲要及有关文书》，中国第二历史档案馆藏，1936 年，档案号：4－2213。

② 《全国经济委员会制定统一黄河修防办法纲要及有关文书》，中国第二历史档案馆藏，1936 年，档案号：44－2213。

③ 《论黄灾》，《大公报》1935 年 3 月 16 日第 2 版。

④ 《监察院水灾报告书》，《黄河长江流域水灾调查报告》，中国第二历史档案馆藏，1935 年，档案号：2－1－3744。

所辖范围内工段，由鲁省府韩复榘驻济兼任。三省河务统暂移归黄委会管辖，并以冀、鲁、豫三省主席会同协助办理，三省建设厅长及沿河各县长在修防事宜方面，要受黄委会指挥，辅助进行。如县长有办理河务不力者，得随时商请各该管省府予以撤惩。根据孔祥榕的意见，经委会秘书处拟具《统一黄河大堤修防办法纲要》，规定黄河治本工程及修防事宜，统由黄委会主持办理。唯照此纲要，经委会秘书处又担心各省应担任经费不能按期拨付，乃另拟《统筹黄河水利办法大纲》，规定修防事宜，仍归各省水利机关办理，黄委会负督查之责，并有河务局长人选同意之权。秘书处将两种方案呈送孔祥熙采择。

在拟订《统一河务修防办法纲要》的同时，孔祥榕已在积极推动河防的统一。1935 年汛期，经委会会同黄委会临时设立督查豫、冀、鲁三省黄河防汛事宜处，该处汛后即结束。1936 年，孔祥榕呈准设立督防处。他认为冀、鲁、豫三省河防督查，事繁责重，实有设立专处办理之必要，乃拟定督防处组织规则，以之作为河防统一案实现前的临时举措，呈请经委会鉴核备查，并函请行政院电令冀、鲁、豫三省政府遵照。其防汛规则规定：黄委会对于三省建设厅、河务局及沿河县长，凡与河工修防有关事项均有命令、指挥、监督之权，其河务局及县长如有修防或协助不力者，可由黄委会转告三省政府撤惩之；该会对于三省河局额定之修防经费及临时工程款项有随时考核之权，并得监视其用途，对于三省河局员工之进退、惩奖，有随时考核、处理之权，其措置不当者得由黄委会纠正之；为防护险工，对于三省河局员工不分省界有随时调遣之权。[①] 黄委会获得以上权力，黄河“虽无河防统一之名，而已具河防统一之实”。[②]

1936 年 7 月，刘峙等人于国民党五届二中全会上提出《确定治黄专一负责机关并严定奖惩办法以防水患而重民命案》。该案指出：“各省皆有河务局之设，直接归各该省指挥监督，间接亦归中央黄河水利委员会指挥。名实相违，责任不专，事前互存观望，疏于防范；一旦狂澜四溢，则仓皇应变，莫之或先。此所以有确定治黄负责机关以一事权之必要也。”该案同时提出解决办法，建议“由中央特设治黄机关，专一负责统制各

---

① 《黄河水利委员会督查河防暂行规则》，《黄河水利委员会督查河防暂行规则》，中国第二历史档案馆藏，1936 年，档案号：2－1－3750。

② 《关于防汛事项》，《黄河水利委员会等编送“国民政府政治总报告”（水利部分）》，中国第二历史档案馆藏，1937 年，档案号：44－2－304。

省河务局，并派河务大员总理其事”[1]，严定赏罚办法。提案获得会议通过。

因为已经有了专门的治河机关——黄委会，上述各方所提设置黄河督办的建议未为中政会所采纳。但在多方的要求和建议下，8月，经委会秘书处根据孔祥熙指示，参照方觉慧原提案和孔祥榕意见，拟具《统一黄河修防办法纲要草案》（以下简称《草案》），共10条，其中与地方有密切联系的有以下5条：

> 第一条：黄河治本工程及大堤修防事宜，由黄河水利委员会秉承全国经济委员会主持办理。
>
> 第三条：原有各省河务局由黄河水利委员会分别接收，另就黄河形势分三大段，各段设修防处，每处各设主任一人，修防处规程另定之。
>
> 第四条：黄河修防经费各省应分别担任，按期拨归黄河水利委员会备用，其分担数额如下：河南省每年四十万元；河北省每年二十五万元；山东省每年五十五万元。
>
> 第八条：沿河各省政府对于各该省修防地段有随时派员协助办之责。
>
> 第九条：黄河沿岸各省建设厅（厅）长、各专员、各县长办理修防事宜，应受黄河水利委员会委员长之指导监督。专员、县长有办理不力者，由该会声叙事实，转请各省政府予以撤惩。[2]

对该草案，豫、冀、鲁三省反应不一。河北省持反对意见，曰：“关于黄河水利委员会拟统一黄河行政、接收冀、鲁、豫三省河务事一案，本省意见：以三省处境不同，利害各异，事实俱在，毋事赘陈；强欲统一，自多纷扰。熟筹经过，似可暂得缓议。”[3] 该省沿黄只有三县，且1935年秋汛前，经委会拨款令黄委会已将河南滑县至山东陶城埠间之金堤培高加

① 秦孝仪主编：《革命文献》第81辑，《抗战前国家建设史料——水利建设（一）》，台北中央文物供应社1979年版，第356页。

② 《全国经济委员会制定统一黄河修防办法纲要及有关文书》，中国第二历史档案馆藏，1936年，档案号：44－2213。

③ 同上。

厚，贯孟堤也得到修治，河北省有两道防洪大堤的屏障，该省河防此后似已无虞，故此反对接收本省河务局，不愿每年再拿出25万元给别省修防。河南省赞同，因黄河发大水，河南往往首当其冲。但该省欲借机摆脱每年40万元的修防经费负担，所以它在表达对《草案》的赞同意见后又说："此后关于河堤一切工程，自应统由该会负责办理，所需经临各费，似应亦由中央完全负担，以一事权而资统筹。"[①] 山东省地处黄河最下游，上游豫冀两省黄河决溢常殃及该省，且山东省每年所负河防经费最多，所以它希望能统一修防，以免上游两省以邻为壑，亦可减轻本省河防经费负担。

中央政治委员会经济专门委员会审查《草案》时，获悉三省意见，乃函请经委会与三省主席先行接洽圆满，以免《草案》通过后，在将来的实施中发生问题。在此之前，孔祥熙已密电邀孔祥榕进京商定办法，因为孔祥熙担心，按照原《草案》，黄委会接收各省河务局后，恐各省政府放松修守职责，解款亦没有保证。孔祥榕奉令到京后，对《草案》第一条、第四条提出补充意见。他于第一条后拟增加一项："黄河沿岸各省政府主席兼任当然委员，共负河防修守职责，协助黄河水利委员会办理各该省有关黄河河防事宜"，当然委员的身份限制会使沿黄各省主席不能推卸修守职责，在中央统一修防的背景下，地方政府仍要尽到自己的责任。孔祥榕将该草案第四条拟改为："黄河修防经费，沿河各省应照规定数额分别担任，按期拨交黄河水利委员会备用。兹将规定沿河各省分担数额列后：河南省每年担任40万；河北省25万；山东省55万。除以上各款外，不敷之数，由中央水利事业费项下按年拨助100万元交由黄河水利委员会，查勘有关河防、各省工段之水势工情，择其紧急重要者，酌量补助之。其各省担任之经费，仍用于各该省工段，均需按期拨交。设防守不力，应由防守主管机关负责；倘不按期拨款，滋贻误，则由拨款主管机关负责。"[②] 这样的修改，不仅规定了各省河防经费"取之于某省用之于各该省"的原则，免除了冀省缴交修防经费将为他人作嫁衣的担忧，而且将缴费与河防责任直接挂钩，使各省府不敢轻易拖欠河防经费。再加上中

① 《全国经济委员会制定统一黄河修防办法纲要及有关文书》，中国第二历史档案馆藏，1936年，档案号：44－2213。

② 同上。

央的拨款，统一修防的经费有了比较可靠的保障。孔祥榕的建议既消除了孔祥熙的担心，又能减轻河北省政府的忧虑，两方都能接受，该建议为经委会采纳。10月，《草案》修改后经中央政治委员会第25次会议讨论通过。

此后，河政统一进入具体实施阶段。1937年2月，经委会以水字41423号令改豫、冀、鲁三省河务局为河南、河北、山东修防处，由黄委会直接领导。3月1日及4月12日，河南、山东河务局先后改组为修防处。不久，又改称黄委会驻豫、驻鲁修防处。5月4日，经委会复令改驻豫、驻鲁修防处为河南修防处和山东修防处，河北黄河河务局当时虽没有改组，但也直属于黄委会领导。至此，该会完成了对下游三省河务局的接收，实现了河政的真正统一。

由上述可知，黄委会对河政乱象的批评以及对河政统一的呼吁，促进了统一河政政策的形成。而黄委会委员长孔祥榕在政府统一河政的过程中，不断出谋划策，对黄委会接收下游三省河务局，起到了十分重要的推动作用。

（五）地方政府和黄委会的防汛合作

在黄委会成立及运作过程中，地方政府参与博弈，争取地方利益。在黄河防汛等方面，由于利益基本一致，地方政府与黄委会开展了诸多的合作。

自清末黄河实行地方分治后，黄河防汛成为沿黄地方政府的重要政务，各省设立治河机构，每逢汛期到来，省府常会命令沿河各县协助河务局防汛，听从河务局的指挥。例如，1928年6月29日，山东省政府训令沿河21县县长，关于黄河河务事宜，应服从河务局指挥，协同工作①。河南省也是如此，1933年8月，黄河发生大洪水，河南省政府主席刘峙电告该省河务局局长陈汝珍："黄河暴涨，两岸工程同时吃紧，修守堤防，刻不容缓。兹为指挥便利起见，关于河工抢堵事宜，着沿河各县长均受该局长指挥，以一事权而期敏捷。"②

黄委会建立前，一些水利专家已认识到治黄机构与沿黄各省合作的必

① 黄河水利委员会编：《民国黄河大事记》，黄河水利出版社2004年版，第51页。

② 《河南省政府快邮代电》（1933年8月15日），《民国二十二年至三十三年河南省政府令各治河段均受河务总局指挥监督》，黄河档案馆藏，1933年，档案号：MG8－1164。

要性。李仪祉就曾呼吁，“治河之事，与其他内政及建设行政息息相关，故治河专署宜与各省取合作制。重要通行计划由内政部召集有关系各省民政厅、建设厅、财政厅与治河专署集议之”。①

为协调黄委会与沿河各省的关系，国民政府在1933年6月公布的《黄河水利委员会组织法》中，明文规定：黄委会对于各地方长官所发布之命令或处分，认为有妨碍该会主办事务之进行者，得报由国民政府停止或撤销之。② 其后，在历次修订的该会组织法中，这一规定得以保留。在黄委会第一次大会上，河北省建设厅厅长、黄委会当然委员林成秀就提出，“拟请规定沿河各县县长协助抢护专章案”。经大会审查决议，拟由黄委会函请有关各省政府，请按照内政部颁发协助河务考成规程办理，并令饬各县长听受各河务局局长之指挥，尽量协助河务。③

1934年，黄委会制定了《黄河水利委员会监督各省黄河修防暂行规程》，经呈奉行政院转呈国民政府核准备案，于1934年6月29日公布。根据该规程，各省河务局举办一切工程应先将计划呈由黄委会备案，每年例办之春修及大汛防御工程计划，限于春分节前拟具完成，呈黄委会备案；防汛期间遇有紧急抢险工程，额设员工不敷分配时，黄委会或各省河务局得指挥沿河各县长征调民夫帮同抢护；凡未设河务局之省而设有其他主管机关者，均适用于本规程之规定。④ 因为有了法律条文的约束，地方政府实行的防汛合作在一定程度上具有了强迫性。1936年，中政会通过了《统一黄河修防办法纲要》，明确规定：“黄河沿岸各省建设厅厅长、各专员、各县长办理修防事宜，应受黄河水利委员会委员长之指导监督。专员、县长有办理不力者，由该会声叙事实，转请各省政府予以撤惩。”⑤

可见，地方政府协助黄委会进行黄河修防，既是一种“向例”，也是黄委会建立后逐步确定下来的一种制度，具有一定的延续性和稳定性。以

---

① 李仪祉：《关于黄河治导之意见》，《李仪祉全集》，台北中华丛书委员会1956年版，第467页。

② 《法规》，《黄河水利月刊》第1卷第1期，1934年1月。

③ 《本会第一次大会议事录》，《黄河水利月刊》第1卷第1期，1934年1月。

④ 《黄河水利委员会监督各省黄河修防暂行规程》，《黄河水利月刊》《黄河水利月刊》第1卷第8期，1934年8月。

⑤ 《全国经济委员会制定统一黄河修防办法纲要及有关文书》，中国第二历史档案馆藏，1936年，档案号：44－2213。

河南省为例，陈汝珍为河务局局长时，大汛期间，河南省政府令饬沿河各县县长受河务局指挥监督及考成，宋澎及王力仁为河务局局长时也是如此。1936 年，省府主席刘峙卸任后，由商震继任省主席，大汛期间，仍仿照旧例，“令饬沿河各县政府遵照，在汛期统受该局长指挥监督，并以办理河防是否得力，定为各该县长之重要考成”。[①]

黄委会接收豫、冀、鲁三省河务局后，河政统一，该会负有黄河修防之专责，下游三省延续了协助河防的成例，并且有所发展。1937 年 6 月底，黄河大汛将至，河南修防处呈请黄委会转咨河南省政府援照向例，“严饬沿河各县县长在大汛期内均受本处指挥监督及考成，以一事权而期敏捷”。[②] 很快，河南省政府咨复黄委会：已通令沿河各县县长于大汛期内，应随时协助河防并受河南修防处指导监督。[③] 河南修防处嗣呈送沿河各县县长名单，请黄委会委之为兼任民工防汛专员，以专责成而便防守。黄委会除分别照单令派外，并咨请河南省政府转饬遵办。旋据河南省政府咨复，“已照章委派，嘱查照转饬，遵照办理”。[④] 沿河各县县长兼任民工防汛专员，将他们与黄河防汛更紧密地联系起来，增加了他们的防汛责任约束。

花园口决口后，1938 年 7 月，黄委会会同河南省政府及其他部门合作，组成了“防泛新堤工赈委员会”，修筑防泛新堤。当年只修了花园口以下到郑县唐庄长 34 公里的堤段。次年 5—7 月，黄委会、河南省政府等部门组成“河南省续修黄河防泛新堤工赈委员会”，修筑了从唐庄至安徽界首县、长达 282 余公里的防泛新堤。加之上年已修堤段，防范新堤共长 316 公里。该堤主要由黄委会河南修防处负责其修防。经河南省政府会议议决修正通过后，1939 年 9 月 12 日，黄委会发布了《黄河防泛新堤防守办法》，规定：“1. 郑县圃田至安徽太和县界首集防泛新堤长 282 公里，

① 《河南省政府指令》（建三字 2091 号，1936 年 7 月 4 日），《民国二十二年至三十三年河南省政府令各治河段均受河务总局指挥监督》，黄河档案馆藏，1936 年，档案号：MG8－1164。

② 《黄河水利委员会河南修防处呈黄委会》（1937 年 6 月 29 日），《民国二十二年至三十三年河南省政府令各治河段均受河务总局指挥监督》，黄河档案馆藏，1937 年，档案号：MG8－1164。

③ 黄河水利委员会编：《民国黄河大事记》，黄河水利出版社 2004 年版，第 125 页。

④ 《黄河水委员会训令》（第 950 号），《河南修防处民国二十六年（1937 年）抗战非常时期组织民工防汛队并防空防特等》，黄河档案馆藏，1937 年，档案号：MG2.4－59。

由河南修防处及沿堤各行政督察专员督促所属各县县长共同负责防守。全线防守计划及补办一切善后工程，由修防处主持统一办理。2. 关于新堤修守事项，河南省政府令沿堤各县县长受河南修防处督导，并将修防成绩列入县政考成。"[①] 可见，在防范西堤的修守上，黄委会与河南省政府进行了密切的合作。

到 1942 年时，"黄委会的各省修防处对沿河各县均有权下令征工征料，沿河各修防段与县平级，可以直接向有关县政府催工催料，协同修守堤防"[②]。1943 年 9 月 1 日，行政院水利委员会举行水利业务检讨会议。为增强河防力量，黄委会拟请水利委员会转呈行政院，令河南省政府将协助河防得力与否列为县长考成 50%，以资鞭策与奖励。水利委员会遂呈请行政院令行河南省政府，将沿河各县县长办理河防事务列为考成重要部分，以资策励。1944 年 3 月 8 日，行政院指令，已令饬河南省政府转饬沿河各县长遵照，对于修防事宜应受水利机关之指导监督，尽力协助以增加河防效能。

黄河一旦出险，沿黄地区首先遭殃，所以地方政府对黄河防汛较为重视。为督查各县协助治黄机构防汛，地方政府有时也会要求黄委会或其修防处严加考核沿河县长协助修防情况，如 1944 年秋，河汛告急，尉氏、西华、扶沟新堤均有溃决，河南省政府要求河南修防处，"沿泛各县协助河防、督工抢险成绩亟待严加考核，明定奖惩以资督劝。……特电查照，于河安澜、沿河各县决口一律堵合后，将沿河各县发生险工及督工抢险情形详细开送过府，以凭参考为荷"。[③]

黄委会在治黄，尤其是黄河防汛方面需要地方的合作，而地方基于自身利益，也愿意提供这种帮助。这既是一种惯例，也是一种制度。这种合作，有利于黄河安澜。此外，该会与地方在发展黄河水利方面也有一定的合作关系，这些将在下文中详细论述。

---

① 黄河水利委员会编：《民国黄河大事记》，黄河水利出版社 2004 年版，第 141 页。

② 陈伟达、彭绪鼎：《黄河——过去、现在和未来》，黄河水利出版社 2001 年版，第 81 页。

③ 《河南省政府快邮代电》，《本局河南修防处公务员考成考绩》，黄河档案馆藏，1944 年，档案号：MG8－889。

第二节 与其他相关机构的关系

除了上级主管机构和地方政府之外，和黄委会关系密切的机构还有黄河水灾救济委员会（以下简称“黄灾会”）、华北水利委员会及导淮委员会。黄灾会虽只是一临时性救灾机构，却给黄委会的治黄工作带来不利影响。而同属于流域性治水机构的华北水利委员会、导淮委员会则与黄委会进行了较多的合作，并取得一系列成果。

一 黄委会与黄灾会

（一）黄灾会的成立

黄灾会是国民政府为应对黄河大洪水而建立的一个临时性救灾机构。1933 年，黄河流域发生了一次罕见的大洪水。灾害发生后，山东等省呈报黄河水灾，请求急赈。行政院电令黄委会（当时还未正式成立）从速召集黄河沿岸陕、豫、冀、鲁、皖、苏六省召开防汛会议。8 月 28 日，黄委会主持的六省防讯会议在南京召开，会议要求国民政府于国库项下急拨 1000 万元办理黄河沿线堵修工程，并建议行政院转请中央设立黄灾会。[①] 次日，行政院召开第 123 次会议，讨论黄河水灾事宜。会议决定：（1）呈请国民政府明令组织黄灾会，以内政、财政、实业、铁道、交通各部部长、赈务委员会委员长、黄委会委员长、经委会筹备处主任、内政部卫生署长及以上各部、会次长、副委员长及甘、陕、晋、豫、冀、鲁、苏、皖各建设厅厅长为黄灾会委员，并以财政部长宋子文为委员长；（2）呈请国民政府明令拨 400 万元办急赈。

1933 年 9 月 1 日黄灾会成立，[②] 由国民政府令饬行政院督饬该会统筹办理黄河水灾。同日，派宋子文、黄绍竑、陈公博、顾梦余、朱家骅、许世英、李仪祉、刘瑞恒、甘乃光、邹琳、郭春涛、钱宗泽、俞飞鹏、王应榆、秦汾、刘汝璠、赵守钰、张静愚、田见龙、林成秀、张鸿烈、刘贻

① 陈红民主编：《1933：躁动的大地》，山东画报出版社 2003 年版，第 209 页。

② 关于黄灾会的成立日期，一说为 9 月 1 日，另一说为 9 月 4 日（黄河水利委员会编：《民国黄河大事记》，黄河水利出版社 2004 年版）。9 月 4 日，行政院通过黄灾会组织章程，并不表示该会此日才成立。根据当时报刊等多方面的资料记载，笔者赞同前一种说法。

燕、董修甲为黄灾会委员，其中以宋子文、黄绍竑、陈公博、顾梦余、朱家骅、许世英、李仪祉、刘瑞恒、秦汾为常务委员，以宋子文为委员长。[①] 9月4日，行政院124次会议通过《国民政府黄河水灾救济委员会章程》，9月8日，呈国民政府备案。该章程规定：黄灾会由国民政府特派23人组织之，指定一人为委员长，另设委员若干人，由委员长聘请之；设常设委员会，以国民政府特派的常务委员组织之；设总办事处，由委员长指定一人为处长，总办事处处长依黄灾会及常务委员会所定政策，执行一切行政事宜；总办事处分设财务、灾赈、工赈、卫生五组，每组设主任一人，商同处长分掌本组事务、各组主任由委员长就委员内指定。[②]

（二）黄灾会与黄委会的关系

国民政府为救济黄河水灾区域难民及办理灾区善后事宜，设立了黄灾会，以督同各省办理黄河堵口、善后工程及灾民救济。但是，此时黄委会已隶属于行政院，而且黄委会组织法明确规定由该会掌理黄河干流及渭、洛等支流的一切兴利、防患事宜，两机构的职能有交叉。行政院也认识到这一问题，“若该两会彼此不相联属，则救灾与治河，必难收分工合作之效”。所以，为谋办事便利及统一事权起见，行政院第126次会议决议，“在黄灾会存在期间，黄委会应受其指挥监督”。对于这一决定，行政院上呈国民政府时特别强调，“此项措置，系属一时权宜之计。将来如水患稍平，赈灾告竣，仍归还旧制，由本院直接指挥监督”。[③] 自9月23日起，在黄灾会存在期间，黄委会遂受其指挥监督。

黄灾会成立之初，即由常务委员会议决从事三方面的工作，即灾赈、工赈和卫生。其中工赈由黄灾会工赈组负责。工赈组设组主任一人，起初由周象贤担任，周象贤后来因为贯台堵口受挫而辞职，由孔祥榕继任。工赈组下分设事务、工务二股，分别办理各该组事务，并在开封设驻汴办事处，在沿黄河各处决口，分区设立第一、第二、第三区工程处。每区置处长、主任工程师、段工程师、技术员、办事员等办理各该区工程事务。

---

① 秦孝仪主编：《革命文献》第81辑，《抗战前国家建设史料——水利建设（一）》，台北中央文物供应社1979年版，第477页。

② 《国民政府黄河水灾救济委员会章程》，《国民党政府行政院黄河水灾救济委员会组织章程》，中国第二历史档案馆藏，1933年，档案号：2－1－1631。

③ 《行政院呈国民政府》，《黄河水利委员会呈报组织成立及改隶经过情形》，中国第二历史档案馆藏，1933年，档案号：1－3265。

1933年10月1日，第一区工程处成立。该处设在河南兰封三义寨，分设兰封、考城、温县三事务所，分别负责办理堵筑兰封、考城、温县漫决各口；第二区工程处设在河北省长垣县冯楼，1933年10月5日成立，办理堵筑河北省长垣县黄河北岸石头庄至大车集漫决各口；第三区工程处设在河北省黄河南二段，办理堵筑河北省长垣县黄河南岸小庞庄决口。此外，黄灾会工赈组还主持完成了贯台堵口工作。

黄灾会工赈组虽然在黄河堵口和善后方面有所作为，但是黄灾会的设立，给黄委会的工作以及治黄事业带来了很大影响。

首先，降低了黄委会的地位，并使该会原定的开办费及事业费大为减少。1933年，黄委会筹建时，该会组织法明确规定其直隶于国民政府，行政院也无权对其进行管辖。黄委会当时在国民政府政权层级中所处位置较高，此足以彰显国民政府对治黄工作的高度重视。黄河洪灾发生后，行政院以“期事权统一，以免流弊而重水利起见”为由，呈请将黄委会暂归行政院领导，得到中政会的批准。嗣黄灾会成立后，行政院复以“救灾与治河须统筹办理”为由，将黄委会归于黄灾会指挥监督，使原隶属于国民政府的黄委会，降为黄灾会管辖。此举虽是暂时性的，黄委会的地位无疑大大降低了，甚至直接导致了黄委会应得治河经费的减少。1933年，黄河发大水时，国民政府训令黄委会召集六省黄河防汛会议，办理黄河下游堤防善后工程，并饬财政部移拨江防经费余款50万元交黄委会使用。该会派副总工程师许心武主持下游堤防善后工程，并在河南、河北、山东三省分区设立临时工程处，又经制定规程呈准行政院备案。然而，前项江防经费余款财政部只拨给黄委会5万元。该会以之分配三省堵口工程，不敷甚巨，迭经呈请国民政府令饬财政部催拨，并迳函电该部速拨，以应工需。嗣财政部回复：“黄河水灾初系由贵会办理，曾拨过五万元，现已设立黄河水灾救济委员会，自应由救委会主持办理，请与列署长接洽。”[①] 不仅如此，1933年，中政会原决议由财政部拨开办费10万元，黄委会只领到4万元；自当年7月份起，原定每月由财政部拨发经常费6万元，黄委会每月只能领到3万元，直至次年10月份起，每月才增至4万元。因为黄灾会委员长由国民政府财政部部长宋子文兼任，他不愿把大笔

① 《国民政府黄河水利委员会呈》，《黄河水利委员会办理黄河堵口及下游善后堤防工程》，中国第二历史档案馆藏，1933年，档案号：1－3269。

经费交给别人支配。据时人言，宋子文曾说，“我们的钱岂能让别人花？乃设工赈组，派人主持黄河堵口事宜”。[①] 1933 年 11 月 17 日，宋子文辞职，国民政府改派孔祥熙任财政部长兼黄灾会委员长。不久，孔祥熙任命自己的亲信和本家孔祥榕为黄灾会工赈组主任。孔祥熙减缩黄委会的钱，却给孔祥榕在黄河堵口方面以大量的经费支持，以使其能迅奏凯功。黄灾会自身经费充裕，该会成立时，原定国币 400 万元，至 1935 年 3 月奉令结束时，前后共用款近 319 万元，仍有剩余。这种情况和黄委会经费窘迫之情形形成鲜明对比。

其次，黄灾会工赈组的设置，造成治黄机构系统更加分歧，事权不一，各机构职责不清。黄委会虽是中央设立的流域性水利机构，但初建时，如汪精卫所说，“该会重大任务，要在统一黄河制度、筹拟治河根本计划，至实际工作，仍赖各省府之共力协助”。[②] 黄河下游修防继续由豫、冀、鲁三省河务局各自负责，各河务局隶属于其省政府，只在名义上受黄委会指挥监督，黄河河政没有真正统一。同时，下游三省还设有善后工程处。在这种情况下，黄灾会工赈组的设立，虽增加了治黄机构的数量，却使本来就不统一的治黄系统更加分歧了：中央有黄委会、黄灾会工赈组，地方有河务局、善后工程处。各治河机关“事权不一、责任不专，一遇疏失，则互相推诿”。[③] 1934 年河北长垣段黄河复决事件发生后，竟出现无人负责的局面，正如当时媒体所评论的那样，“连日报纸上登载的决口责任问题，谁也不肯担负。工赈组推善后工程处、河务局防守不力；善后工程处、河务局推工赈组修堤不坚。工赈组说接收太迟，善后工程处说移交太晚。修堤的说口堵的不坚，堵口的说堤修的不实。黄河水利会说没领到防汛的款，善后工程处说没买到防汛的料。你推我，我推你，闹得满城风雨”。[④] 治河机构这么多，极易造成推诿扯皮之事，滋生卸责之借口。

最后，黄灾会工赈组的设立，使黄委会工作进退失据，在治黄中难以作为。黄委会成立后，国民政府先饬令财政部移拨江防经费余款 50 万元给黄委会，由该会负责沿河的堵口与修堤工作。黄委会遂派许心武主持黄

---

① 张含英：《我有三个生日》，水利电力出版社 1993 年版，第 12 页。

② 《鲁代表进京请赈经过》，《申报》1933 年 9 月 11 日第 10 版。

③ 《黄河水利委员会呈》，《全国经济委员会制定统一黄河修防办法纲要及有关文书》，中国第二历史档案馆藏，1936 年，档案号：44－2213。

④ 青云：《治理黄河问题》，《大公报》1934 年 10 月 17 日第 4 版。

河下游堵口善后工作，并在河南、河北、山东三省设立临时工程处。不久，黄委会受黄灾会指挥，两机构职能有交叉。黄委会遂派许心武为专员，与黄灾会协商分工合作办法，改组组织。在协商过程中，黄灾会起初表示关于下游善后工程之堵口、修堤、筑坝、排水均即由自己负责办理，但是，其很快发现力有不逮，遂在1933年11月22日召开的第三次常务委员会会议上，工赈组提出关于其所办工程，以黄河两岸溃决地点之排水与堵口为范围，得到会议同意。而对黄委会所设各临时区工程处，黄灾会既未明令指示结束，又不再拨给堵口经费，由此造成黄委会各临时区工程处工作无从进行，只好暂时停顿。堵口以外的善后工程，当由谁来负责？黄灾会及工赈组皆无指示，使黄委会只好请示国民政府。“善后工程，不仅堵口一项，若两堤之修理，埽坝之兴筑、积水之排除，均应继续举办，方可以澹沉灾。今工赈组既表示只办堵口工程，则其余之善后各工程，应否仍由本会继续筹划，未便因循缄默。”① 及工赈组所办第一、第二、第三区工程基本完工后，黄灾会才对黄委会及各河务局的职责给出明确的指示：“黄河根本计划，政府已有黄河水利委员会之设……该水利委员会及河务局对于地方情形，当经研究明悉，于指挥运用亦较为便利，而本会所定经费，只有400万元，于治河根本、岁修工程，实有鞭长莫及之虑。除堵口一节，专归本会昼夜赶办外，其上列各项工程，应请分别饬下黄河水利委员会及各该省政府。”② 黄灾会因为担心自身经费不足，最后才把黄河治本和岁修工程推给黄委会和河务局。

黄灾会的设立，对于救助黄河水灾是十分必要的。国民政府在黄河大洪水发生后，迅速建立黄灾会这一救灾机构，表明它在救灾体制和时效方面较以前有明显进步。该会是一个跨部门和单位的超级机构，其成员为政府各部会的首长，先后由党国要员、财政部长宋子文和孔祥熙兼任委员长，在筹集赈款方面，可利用政府资源和各方面的力量，有黄委会难以比拟的优势。黄灾会在赈灾、卫生方面做了不少工作，取得了不小的成绩，至1935年1月，该会共赈济灾民101.54万人，医治伤病人员20.07

---

① 《国民政府黄河水利委员会呈》，《黄河水利委员会办理黄河堵口及下游善后堤防工程》，中国第二历史档案馆藏，1934年，档案号：1-3269。

② 《黄河水灾救济委员会呈》，《黄河水灾救济委员会以经济限制黄河岁修防汛由主管机关负责》，中国第二历史档案馆藏，1934年，档案号：2-3761。

万人。①

但是，黄灾会的内部机构设置难言合理。在全流域性的治黄机构——黄委会开始运作，并已着手黄河堵口和善后工程的情况下，根本无需再成立黄灾会工赈组这样的机构。即使为了统筹治河与水灾救济，也只须将黄委会纳入黄灾会体系，由黄委会负责水灾工赈便可。工赈组的设置令人费解，也许正如张含英所说，宋子文他们不愿拿“自己的”钱让别人花，因为堵口工程经费多，是一个肥差，所以要交给自己人干，这种做法符合中国政治生态。抑或因为堵口容易收到立竿见影的效果，最能彰显政府“济民”的政治效应，才由黄灾会设立工赈组，亲自负责堵口。工赈组虽然堵塞了冯楼和贯台决口，在工赈方面做出了一些贡献，但是它的设立，不仅使治黄系统更加紊乱，而且使黄委会已经开始的堵口工作因缺钱而被迫中途停顿，进退失据，未能收到行政院当初所设想的分工合作之效，甚至导致了黄委会委员长李仪祉的辞职。

在黄灾会领导下，黄委会既管不了黄河堵口，也管不了下游修防，只能从事黄河治本的设计、研究及测量工作。这种处境使其在治黄方面难有进一步作为，有被架空失位之痛，身为委员长的李仪祉感受良深，他给行政院上书曰：

> 窃维设官宜简，行政宜专，……一年以来，河防系统，不第未能专一，且较前似愈觉纷歧；以言防堵，始则责成本会，继续移其权于黄河水灾救济委员会。以言善后，则既有河务局，又设立善后工程处。虽各机关有久暂之殊，然事权不一，责任不专，一遇疏失，则互相推诿，此自然之势，殊无可讳言者。查本会虽以根本治河为目的，然河防之事，既与治河设计有关，复为人民安危所系，自不能不兼筹并顾；而三省防务，应须改革之处，尤不能不力求刷新，以祈完善。第事权不属，实力缺乏，则监督指导，亦徒托空言。仪祉赋性憨直，今忝长本会，负统治黄河之职责，而权力又不足以相济，任职一年，徒劳心力，而堤防如故，河患依然，惩前毖后，恐惧交萦。兹为统一事权，消弭河患计，拟恳钧院仍本设立本会之初旨，将以后凡关于治河之事，悉以责之本会，应权有专属，责无旁贷，吾国河患，或有减

① 刘于礼编：《河南黄河大事记》，河南黄河河务局1993年版，第49页。

轻之一日。[①]

此后，他不断向当局强调治河事权必须统一，但现实难尽人意。他在所写的《治河言罪》中抱怨：复几经陈说，及今仍无所补。[②] 1935 年，李仪祉提出辞职。当时，《大公报》发表了对李仪祉辞职的看法，“又观本年（1935 年）二月初，黄河水利委员会委员长李仪祉氏忽有辞职之举，其动机，即谓事权不专，负责无补”。[③] 李仪祉的辞职，既是他与工赈组主任、黄委会副委员长孔祥榕的矛盾难以调和所致，也是他对当时治黄系统有分歧、事权不专，治黄难著成效的现实极度失望的结果。

二 与华北水利委员会及导淮委员会的合作

华北水利委员会是由北洋政府建立的顺直委员会改组而来的。国民政府在二次北伐成功后，于 1928 年 10 月，将顺直水利委员会改为华北水利委员会，负责华北地区的水利建设。而导淮委员会是国民政府于 1929 年 1 月建立的淮河流域的水利管理机构。由于多种原因，黄委会建立后，与华北及导淮两水利机构进行了较为密切的合作，并取得了一些成果。抗战爆发后，华北水利委员会和导淮委员会转赴后方，三者之间的合作基本停止。

（一）华北水利委员会、导淮委员会与黄委会合作的原因

三水利机关之所以展开合作，与如下三方面的因素有关。

1. 地质与气候因素 淮河、黄河之下游及白河，同处于中国大平原中。在此大平原上，土质相若，“其上游崇山深谷，类多填覆黄壤，流水携带泥沙，性复相若。淮水所受稍轻，然亦不免出山泻原，奔骋而下，降势骤弛，洪流拥遏，又相同也。淮自为黄所袭，其后黄虽北迁，淮之涓涓入海者，实为黄之遗脱。今之黄河，行于高堤之中，与永定河复一致，则三河又相若也”。从气候方面来看，“大平原中南北温寒相异，而同处恒风势力之下。降雨之有定期，夏冬雨量分配之相悬殊，皆相类也。雨期稍愆，便误农事，雨潦一至，河患即生，故人民之困苦相若也。言治功者，

① 张含英：《水利工程》，国立编译馆 1936 年版，第 407—408 页。

② 《李仪祉水利论著选集》，水利电力出版社 1988 年版，第 138 页。

③ 《论黄灾》，《大公报》1935 年 3 月 16 日第 2 版。

有互相提携之需要”。[①]

2. 水系因素　从水系上讲，华北诸河、黄河与淮河虽系统独立，但由于有运河贯穿其中，实则又相互影响，所以“三河实有共同研究合策图治之需要”。[②]

3. 地理与历史因素　黄河居于华北诸河与淮河之间，虽与其他各河相距较远，但是黄河善淤、善决、善徙，北侵可达于津沽，南泛则可以夺淮入江，打乱了整个流域水系。历史上，黄河曾夺淮数百年之久，淤塞淮道，直到1855年，黄河在铜瓦厢改道北徙，黄淮才又分流。所以，近代以来，中外人士皆认为黄淮关系密切，导淮必先治黄。而较早关注这一问题的是外国专家，1914年，美国红十字会工程团导淮报告中，有下列声明：“黄淮两水之复行合并，或为事实上能有之事。若然，则所有工程，将悉被其毁弃。因此之故，工程团深以为此次报告若于黄淮之关系，不详加研究，则尚不得称为完全。”1919年，美国工程师费礼门于其所著之治淮计划书中曰：“著者始终以拯救中国大患之黄河，为胸次惟一之事。”导淮委员会顾问、德国人方修斯教授，在其所著报告中，亦有“与导淮关系最密切者，厥惟黄河问题。黄河若复决而南，则导淮将全功尽弃”[③]。黄河若南决，其势必挟淮水以入江，导淮将归于失败。中国的水利专家也持相同观点，沈怡认为，“导淮而置黄河于不顾，是直于不导淮等耳。……以为今日不欲导淮则已，欲导淮必先治黄，未有黄不治而淮可以苟安者也”。[④] 导淮委员会也认为黄淮关系密切，导淮必先治黄，“黄河南堤，与淮河流域关系密切。冀、鲁决则夺运入淮；兰封决则流入故道；豫境决则或趋贾鲁入颍，或循惠济河入涡，夺淮入江，中原陆沉，后患无穷。冀、鲁、豫、苏、皖五省之灾，陇海、平汉、津浦三路冲毁之祸，犹其次也。故巩固南堤，为目前最重要之图”。[⑤] 甚至在导淮工程完成大半之际，中国水利专家李书田还一再警告说：“即淮河治导纵成，苟黄河南

---

① 《李仪祉水利论著选集》，水利电力出版社1988年版，第612—613页。

② 同上书，第613页。

③ 转引自沈怡《水灾与今后中国水利问题》，《东方杂志》第28卷第22号，1931年11月。

④ 沈怡：《水灾与今后中国水利问题》，《东方杂志》第28卷第22号，1931年11月。

⑤ 《导淮委员会呈》（事由：呈报派员查勘黄河南堤情形并请拨款饬主管机关切实修治以纾淮患由），《办理黄河堵口及下游善后堤防工程》，中国第二历史档案馆藏，1934年，档案号：1-3269。

决之险象未除，淮域仍不得安枕也。夫淮水为灾，自黄河夺道而益烈……盖黄淮密邻，黄河河床，高于淮域腹地，约三十至四十公尺，而流域地形，自黄倾淮，势若建瓴。黄河荥泽以下，南岸偶有溃决，或取道皖北各支流以入淮，或漫经鲁西各湖而侵运，以淮域为壑，莫可或御。……鉴往证今，苟河不治，南决之患未除，无论导淮在施工之时，在完工之后，治导工程随时有摧毁之虞，流域全境，依然有陆沉之危。"① 同样，由于地理位置较近，天津的海河，也曾经一度"为黄河所占据，不能担保其不再度被侵"。②

上述因素，决定了分别负责华北各河流、黄河及淮河的华北水利委员会、黄委会及淮河水利委员会有合作治河的必要。

（二）合作的确立

华北、导淮和黄河三水利委员会中，华北水利委员会建立最早。在黄委会成立之前，华北水利委员会就已涉足黄河事务。顺直水利委员会成立后颇注意黄河之事，从"一九一九年起，自动地对黄河作调查研究……自一九二二年以至于今（一九三八年），虽其间内乱频仍，但工作始终不断"。③ 例如，河道地形、水准测量方面，顺直水利委员会于1923年4—7月，用导线测量了自鲁境周家桥至洛口以下一段黄河河道，约1030平方公里。其所测地形，仅及河身左右一二公里，计共绘制1∶10000简略地形图40余张。水文方面，顺直水利委员会于1919年在黄河上下游陕县及洛口设立水文站两处，测验流量、水位、含沙量各项。1921年8月，两处均改为水位站，专测水位。并于1919年、1920年、1922年、1924年四年，先后在太原、平遥、寿阳、泽州、汾州各地，设立雨量站。1928年11月，华北水利委员会在开封设立办事处，以便利测量队及水文站的管理与接济。嗣组织测量队，自豫境黄河铁桥，向下游施测。沿河两岸地形，则测至外堤以外数公里为止。嗣因1929年春，国民政府命令组织黄委会，华北水利委员会遂将开封办事处裁撤并旋奉建设委员会之令，停止黄河测量。于同年4月底，将黄河测务结束。其测量方法，"系用三角网法，测至中牟县境之孙庄。但黄河铁桥以上，至武陟县黄沁交汇处以西之

① 李书田等：《中国水利问题》，商务印书馆1937年版，第310页。

② 塔德、安立森：《黄河问题》，黄河水利委员会黄河志总编辑室编：《历代治黄文选》（下册），河南人民出版社1989年版，第180页。

③ 同上。

解封村一段，亦同时测竣，约共1140公里。绘制一万分一地形图9张，约320平方公里。五千分一地形图89张，约820平方公里”。[①] 1932年，华北水利委员会工程师李赋都由冀、鲁、豫三省出资派往德国，参加恩格斯及方修斯教授主持的黄土河槽冲刷试验研究。次年6月6日，应山西方面邀请，华北水利委员会“派工程师刘锡彤、王华棠、吴树德等到太原，会同太原经济建设委员会张世明，查勘宁夏至山西河曲段黄河河道地形，以发展灌溉、水电、航运事业”[②]，并于1934年10月编印出《黄河中游调查报告》。

可见，在黄委会成立前，华北水利委员会已开始对黄河进行初步勘测及研究，积累了一定的经验，此为以后与黄委会的合作奠定了基础。

导淮委员会也先于黄委会成立。1929年1月，国民政府导淮委员会成立，以蒋介石为委员长、黄郛为副委员长，还有其他一些国民政府政要担任该会相应职务，足见政府对此会的重视。淮河水利委员会以李仪祉担任委员兼总工程师及工务处处长、须恺为副总工程师。因为导淮与治黄关系密切，国民政府遂制定并公布了黄委会组织条例，筹备成立黄委会。当时身为华北水利委员会委员长兼黄委会委员的李仪祉就指出，华北、导淮、黄河三水利委员会有联合工作之必要。他不仅列举了联合的理由，还明确提出了联合的办法，“联合之法如何？曰：（一）三委员会每年至少应开联席会议一次。有需要时，临时互约开会，报告各会事功及互商进行之策，彼此相顾，各无相妨。（二）各会成绩及所辑材料，互相资藉。（三）测量之事，互划界线，彼此分任。最好先将大平原形势平面全图合力完成，以次渐及上游。（四）河防有急要时，电约邻会派员参加筹防。（五）合谋筹划在大平原上三河流域之沟洫制度，使三河之水引以灌溉放淤，纵横网罗，而不致危害”。他并且呼吁，“望主政者加以注意焉”。[③] 然而，黄委会尚未正式建立。

1933年4月，李仪祉出任黄委会委员长。9月，该会正式建立。黄委会的建立以及李仪祉掌舵该会乃为三水利机关的合作提供了条件。因为李仪祉此时不但是黄委会委员长，还兼华北水利委员会委员，并且此前担任

① 《本会暨前顺直水利委员会已往关于黄河工作之简要报告》，《华北水利月刊》第6卷第9—10期，1933年10月。

② 黄河水利委员会编：《民国黄河大事记》，黄河水利出版社2004年版，第73页。

③ 《李仪祉水利论著选集》，水利电力出版社1988年版，第613—614页。

过该会委员长和导淮委员会委员、总工程师兼工程处长职务，华北及导淮两委员会中有不少他的同事和学生。这在一定程度上便于三机构的沟通与协调，为它们之间的合作奠定了一定的人事基础。1933 年 9 月 15 日，华北水利委员会召开第十八次委员会议，李仪祉认为，黄河、华北、导淮三委员会主治河流，区域既多相连，利害均属与共，凡有事务，似应切实合作，俾应机宜，他并且提议三会合作办法六条：

一、三委员会互相为顾问机关。

二、三委员会人才，于可能允许之下互相调用。

三、三委员会所有之仪器图表，互相济急及参阅。

四、三委员会可以互相委托办理事件。

五、于河道发生紧急变迁情形时，三委员会可以集中人才办理。

六、于必要时，三委员会得商请召集联席会议。①

李仪祉的提议，经委员会议一致决议修正通过，并由华北水利委员会函征黄委会、导淮委员会同意。两委员会函复同意后，为郑重起见，1933 年 9 月下旬在开封召开的黄委会第一次大会上，又将此案提出讨论，经大会决议通过。嗣后，三水利委员会即依据此决定，相互协助，以收合作之效。

抗战爆发后，华北水利委员会转移到后方从事水利建设，其与黄委会的合作基本停止了。导淮委员会亦西迁，其原来经办工程大致均告停顿。花园口决口后，黄淮合流。1939 年 8 月，安徽省成立淮域工赈委员会，负责办理该省淮域工赈，并由导淮委员会设立淮域工程事务所，以资协助。1941 年 4 月和 1942 年 7 月，先后两次在西安召开由黄委会主持，由黄委会、导淮委员会、豫皖两省政府和第 1、第 5 战区代表参加的联合会，对于皖省淮域堤防施工计划和豫皖堤工边境纠纷均顺利解决。② 此后，黄委会和导淮委员会亦鲜有合作。

（三）合作的成果

黄委会、华北水利委员会、导淮委员会三水利机构的合作取得了多方

① 《函黄河水利委员会、导淮委员会》，《华北水利月刊》第 6 卷第 9—10 期，1933 年 10 月。

② 《行政院水利委员会公函》，《治理黄河机构设置撤销》，中国第二历史档案馆藏，1944 年，档案号：2 – 8193。

面的成果，主要有：

创建中国第一水工试验所　水工试验是近代兴起的一项水利新技术。自1895年，德国水工专家恩格斯首创水工试验所后，该项技术逐步在欧美推广。凡感水利问题重要的国家，均先后设立水工试验所。一切重大水利建设，均先进行水工模拟试验。该技术诞生后，“经数十年之经验，认水工试验确为研究水利问题最著名最确实而不可缺之方法”。[①]

20世纪20年代以后，水工试验技术传入中国。1928年，华北水利委员会成立时，委员长李仪祉和委员李书田就提出筹建河工试验场的主张，并争取利用荷兰退还庚款进行此项试验，拟订8万元预算，结果未获批准。其后，水工试验所的建立一波三折，主要原因是经费问题难以解决。1931年，由华北水利委员会与河北省立工学院市政水利工程系达成合作协议，由双方各出预算经费的十分之一（约15000元），成立了由彭济群等人组成的工款保管委员会，并征求其他机关加入，但是当时未获响应。[②] 此后，经费不足问题一直困扰着水工试验所的建立。1933年9月15日，华北水利委员会第十八次大会决定实施试验所工程。此时，李仪祉已任黄委会委员长，表示愿意加入合作，由黄委会拨款3万元。鉴于合作机关势必增加，本次会议拟定水工所章程，成立董事会，由合作机关最高领导担任当然董事，再投票选举水利专家9人为董事，任期为1—3年不等。同时决定，将华北水工试验所改为中国第一水工试验所。

在黄委会自身经费不足的情况下，其许诺的3万元经费从何而来？李仪祉乃呈请行政院由该会开办费内移拨。呈文中，他首先阐述水工试验的重要性，“本会专负治理黄河职责，对于施治方针，自宜审慎从事，不能仅凭一时之理论与一隅之经验，而轻予决定全河工程。设贸然施工，倘完成以后发现遗憾，是不啻以伟大工程为模型试验之资，其不经济莫甚于此。且黄河本身最难解决之问题有二：一为水流含沙之比率，一为河身坡度，如何使其得合理之比率？此非理论与意见所能解决，自必先于模型试验中求得合理之规定，再行施工，则施治方针赖以确定，工事因以循序进行，庶不至于工成后发生遗憾。因此，设立水工试验可确为本会职责上之

① 李赋都：《通论》，《中国第一水工试验所设计大纲》，中国第一水工试验所董事会1934年版。

② 程鹏举、周魁一：《中国第一水工试验所始末》，《中国科技史》1988年第2期。

必要之举”。至于经费来源，李仪祉提出“惟按照会现状，如果独自设立，人才经费两感缺乏，势为难能。爰与华北水利委员会及河北省立工学院商定合作创建中国第一水工试验所，并组织董事会，筹划建筑所址及一切模型设备，业已积极进行，并拟首先办理黄河试验工作。此项建筑等费，为数甚巨，本会应摊国币 3 万元，本应专案呈请拨款，但以国库未裕，而事关各机关之合作付款，又难延缓。拟于本会开办各费力事撙节，即在开办费项下先行移拨，以便治河大业得以迅速进展”。[①] 虽然国民政府认为该做法于原定经费用途有所变更，但是此项黄河试验工作刻不容缓，自应准予照办。在黄委会的带动下，不久，导淮委员会、建设委员会、太湖流域委员会[②]、模范灌溉局，及国立北洋工学院等单位加入中国第一水工试验所，使加入单位达到十个。

1934 年 6 月 1 日，在天津黄纬路南侧的工学院内举行中国第一水工试验所奠基仪式。次年 11 月 12 日，该所落成，董事长为李仪祉，所长为李赋都。水工所的建设，“在于通过试验使中国水利工程达到实用、经济、耐久三项目的”。[③] 该所成立后进行的主要实验有：（1）官厅消力坝实验；（2）黄土河流预备试验，中国第一水工试验所将黄土河流水利问题列为重点试验课题；（3）卢沟桥滚水坝消力试验；（4）透水坝试验。此外，该所还进行了黄土渠道冲淤、彭仲氏堰口公式检验等试验。[④] 中国第一水工试验所的建成，关键在于华北水利委员会的首倡以及黄委会的及时加入和经费支持。当然，后来导淮委员会等单位的加入对该所的成立和运作也起了重要作用。

1937 年，中国第一水工试验所房屋毁于日本侵略军之手。战后虽得以觅新址重建，但由于经费等方面的原因，没有以水工试验为主，工作成绩远不如战前。

整理运河讨论会　大运河北起北京，南达杭州，长 1700 公里，贯通冀、鲁、苏、浙四省，为人工所成之最长水道，对于南北运输，甚为重要，是元、明、清三朝漕运要道。昔日曾设专官以司其事，海运大开后，

---

① 《行政院呈国民政府》（呈字第 2027 号），《黄河水利委员会请拨开办费经临费》，中国第二历史档案馆藏，1933 年，档案号：1－531。

② 后来并入扬子江水利委员会。

③ 黄河水利委员会编：《民国黄河大事记》，黄河水利出版社 2004 年版，第 80 页。

④ 程鹏举、周魁一：《中国第一水工试验所始末》，《中国科技史》1988 年第 2 期。

运河遂逐渐荒废。1855年，铜瓦厢决口后，黄河北徙，运道中断。

北洋政府时期，沿运河各省设立有运河局，从事运河治理。1918年，督办运河工程总局于天津设立，山东济宁则设立分局。该局根据与美国广益公司订立之运河金币借款合同，专办河北、山东两省运河工程事宜。后因借款用罄，1922年以后即无形停顿。1920年，复就江苏筹浚运河工程局，改组为督办江苏运河工程局，1927年以后，仍归省办。浙江亦设运工局。运河沿岸“四省虽各设有机关，而各分界域，乏通盘筹划之规模，致河身淤淀日甚，航运几废”。[①]

国民政府建立后，国内各大河纷纷建立了流域性水利机构。然而运河为人工河，不自成水系，政府财力又有限，没有建立统一的运河水利管理机构。随着国民政府统治地位的逐渐稳定，经济建设的开展和水利的兴修，人们重新认识到运河的作用，“该河与导淮、黄河、太湖、华北四会所主管各河流均有密切关系”[②]，并且“年来国人逐渐感于水运价廉，适于农产之输送”[③]，于是，由华北水利委员会发起并商同导淮委员会、黄委会、太湖流域水利委员会，商定征求沿运河四省建设厅意见，合组讨论会，并议定办法，其名称即为整理运河讨论会，由四水利委员会与四省建设厅共同合作，并由各机关每月各拨国币100元，为合聘总工程师一人之薪俸及其他应需费用，专司搜集资料，调查研究，并统筹设计。其各段测量、绘图、设计等，均由合作机关，随时派员协助办理。

商妥办法后，由导淮委员会主稿，会同黄委会、华北水利委员会、太湖流域水利委员会，函征冀、鲁、苏、浙各省建设厅意见，各建设厅先后函复赞同。上述各机关遂于1933年12月21日在导淮委员会处召开第一次会议。各机关代表均如期出席，公推导淮委员会代表须恺为临时主席，爰即按照议程开议，将整理运河讨论会章程通过，并依照该会章程有关规定，选任导淮委员会为常务委员，聘任汪胡祯为总工程师，各合作方每月担任经常费100元。自是年12月起，由常务委员会之合作机关分函请拨，所有关于整理运河提案，均议决交总工程师参考统筹。

1934年11月16日，“整理运河讨论会”在导淮委员会处举行第二次

① 周开发主编：《三十年来之中国工程》（下册），京华书局1967年版，第3—4页。

② 《内政部华北水利委员会22年11月份工作报告》，《华北水利月刊》第7卷第1—2期，1934年2月。

③ 李书田：《中国水利问题概论》（下），《出版周刊》第231号，1937年5月。

会议。会议讨论了运河平津段及津黄段通航初步计划、临黄段临时通航计划、黄淮段洪水问题、镇苏段及苏杭段通航初步计划。次年6月19日，在开封黄委会处召开第三次会议。出席会员有徐世大（华北水利委员会代表）、李仪祉（黄河水利委员会代表）、张含英（扬子江水利委员会代表）、须恺（导淮委员会代表）、齐寿安（河北省建设厅代表）、曹瑞芝（山东省建设厅代表）、许心武（江苏省建设厅代表）及张自立（浙江省建设厅代表），总工程师汪胡桢与彭济群（华北水利委员会）、李书田（华北水利委员会）列席会议。会议讨论了汪胡桢拟具的《整理运河工程计划》应如何审定和讨论会的结束工作及善后案。会议议定组织审查委员会审定计划，推举李仪祉为审委会主席，徐世大、张自立为委员。

《整理运河工程计划》经审委会审定，于1935年8月刊印出版。该计划分为缘由、概要、资料、理论、测验项目、工程估计、施工程序、利益等8个部分，主要内容包括："①计划要旨。各段运河除苏杭段地势较低，用疏浚方法整治外，都采用闸坝节制蓄水量，其小部分为渠化河流，大部分则为纯粹运河。②运河标准剖面。淮江段另有规定，其底宽16米，深3米，通行300吨船只；江南运河底宽20米，深3米，通行900吨船只。③除已建邵伯、淮阴、刘老涧3座船闸外，还要建船闸18座。④各段运河都根据各自条件进行扩建和改建。⑤运河总长1700公里，开挖土方共7443万立方米。"① 这个工程计划是汪胡祯等人花费了一年半的心血，经过广泛查勘后拟订的，是首次用新式工程技术全面整治大运河的开始，惜因抗日战争爆发而未能实施。

除上述合作成就外，黄委会与导淮、华北两委员会在其他方面的合作也取得了一些具体的成果。在平原地形测量方面，黄委会认为，黄河既为造成华北冲积大平原的主要原因，而平原内改道遗迹，纵横遍布，故欲明了黄河影响于此平原之主因，则测量全冲积区实属必需。在此平原区内，三方进行了测量方面的合作，"华北水利委员会测量之范围，伸至距黄河北岸60公里以内，河之南部，导淮委员会已测区域，包括河南南部、安徽北部及江苏东北之大部分平原"。② 通过分工合作，黄委会就不需要测

① 龚崇准主编：《中国水利百科全书·航道与港口分册》，中国水利水电出版社2004年版，第5页。

② 《黄河水利委员会黄河测量计划及预算》，《黄河水利月刊》第1卷第3期，1934年3月。

量整个平原地形了。此外，为统一测量标准，黄委会及华北水利委员会和导淮委员会认为黄淮流域的水准线，应充分联络，并就此达成共识。

三水利委员会在人员借调、仪器借用以及实验方面也进行合作。如黄委会组建测量队时，李仪祉曾派许心武从华北水利委员会借调一批测绘人员和一部分测量仪器；1934 年 8 月 11 日，黄委会于河南开封黑岗口黄河水位最高时采取水样，送华北水利委员会代为进行泥沙颗粒分析，完毕后并将分析结果绘制成图表，此为黄河上"首次进行悬移质泥沙颗粒分析"。[①]

可见，由于工作需要，黄委会成立后，与华北水利委员会和导淮委员会进行了多方面合作，并且取得了一些具体成果。这些建立在自愿基础上的技术合作，是以协商形式进行的，不具有强制性。在三委员会之间，黄委会与华北水利委员会的合作多一些，与导淮委员会的合作少一些。因为导淮委员会的委员长是蒋介石，这在一定程度上提高了导淮委员会的地位。所以，尽管黄委会和导淮、华北水利委员会于 1933 年达成了合作协议，但是导淮委员会在解决与黄河有关的问题时，时常通过行政院和国民政府来进行，而不是通过三方合作协议。如 1933 年黄河大水后，导淮委员会曾派人查勘黄河南堤情形。根据所派人员的报告，1934 年 2 月，导淮委员会以委员长蒋介石的名义，呈请国民政府"迅予筹拨工款，饬交主管机关（黄委会），切实修治，藉纾淮患"。[②] 同年 6 月，在江苏建设厅向导淮委员会报告"兰封旧黄河口石头坝工程"由于各方推诿扯皮，无人修治之情形后，该会再以委员长蒋介石之名电呈国民政府，"据电前情，理合据情转呈鉴核，并恳迅饬催该管机关负责兴修，勿再推诿而误要工为公便"。[③] 导淮委员会以蒋介石的名义呈请国民政府或行政院，自然会让人感觉是在下命令，这大概是它愿意在技术方面和黄委会及华北水利委员会协商，而在处理非技术问题时乐于直接呈请行政院或国民政府的原因。

---

① 黄河水利委员会编：《民国黄河大事记》，黄河水利出版社 2004 年版，第 90 页。

② 《导淮委员会呈》（呈报派员查勘黄河南堤情形并请拨款饬主管机关切实修治以纾淮患由），《办理黄河堵口及下游善后堤防工程》，中国第二历史档案馆藏，1934 年，档案号：1－3269。

③ 《导淮委员会呈国民政府》（1934 年 6 月 18 日），《办理黄河堵口及下游善后堤防工程》，中国第二历史档案馆藏，1934 年，档案号：1－3269。

总之，作为中央设立的流域性水利机构，黄委会代表中央对黄河流域实施治理，必须执行中央的治黄意志。中央政府不仅决定该会的主管机关，以对其施行领导和管理，而且掌握着黄委会上层人事任免权、经费拨付权。同时，作为流域水利机构，黄委会必须与地方政府打交道。由于地方的影响，黄委会具有一定的地方色彩。该会委员多为黄河流域人士，其当然委员全系该域各省官员，黄委会会址设于开封，也是地方博弈的结果。黄委会与地方有矛盾，也有合作。在中央的主导下，该会完成了对下游三省河务局的接收，使河政得以统一，而在黄河防汛及兴利方面，黄委会与地方有着较好的合作。除了中央与地方政府外，与黄委会关系密切的机构还有黄灾会、华北水利委员会及导淮委员会。黄灾会是政府建立的临时性救灾机构，由于部分职能交叉，黄灾会的设立，给黄委会的治黄工作造成不利影响。而黄委会和华北水利委员会及导淮委员会合作良好，并取得了多方面合作成果。

第四章

治黄实践与探索

近代是中国水利事业从传统向现代嬗变的过渡阶段，是中国水利史上的一个重大转折时期。黄委会继承了中国传统水利思想，并将之与近代水利技术相结合，不仅在黄河堵口、修防等治标方面取得显著成效，而且不断探索黄河治本之策，开辟了现代治黄的新趋向，将中国治黄事业推进到一个新阶段。

第一节　黄委会的黄河治标实践

何谓治标？顾名思义，就是对表面问题加以应急的处理，而治本与之相对，是从根本上加以解决。但要将这两个概念移植到黄河治理上来，给予严格的界定，则是一件棘手的事情。正如水利专家张含英在《论黄河治本》一文中所言，“论黄河治本，应先说明治本之含义。世有视治本与治标之治河方法为对立者，如每谓下游之治理属标，上游之治理属本；临时性工程属标，永久性工程属本；关系局部之治理属标，关系整体之治理属本；又或以头痛医头、脚痛医脚者属标，根治病源者属本；等等。似均有不妥之处。盖以局部与整体互为关联，临时性与永久性工程相辅为用者也，又何可绝对相分”。[①] 本书不拟追求黄河治标和治本概念的绝对科学与准确，乃为行文方便，将黄河治标理解为着眼于黄河下游、临时性和局部性的黄河治理。与此相对，治本则是从根本上、全局上对黄河进行的治理。

① 张含英：《治河论丛续篇》，水利电力出版社 1992 年版，第 22 页。

一 从贯台堵口到董庄堵口

按照《黄河水利委员会组织法》规定，该会的主要职责为掌理黄河及其支流的一切防患、兴利事宜，可见，防患是国民政府赋予黄委会的首要任务。1933 年 8 月，黄河河水暴涨，豫、冀、鲁三省决口多处，洪水蔓延。当时正处于筹备时期、尚未正式建立的黄委会就接到了防汛堵口的命令。该会遂派员视察和主持修复下游堤防，并于当月 28 日召集陕、豫、冀、鲁、皖、苏六省黄河防汛会议，筹议防汛事宜。其时，黄委会人员不足，鉴于灾情严重，乃借调其他机关技术人员分赴决口之处，就豫、冀、鲁三省设立三区工程处，开始着手堵口工作。但是，黄灾会成立后，行政院决定在黄灾会存在期间，黄委会受其指挥监督。从 9 月 23 日起，黄河堵口及修防工作开始交黄灾会主持，到 10 月初黄委会便将相关工作移交，并将拟就的冀、鲁、豫三省黄河两堤堵口工程计划及测量图表、报告书也一并移交黄河水灾救济委员会接收。“虽然仅一月有余的时间，但工作不无可观，并且立下堵口工程的基础。”①

贯台堵口

这是黄委会参与的第一次大型堵口。1934 年 8 月 10 日，陕县水文站黄河流量迅速升至每秒 11300 立方米。因河水涨势较猛，河南封丘县贯台附近滩区出现串沟，沟水直趋河北长垣县黄河大堤堤脚。在大水淘刷下，11 日，“河北长垣境北一段，九股路一带去年旧口门第八号、十七号、二十一号及二十五号，相继溃决”。② 溃水泛长垣城后，经滑县、濮阳，沿金堤过濮县、范县等地，至东阿陶城埠回归原河道，基本仍循上年旧道下行，其泛滥区域亦略相似。此次决口，造成惨重损失，“仅长垣县受灾村庄即达 423 个，面积 480 多平方公里，占全县三分之二，灾民 14.82 万人，财产损失 1320 万元”。③

旧口复决，一时舆论哗然。在一片追责声中，行政院电饬河北省政府将该省黄河河务局局长孙庆泽撤职查办。9 月，行政院决议由河北河务局派员前往堵筑决口。各口门溃决之始，全河大溜并未直注，仅一股分流来

① 秦孝仪主编：《革命文献》第 82 辑，《抗战前国家建设史料——水利建设（二）》，台北中央文物供应社 1980 年版，第 515 页。

② 同上书，第 565 页。

③ 侯全亮主编：《民国黄河史》，黄河水利出版社 2009 年版，第 102 页。

自河南贯台之串沟，且溃决口门附近没于水中，无处取土。故决定先堵贯台串沟，迨各口断流，再堵各旱口门。9月4日，堵口工程开始，采用在口门两侧筑埝为基，用秸料捆厢进占法堵口。10月3日，河水大涨，已成工程多被冲失，乃再收购料物，准备继续兴工。经黄委会与黄灾会、河北省政府商决，由黄委会督同河北省黄河河务局负责堵筑，黄灾会监督进行。

11月11日，堵口工程开始，由河北省河务局负责开工进占，限期于一个月内合龙。截至12月18日，781米口门进占至仅剩64米。不意该局因筹划物料方面发生问题，导致嗣后坍溃频仍，补救不及。加之天寒地冻，冰雪盖地，料物运输，更感困难。其后，工程一度停顿。至次年2月7日，大溜北滚，口门水势陡变，竟至全河十之七八。16日下午大溜尤猛，以致坝身下蛰。其后迭经抢护，已成工程，稍告稳定。22日，两坝再同时进占，口门收窄，流势更急，竟深达25米。口门变化既如此严重，堵合进行更感困难。全国经济委员会（以下简称“经委会”）邀请的国际联盟专家也毫无办法，该会水利顾问蒲德利认为，“如果真有25米深，这个口可能是堵不起来的”。[①] 河北河务局对此束手无策，只得急向黄委会求援。

在此情况下，经委会电饬黄灾会工赈组邀黄委会及冀、鲁、豫三省建设厅厅长及河务局局长会商贯台堵口工程补救办法。3月16日，在黄委会会议室，各方商讨决定：仍采用前经工赈组与黄委会及各省河务局决定的“挑溜落淤办法”，以减水势而利堵合；贯台东坝头一带，亟应挑挖引河，裁弯取直，以图挽救，此项工程由黄委会设计筹划。[②] 经委会鉴于工情险恶，堵筑艰难，事权尚不统一，必致贻误要工，乃令孔祥榕“依照工赈组办法，专负其责，办理贯台补救工程，组下设工程处，以冀省河务局长齐寿安为处长”。[③] 同时，赋予孔祥榕指挥所在省建设厅、河务局及所在县县长之权。3月21日，孔祥榕接管贯台堵口。其时东西两坝，危如累卵，东坝且日需厢修维持，工料费万余元。有人乃主张先行拆除，而

---

① 陶述曾：《陶述曾治水言论集》，湖北科学技术出版社1983年版，第122页。

② 《傅委员筹商贯台堵口补救办法会议纪录》，《全国经济委员会派员督察黄河贯台堵口修堤工程案》，中国第二历史档案馆藏，1935年，档案号：44－1046。

③ 《孔祥熙函》（为报告黄河贯台口门，业已合龙暨堵筑经过困难情形事），《全国经济委员会呈报关于贯台决口抢堵合龙暨验收移交情形》，1935年，档案号1－3277。

后再图进展。但孔祥榕与黄委会委员长李仪祉力排众议，主张维持原坝。他们认为这样做的理由是："一，拆除东坝事实上只能拆至水面，决难清除到底，如是水面上之口门虽大，水面下之口门如故，何有于缓和流势？二、即令口门路宽，徒使全河流量倾注愈易，能否淤淀，殊无把握。三、一经拆卸，仍受水流之冲击，损坏将靡有底止。四、拆除一部分秸料，使原坝参差凌乱，继续施工，将何从着手。五、倘因以上原因，将难于继续进行，或竟放弃此口，退后另谋堵塞之路，无论以前工料等于虚掷，其时间上亦不容许。"[①] 在设法保护旧工的同时，孔祥榕复急筹料物，赶速施工。4 月 3 日开始于东西两耳坝捆扎柳枕，节节进占，11 日，贯台决口合龙。嗣于合龙处背河方面加筑圈埝即平水堤一道，并将东西两坝连接之土埝一律加以修培。复于临河做成篱柳填土护檐工程，截断渗流。孔祥榕总结贯台堵口迅速合龙成功的主要原因有二，一为接办之始不为众议所动，没有拆除东坝；二为建筑柳坝，挑溜落淤及采用柳石枣枕堵筑合龙。透柳落淤是民国时创造的一项重要河工技术（发明人为齐寿安，贯台堵口中他接替滑德铭继任河北黄河河务局局长），就是通过建立柳篱或柳坝的方式，使黄河水由此穿过时流速降低而沙得以沉淀下来，从而减少堵口的人力物力。此技术在以后的黄河堵口中多次使用。自此，"柳石捆厢进占、柳石枕合龙成为黄河堵口的主要形式"。[②]

黄委会虽然没有直接主持贯台堵口，但它先是督同河北河务局堵筑，复又参与了堵口，为堵口成功做出了应有的贡献。孔祥榕坚持不拆除东坝，与李仪祉的支持也是分不开的。另外，孔祥榕虽是黄灾会工赈组主任，但此时他已兼任黄委会委员，因此，贯台成功堵口和黄委会密不可分。孔祥榕成功主持贯台堵口，为他以后担任黄委会委员长积累了一定的政治资本，也为其随后主持董庄堵口提供了经验。

董庄堵口贯台合龙的当年，黄河又在山东董庄决口。董庄一带河段，素称险工地段。自董庄至张桥，黄河呈 S 形，直线距离仅七公里，而河长竟达 15 公里。1935 年 7 月，黄河伏汛骤涨，全河流量超过每秒 14000 立方米。10 日晚，山东鄄城县董庄民埝决口，溃水流向东南，又将董庄至

---

① 秦孝仪主编：《革命文献》第 82 辑，《抗战前国家建设史料——水利建设（二）》，台北中央文物供应社 1980 年版，第 566 页。

② 黄淑阁等：《黄河堤防堵口技术研究》，黄河水利出版社 2006 年版，第 7 页。

临濮集间黄河大堤冲决六口。8月初，第一至第四口门落淤，第五、第六两口门坍塌合一，宽3—3.5公里，夺溜七成以上。溃水泛滥于鲁西、苏北数十县，受灾民众达210万人，灾区面积1万余平方公里。

此次决口由经委会交黄委会和山东省政府合办。根据两者在堵口中的地位和作用不同，可将此次董庄堵口工程分为两个时期，即山东省主办、黄委会协助时期和黄委会主办时期。

（一）山东省主办、黄委会协助时期（1935年7月至12月15日）

决口发生后，经委会即分饬黄委会和山东省政府督促加紧抢救，并由经委会垫拨防汛费，交山东省政府领用。旋因决口处水势趋于险恶，经委会复分电黄委会与山东省政府迅即察酌水势情形，妥拟补救办法、进行步骤及需款概数，以便相机堵筑，并责成山东河务局赶做裹头，俾决口免再扩大。7月18日，经委会派水利处副处长郑肇经及顾问蒲德利北上勘察，并与黄委会委员长李仪祉及山东省政府主席韩复榘，会商堵口决策办法。21日，各方商定办法四项：

> 1. 堵筑临濮集决口，由山东省政府督饬山东河务局负责办理，并由黄河水利委员会予以协助。2. 堵口工款，由山东省政府呈请国民政府特予拨发100万元，未拨到以前，暂由全国经济委员会、山东省政府及有关省份先行垫拨，以应急需。3. 临濮集决口，目前补救办法分五项，由山东省政府分饬办理：子、决口附近酌量挂柳落淤，以缓水势；丑、极力抢护江苏坝，以免全河夺溜；寅、决口处相机裹头，以免扩大；卯、酌量水势，迅拟堵筑计划，并先备料物；辰、勘察决口水流方向及泛滥区域，并测勘南旺湖以北地势，研究如何分泄水流仍归正河。4. 堵筑计划确定，料物采运齐全后，相机堵筑。①

上项办法经决定后，经委会当即陆续垫拨工款，山东省政府于8月10日组设黄河董庄堵口工程委员会，负责筹办堵口事宜。为谋救济之策，于8月18日在董庄召集堵口会议，山东省政府主席韩复榘及黄委会委员长李仪祉及经委会代表郑肇经等出席。会议通过以下三项决议作为堵口计

① 吴相湘主编：《民国二十四年江河修防纪要》，传记文学出版社1971年版，第110—111页。

划之原则，即“一、在江苏坝附近择定地点筑挑水坝以冲刷对面新淤滩地；二、在姜庄民埝外滩地上挑挖引河；三、自江苏坝沿滩地作土坝及护沿，至相当地点为堵口西坝基。另于李升屯民埝南段作东坝基，两面进行堵口合龙”①。

嗣后，堵口委员会即拟具工程计划、采运物料，进行堵口准备工作。黄委会曾先后派遣工程师及测量队驰赴工次，随时协助，并测量口门上下形势及水文资料，以供参考。该会还拨借兰封工次用存之石料，接济麻绳、麻袋、铅丝等物，以利堵筑。10月中旬，李升屯裹头工程首先开工，其余各项，陆续举办。

山东省政府主办如此大型的堵口工程，同时又要救济该省水灾，省府主席韩复榘感觉本省水利人才不敷分配，在堵筑经验方面亦甚缺乏，难以兼及堵口与救灾，早在9月间乃迭次电请经委会令饬黄委会负责董庄堵口。经委会以山东省对于堵口事宜已筹备竣事，不宜遽易生手为由，一再复请山东省勉为主办，钱款由中央筹拨，技术人员由经委会饬令黄委会协助。然11月23日，韩复榘重申前请，恳即责成黄委会代委员长孔祥榕接办主持董庄堵口工程。经委会商由黄委会同意后，12月16日，黄委会派员分赴济南、董庄、兰封各地，将所有料物、款项、账簿、文书等分别接收。此为董庄堵口第一阶段。

（二）黄委会主办阶段（1935年12月16日至1936年3月27日）

黄委会接办董庄堵口工程后，成立主办董庄堵口工程事宜处，孔祥榕自兼该处主任及总工程师、工赈队总队长，总揽一切堵口事宜。该处下设秘书、工程、购料、视察、材料、会计、庶务各处及材料总厂，分掌职权。时届隆冬，河已封冻，运输极感困难，工程更不易施工，且料物缺乏，工款不足，而李升屯残埝坍塌一百多丈，泛滥日盛，全河夺溜，情势至为严重。孔祥榕乃决定着手之初，应先预备运输，赶购料物。运输方面，在兰封设立运输处，又于罗王坝头、丁圪档等处，分设运输站，使一切料物得以水陆并进，以应急需。复“于济南、开封设立办事处，藉与鲁、豫当局随时商洽，以便催办各县政府购运稭料、柳枝及征雇民夫等

① 《堵口工作》，《黄河水利委员会等编送“国民政府政治总报告”（水利事业）》，中国第二历史档案馆藏，1937年，档案号：44－2－304。

事，以期一切得以迈进”。[①] 口门工程方面，根据水势变化，对原山东堵口工程委员会制订的堵口计划适当修改，工程实施相机进行。黄委会接手董庄堵口工程后，其所办理之重要工程主要有：巩固李升屯残埝并裹头，用柳石盘筑，修建东坝基之掩护坝，作为修筑东坝基生根之处；培修江苏坝十道及圈堤，并于第一、第二两坝间修筑新坝两道，于第二、第三及第三、第四两坝间各加一道，以资巩固；赶修江苏坝第十坝，用柳石抛护延长，迎溜修筑坝头，抛石巩固，俾伸入水中，以期挑溜北移趋入老河；建筑新坝，由江苏坝起点至相当地点，而作为西坝基生根之处；添筑、延长挑水坝四道，就新堤生根，以便承接江苏坝挑溜之力，挑水北移；挑挖李升屯大引河暨老槽内引河，裁弯取直，使水量有相当之出路，挽回口门溃水，及减轻堵口之困难，兼改良河道，使河流顺轨。堵口方法方面，采用进占合龙法，由东西两坝用秸料捆厢压土进占，前以柳箔包石坦坡护沿，后筑以大土戗，进至相当距离，即采取冯楼、贯台两次堵口有效办法，以柳石枣核枕堵合之。[②] 正面堵口时所用方法中最有效者，除合龙施用柳石核枕外，乃为柳石坦坡保护秸料进占与浇土柜后戗同时并进，坚实异常。施工过程中，水势虽猛，但逐步进占之法十分稳固，竟无总是蛰陷之弊。此为堵口技术之新纪录。经过黄委会数月努力，1936 年 3 月 27 日，董庄决口合龙成功。

董庄堵口是黄委会成立后主办的第一次大型堵口工程。黄委会自接办此次堵口工程，仅三个余月就将宽达数里、堵筑数月未竣的决口堵塞，其速效非同一般。董庄堵口成功有多方面的原因。首先，有充足的堵口经费。孔祥榕自己都承认“榕于冯楼、贯台、董庄三次堵口成功，皆因为经济委员会常务委员兼主持全国水利事宜孔公（孔祥熙——笔者注）运筹帷幄，指导进行，使工款不缺，源源接济”。[③] 在《董庄合龙纪念碑》中，他复言，“仰我孔公，帷幄定谋，指示方略，饬拨钜帑，统筹运输……此实迅奏凯功之最大关键也”。[④] 其次，合龙之前，准备充分。在

---

① 《全国水利建设报告·工程》，《全国经济委员会报告汇编》第十四集第三十种，1937 年，第 145 页。

② 秦孝仪主编：《革命文献》第 82 辑，《抗战前国家建设史料——水利建设（二）》，台北中央文物供应社 1980 年版，第 567—568 页。

③ 《弁言》，孔祥榕：《山东董庄黄河堵口工程纪要》，1936 年。

④ 左慧元：《黄河金石录》，黄河水利出版社 1999 年版，第 436 页。

经委会的统筹协调下，承陇海路局之允许，董庄堵口工程事宜处能代管火车，水陆并进，将主要料物备齐备足；在相关县府的帮助下，组织工赈队，以工代赈，挑挖数道引河，以导溜入故道，从而减少决口口门流量，对合龙成功起到了重要作用。最后，将中西水利技术相结合，对于堵口成功颇有助益。在董庄堵口中，孔祥榕能采取新法，用柳石捆枕合龙，而以旧法之秸埽进占闭气。柳石枕合龙为民国河工新技术，可以有效抵御口门处急流冲击，而秸埽闭气则可截断合龙处渗流。可以说，此次堵口，融合中西学理，新旧办法兼施。董庄堵口的成功，在黄河堵口史上占据重要地位，也标志着黄委会已经具有堵塞大型决口的技术和能力了。

二 黄委会与黄河修防

黄河是闻名世界的地上河，所以，堤防在束流以防漫溢方面具有重要作用。黄河北堤从河南孟县至山东利津盐窝，长680公里；南堤自河南郑县保合寨至山东利津宁海，长570公里，两岸大堤共长1250公里。由于未能统一治理，加之治河经费缺乏，复经1933年大水冲刷，两岸堤防残破不堪。黄河河南段“堤防处处失修，河身节节淤垫，征之载籍，验之近状，以为河之败坏，殆未有如今日之甚者”[1]。1933年，黄河大水后，据黄委会工务处调查，河南中牟上汛杨桥口以下一段，临河险工甚为吃紧，堤身卑矮；下汛二堡原为险工大堤，纯系沙质；自柳园口至兰封（今河南兰考）之三义砦，工长九十余里，“堤身高约四五尺，土质疏松，因系背工地段，久经失修，致因汛雨侵蚀，水沟土坎，处处皆是。并为载重大车往来辗轧，横过堤身压成深槽。亦有堤段毗连沙冈，垄伏不平，或被村民剥削堤唇，从事耕种。甚至战时壕沟依然存在，残破不堪，靡复堤形……由小新堤之东端至东坝头，长约四公里，大堤残破……现以溜势南逼，老滩塌陷，日趋严重，东坝头亦有日见剥蚀之象，以致险象环生”。河北省黄河南岸郭寨以上至河南、河北交界一段堤防，累年失修，遂残破不整矣。北岸大车集东北至石头庄之间，堤身异常卑薄。而由石头庄东北至高桑园，沿堤柳树成行，根株盘结，唯滑县老安堤殊嫌单薄，又未种树种草维护堤身，势甚危险。山东省河段，南岸朱庄至黄花寺间一段河堤，

---

① 《豫河志·附录》，转引自程有为《黄河中下游地区水利史》，河南人民出版社2007年版，第278页。

"堤工甚形卑薄，难御洪流……泺口以下至胡家岸间，约七十里，堤身屈曲，屡遇兜湾，虽有护岸石工，未为万全"。北岸范县姬楼至陶城埠间134里的金堤，堤身既嫌卑薄，临水一面除民埝以外，并无防护工程，也十分危险。陶城埠以下官庄、程庄、司里庄一带，险工林立，"自司里庄至齐河县城，堤岸险工虽较少，而堤顶高度殊悬不足。……自利津城西之大马家起，至盐窝止，五十里间，堤身颇嫌卑薄"。①

残破的堤埝必须得到修治，才能防止黄河为患。黄委会成立后，在从事治本研究的同时，对修堤防患工作极为重视。该会在《治理黄河工作纲要》中指出："黄河之变迁溃决多在下游，故于根本治导方法实施之前，对于河之现状必竭力维护之，防守之，免生溃决之患……举凡埽坝砖石之应用，增厢新修之工程，皆应努力为之。"② 嗣后，黄委会即循此方针，开展黄河修防工作。

黄委会的修防工作分为两个阶段。从1933年到1938年花园口掘堤为第一个阶段。由于1933年的黄河大洪水造成了严重灾害，给社会生产和沿岸人民的生命财产带来巨大损失，引起中央、地方和社会各界的重视，黄河治理的力度遂得以加强。政府不仅建立了黄委会这一黄河流域的专门水利机构，而且增加了治黄经费。于是，治黄工程增多了，且规模也较大。1935年1月，经委会水利委员会决定每年拨款100万元，交黄委会会同冀、鲁、豫三省政府，培修黄河堤防。这一年也是民国黄河修堤最繁忙的一年，黄河大堤得到了一次全面的修培。3月28日，黄委会召开培修三省大堤紧急工程及金堤工程会议，决定兴修九项大堤紧急工程，即：沁河河口西黄河滩地护岸工程，接修贯孟堤工程，中牟大堤护岸工程，封丘陈桥以东培修大堤工程，河南省兰封小新堤护岸工程；河北省石头庄至大车集大堤护岸加培工程，刘庄及老大坝险工整理工程；山东省朱口至临濮集大堤培修工程和金堤培修工程。

这一阶段由黄委会参与的黄河修防工程分为两种，一种是由该会拟订计划或监督指导，由各省河务局施工完成的，包括冀、鲁、豫三省黄河第一期善后工程、培修冀、鲁、豫三省大堤紧急工程及黄河复堤工程。另一

① 黄河水利委员会工务处：《勘查下游三省黄河报告》，《水利月刊》第6卷第1—6期合刊，1934年6月。

② 《李仪祉水利论著选集》，水利电力出版社1988年版，第108—109页。

种是由黄委会独自完成的，如培修金堤工程、培修贯孟堤工程等。

（一）培修金堤工程

金堤起自河南滑县东至山东陶城埠，为黄河北岸后方重要堤防。黄河自铜瓦厢决口改道以来，河北省北堤频遭漫决，“赖有金堤遥峙范束，洪流得免深入，实为平津各地惟一屏障”。[①] 1933 年，长垣大堤决口，水沿金堤之南趋于陶城埠，仍归旧河，未能深入，全依赖金堤保障。然该堤因年久失修，多残破。1934 年，黄河又告溃决。中央鉴于金堤之重要，在堵筑贯台决口的同时，因担心堵口失败，乃决定修筑金堤，以防不测。“贯台堵口工程形势紧急，万一堵口不成，金堤将有不保之虞……为防患未然计，应责该委员长赶于大汛期前，迅将金堤培养完固，准予该委员长以指挥所在省建设厅、河务局及所在县县政府之权。”[②] 1935 年 4 月 16 日，培修北金堤工程开工，7 月 2 日完工。该工程由李仪祉亲自驻工督率，上自河南滑县西河井，经河北濮阳县至山东东阿县陶城埠与民埝相接，全长 183. 68 公里。经过这次培修，金堤“堤顶高出民国 22 年最高洪水位 1. 3 米，顶宽 7 米，边坡 1 : 3，共用土 165. 09 万立方米，工款 35. 18 万元”。[③] 此后，又连续三年对北金堤进行部分培修。

（二）培修贯孟堤工程

黄河自铜瓦厢决口后，河北省修筑堤埝，左岸自大车集起，衔接太行堤，而河南省北岸大堤则至于西坝头，其间 18 里无堤。洪水涨发，由此漫溢，华洋义赈会曾拟自西坝头起接筑新堤至大车集。工未竣而止，是为华洋堤。1935 年，贯台合龙后，黄委会沿华洋堤修筑贯孟堤，即贯台至孟岗一段，自 5 月 31 日开工，至 11 月 5 日完工。因时间所限，不能全部培修，乃先筑成自贯台至双王庄一段，长 12 公里多。次年复进行第二期培修，完成六里庄至马寨一段，1936 年施工，当年 11 月完成，“做土方 12. 12 万立方米，用款 1. 21 万元”。[④] 贯孟堤修成后，豫、冀两省北岸黄河大堤得以衔接起来，这对于黄河下游防洪有重要作用。

---

① 左慧元：《黄河金石录》，黄河水利出版社 1999 年版，第 431 页。

② 《电李委员长》，《经委会派员督察黄河贯台堵口修堤工程案》，中国第二历史档案馆藏，1935 年，档案号：44－1046。

③ 黄河水利委员会编：《民国黄河大事记》，黄河水利出版社 2004 年版，第 99 页。

④ 刘于礼编：《河南黄河大事记》，河南黄河河务局 1993 年版，第 53 页。

（三）兰封小新堤培修护岸及其上游丁圪垱护岸工程

黄河自铜瓦厢决口改道后，水性就下，势甚畅通，故道不复进水。旧河口之小新堤于1931年、1933年两次得到培修，以资防御。然高度仍感不足，黄委会于1935年对此处再行加培，并修筑石护岸工程，自5月24日兴工，至8月2日完工。其上游丁圪垱大水时期时遭顶冲，日久必将危及小新堤。1936年，黄委会复于该处继续修筑石护岸工程，长4100米，藉策安全。4月21日开工，至7月完工。这项工程完竣后，大大减少了黄河于小新堤处决口流入故道的可能。

（四）沁河河口滩地护岸工程

由于岁久淤淀，并受平汉桥抛石影响，平汉路上游一段黄河水位抬高，易肇漫决之险。此段黄河，南岸是邙山，为天然保障，北岸系温武大堤，岁有修护，平汉桥上游至沁河河口也曾由平汉路局抛石防御。唯沁河河口西至九堡十二坝一段老滩，久失守护，因黄河流势变迁，该滩塌陷益甚。一旦大溜侵及，危险殊甚，黄委会乃与铁道部查勘会商保护办法，商定沁河河口西滩地护岸工程由黄委会负责办理，分两期完成。第一期工程于1935年完成2163米，第二期工程于1936年完成2000余米。工毕之后，经黄委会委员长孔祥榕亲莅查勘，认为非增筑盘坝，不足以资保障。当即决定施工，前后共筑盘坝八座，于1936年12月7日竣工。

（五）1937年汛期紧急工程

1937年，黄委会又对黄河下游一些主要险工进行了培修和抢护，这些工程包括：山东朱口培修石坝五座，并将第九秸埽坝改修石坝；培修濮县杜范段南岸大堤、李升屯董庄临董段大堤及利津乾草窝民埝；河南省之黑岗口太平庄修坝；孟津铁谢白鹤间护岸；贯台抢护工程；河北省董楼培修石坝六道；河北省冷寨筑坝；河北省北四段刁城集筑坝三道及贯台、铜瓦厢段善后工程。

经过这一阶段的大堤修培，尤其是1935年的大修，黄河抵御洪水的能力提高，终于结束了1933年以来连续三年于汛期决口的局面。1936年秋汛结束后，黄委会举行了庆祝黄河安澜大会。次年，即使在抗日战争爆发的情况下，黄河也基本安澜。不幸这种局面很快因花园口决堤事件造成黄河改道而结束。

1938年花园口决堤后，黄委会的修防工作进入到第二阶段。决口后，花园口以下黄河断流，以前的河防工程大部分沦于敌伪之手，黄委会、河南修防处及山东修防处西迁，河北河务局被撤销。在河防即为国防的形势下，此一阶段的黄河修防呈现明显的军事化特征，如防范西堤的修筑即是如此。黄河改道后，蒋介石就下令修筑南北长堤，用以军事防御，维持交通，防水救民。① 1938 年 7 月，黄委会会同河南省政府组成“河南省修筑防范新堤工赈委员会”，当年只修了花园口以下至郑州唐庄间长达 34 千米的堤防。次年春，续修防泛新堤，至 7 月修成。该堤沿黄泛西涯，上起郑县圃田下至安徽界首，全长 600 多里。国民政府认为该堤能防水西侵、保障堤西的军事据点和交通运输安全。② 再如 1939 年，黄委会加修花京军工堤工程。该堤上修有掩蔽室、泄水口，所修 8 道柳石坝，皆在挑溜进入泛区，以保护自己。又如 1940 年整理沙河工程，“皆在阻止黄河泛水窜入沙河。该工程堵截郭埠口、水牛庄等串沟 9 处，筑沙河北岸大堤，起周口至济桥止，长 38 公里，目的是导水回泛区阻挡日军”③。为适应抗战需要，黄委会被纳入战时体制，遂使得该会进行的黄河修防工作呈现鲜明的军事化特征。

抗战时期，黄河堤防有过两次较大规模的全面修复。第一次是 1941 年在河南修防处主持下培修花园口以上黄河南堤和以下之防范西堤，“按高出上年洪水位 2 米、顶宽 6 米培修堤身。新一段广武、郑县、中牟、开封、尉氏五县培修堤防长 97.85 公里，做土方 1349105 立方米；新二段扶沟、西华、淮阳三县培修堤防长 89.52 公里，做土方 1214137 立方米；新三段商水、淮阳、项城、沈丘四县培修堤防长 84.39 公里，做土方 419131 立方米。三修防段共计培修堤防长 271.76 公里，做土方 2982373 立方米，并修筑了一批埽坝护岸及排泄背河积水工程”④；第二次是 1943 年，分三期进行。“前两期先后动员军民和地方武装 40 余万人，培修了防范西堤及沙河、颍河、贾鲁河堤防，修筑了徐湾退堤，郭寨至刘湾圈堤，堵复了荣村缺口，完成土方 916.8 万立方米。第三期于当年冬季开工，至次年春完工。先后堵合了荣村、薛埠口、下炉口、宋双阁口等口

---

① 《程潜致汉口行政院电》（1938 年 8 月 1 日），《行政院关于修筑黄河防范新堤的函电》，中国第二历史档案馆藏，1938 年，档案号：2-2-3042。

② 《经济部函电》（1939 年 8 月 21 日），《姜文斌电陈请勿建筑东西两堤案》，中国第二历史档案馆藏，1939 年，档案号：2-9394。

③ 程有为：《黄河中下游地区水利史》，河南人民出版社 2007 年版，第 291 页。

④ 黄河水利委员会编：《民国黄河大事记》，黄河水利出版社 2004 年版，第 153 页。

门，培修了数段堤防，并修建了一批防汛工程，完成土方351.3万立方米。"[①]两次全面培修，既巩固了新黄河河堤，又在一定程度上加强了黄泛区的阻敌作用。

三　严密黄河防汛

黄委会成立后，设立专门防汛机构，制定各项防汛规章，采取多种防汛措施，多管齐下，以期严密黄河防汛，减少水患的发生。

（一）建立专门的防汛机构

在河政统一之前，黄河防汛主要由黄河下游冀、鲁、豫三省河务局负责，黄委会起监督指导作用。当时，黄委会在工务处内设置有河防管理组，掌理"黄河及其支流两岸堤防之管理及勘察，指挥、监督黄委会所属机关一切河防工程，指导、监督民埝工程事宜，并负责其他属于河防管理事项"。[②]

黄委会建立之初，由于冀、鲁、豫三省河防各自为政，黄委会的监督指导作用有限，黄河在1933年、1934年两年秋汛接连发生大洪水。这种情况客观上要求加强黄河防汛的组织领导。1935年7月，黄委会根据经委会8863号函，派副委员长孔祥榕会同经委会水利副处长郑肇经，在开封设立"督察黄河防汛事宜办公室"，督察黄河防汛工作，且随即分派视察各员。该室于7月9日正式办公，并训令豫、冀、鲁三省河务局和沿河各县县政府知照，汛后即经结束。[③]次年7月1日，黄委会成立督察河防处，由黄委会委员长孔祥榕兼任处长，统一黄河下游三省河防指挥。该处职责与1935年之督察室相若，唯职权责任较前增大。其拟订的《防汛规则》规定，"督察河防处对于三省建设厅、河务局及沿河县长，凡与河防有关事项均有命令、指挥、监督之权，其河局及县长如有修防或协助不力者，得由本会转咨三省政府撤惩之"。该处对于三省河局额定之修防经费及临时工程款项有随时考核之权，并将监视其用途；对于三省河局员工之进退惩奖，有随时考核处理之权，其措置不

① 《黄河水利史述要》编写组编：《黄河水利史述要》，黄河水利出版社2003年版，第412—413页。

② 《本会工务处组织规程》，《黄河水利月刊》第1卷第2期，1934年2月。

③ 黄河水利委员会编：《民国黄河大事记》，黄河水利出版社2004年版，第101—102页。

当者，得由该会纠正之；该处为防护险工，对于三省河局员工不分省界，有随时调遣之权。[①] 督察河防处成立后，派令驻工、督催、视察、监催、监防等分驻三省重要工段，巡历河干，实行督催指导，逐日报告水势工情，俾防汛工作，益臻周妥。由于督防处的设立，至 1936 年，黄河虽无河防统一之名，而已具河防统一之实。当年 11 月 4 日，国民政府颁发了《统一黄河修防办法纲要》，决定黄河修防事宜由黄委会设立河防处负责办理。次年 1 月，国民政府修正黄委会组织法，明文规定黄委会设立河防处。2 月，河防处正式成立，处下分设训练、交通、修防、运输四组及督查室，由该处管辖“黄河及其支流之堤岸查勘修理及防护，督查指导黄委会所属机关一切修防事项、护工、训练兵夫及其他修防事项”。[②] 从此，黄委会有了专门的河防机构。

1938 年，花园口决堤后，黄河改道，黄委会西迁，黄河的修防工作多由河南修防处负责。此后，为了有效防御河患，黄委会与河南修防处成立了一些临时性修防机构。1939 年 7 月，防范西堤筑成。新修大堤能否经受秋汛考验，尚难预料，而且豫境防范新堤关系国河两防，十分重要。鉴于此，8 月 28 日，黄委会在郑县县城设置黄委会“豫境防范新堤监防处”，以便就近监督防范新堤的培修和防汛，派河防处长王恢先兼任处长，以技正左起彭及潘镒芬为副处长。10 月 15 日，霜清后，监防处撤销。11 月 1 日，又在监防处原址上成立了“黄委会驻工督察联合办事处”，负责河南省黄河新旧堤督防工作，并继续进行监防处未完成工程。次年 3 月 31 日，该办事处亦撤销。1941 年 7 月，为了周密布置防汛事宜，方便就近指挥，河南修防处设立四个防汛处，即“在旧堤荥泽汛、新堤中牟县胡辛庄、扶沟县韩寺营、淮阳县李方口等险要工段设立第一、第二、第三、第四防汛处，负责会同主管段防守指定的特险工段，并代表修防处就近督导各驻在段全体员兵，办理一切防汛抢险事务”。[③] 苏冠军、王绪德、潘镒芬、员行三分任各防汛处主任。这些临时防汛机构的成立，从组织上加强了大汛期间对黄河下游防汛工作的领导，对于指挥与监督黄河防汛起了十分重要的作用。

---

① 《关于防汛事项》，《黄河水利委员会等编送“国民政府政治总报”（水利事业）》，中国第二历史档案馆藏，1937 年，档案号：44－2－304。

② 《黄河水利委员会组织法》，中国第二历史档案馆藏，1937 年，档案号：12－6－111。

③ 黄河水利委员会编：《民国黄河大事记》，黄河水利出版社 2004 年版，第 156 页。

（二）拟订防汛及修防法规以加强防汛管理

黄河下游，工段绵长，防汛难度大。在河防未统一前，三省政令不同，情形互异，报讯、大堤及民埝修守防护各事，极不一致，故措施多有未当。有鉴于此，黄委会乃于1934年拟订《黄河水利委员会报讯办法》、《黄河民工防汛规则》、《监督各省黄河修防暂行规程》、《黄河防护堤坝规则》、《黄河下游民埝修守规则》、《黄河沿河公路修筑管理规则》等章程，通令遵照办理。

1934年2月，黄委会制定了《黄河水利委员会报讯办法》，规定大汛期间，黄河流域之皋兰、包头、龙门、河津、潼关、陕县、黑石关、中牟、高村、陶城埠、泺口、太寅、咸阳、邠县、泾阳、洑头、吴忠宝等地应设立报讯站，报讯时间，自夏至日起，至冬至日止。潼关、陕县、陶城埠、泺口各站，每日上午8时要将水位、流量，用电报报告黄委会一次，中牟用电话报告，高村用无线电报告，当潼关、陕县涨水至每秒1万立方米以上时，俱应逐日报告。皋兰每隔三日报告水位一次，吴忠宝、包头、太寅三站，每隔三日报告水位和流量一次，包头站涨水至每秒1000立方米，太寅站涨至每秒500立方米时，也俱应逐日报告。潼关、陕县、泺口各站，如遇一日内水位续涨或陡涨，或陡落半米以上者，应立时电报黄委会；潼关、陕县两站，如遇水位陡涨至一米时，除将长高尺寸，初涨时刻，电报黄委会和经委会外，并应直接分电豫、冀、鲁三省河务局知照；皋兰、包头、龙门、河津、潼关、陕县、太寅、咸阳、彬县、大荔，各该地暴雨历三小时以上时，或历时虽不及三小时而雨量在三十分米以上时，应将初雨时刻，降雨数量，立时报告黄委会。[①] 报讯办法对龙门、河津、邠县、咸阳、洑头各站报讯时刻、频次、途径等也都做了规定。此外，豫、冀、鲁三省河务局如遇河流陡涨陡落或沿河堤防、河势发生变化时，皆应随时以电话或电报报告黄委会，且每周要将所设各站水位用电报告知黄委会。2月20日，秦厂水文站开始用电报拍发流量及水位等洪水警信，干流其他水文站于6月也开始用电报报讯。电话、电报报讯速度极快，它们的使用可以为黄河下游防汛抢险赢得更多的准备时间，这是黄河防汛史上的创举。

4月，黄委会发布了《黄河民工防汛规则》，经黄委会大会决议后咨

① 吴相湘编：《民国二十四年江河修防纪要》，传记文学出版社1971年版，第69页。

请关系省政府转饬各县准照施行。该规则规定民工防汛时间以入伏日起至霜降日止，但各河务局可以斟酌地方情形缩短或延长之。每里河堤设民工五人，拣选身体强健、熟悉河工者一人为工头，领导民工防守堤坝，但要受汛长指挥。防汛民工应常川驻工，日间填垫浪窝、堆积土牛，夜间轮班巡查，遇有埽坝塌陷、大堤渗漏之处，应即飞报该管汛长鸣锣招来民工抢护。如遇险工紧急时，各局得令该管县政府迅速添派民工。[①]

5月9日，黄委会公布了《黄河防护堤坝规则》（简称《堤坝规则》），规定黄河沿岸堤坝，由黄委会指挥河南、河北、山东三省河务局负责防护，各河务局得招募汛兵予以相当之训练，常川驻工，巡守作工。关于岁修工程计划，各河务局应于每年霜降以后履勘，报请黄委会备案并须按期修理完竣；各汛、段于春节后须将大堤详细签试，如有鼠穴獾洞，应即填堵坚实，以免穿堤而弭隐患，沿河堤坝如有水沟浪窝应随时填垫，顶坦部分应于适宜地点修筑砖石龙沟以资宣泄而免冲刷。该《堤坝规则》对沿河民众的责任做了较详细的规定，要求沿河人民对于堤坝应协助修守，不得在堤上垦殖、掘毁堤身及铲削堤身草皮，也不得在堤上放牧牛羊、行走重载大车、建筑房屋、埋藏棺木或骸骨，不能在行水区内堆积足以阻碍水流之物料，不得有于堤身及堤之两旁十丈以内挖取泥沙或其他物质及其他一切损坏堤身之行为。关于堤防交通，规定沿河堤面应由汛、段负责做成隆背，以便行驶汽车而利运输，凡载重大车横穿堤身处所，应做坦坡铺砌路面以免损及堤身。《堤坝规则》对于防汛也做了具体的规定：每届汛期，电报、电话站报告水势涨落，预为防范，各汛段随时通报工程险夷情形，以便指挥各局防守抢护；各汛段长应于附近安设水标观测水位，借以明悉水势涨落而利防守；大汛期间各局汛段长、目兵须一律驻工，无分雨夜，按班巡河，以免陡生险工，抢护失实；河工紧急时期，沿河各县县长均应亲莅河干协助抢护。[②] 以此《堤坝规则》为基础，黄委会后来又制定了《黄河水利委员会防护堤防办法》，经行政院批准后于1945年7月22日施行。该办法与前述《堤坝规则》内容基本相同，是黄河堤坝防护的准则。

为了加强对民埝的管理，1934年5月9日，黄委会还制定和发布了

① 《黄河民工防汛规则》，《黄河水利月刊》第1卷第6期，1934年6月。

② 徐百齐：《中华民国法规大全》（1），商务印书馆1936年版，第767页。

《黄河下游民埝修守规则》。民埝是民众为保护黄河滩地内的田地和村庄，在黄河大堤内修筑的防水小堤。民埝的守护与黄河防汛息息相关，因为民埝一旦失守，洪水会直接冲击大堤，导致黄河决口泛滥。同时，“由于黄河民埝的防守标准、修守体制均不统一，有的官修官守，有的民修民守，有的官民共守，体制混乱，防守困难，严重威胁着黄河防洪安全”。[①] 关于民埝修筑和管理问题，黄委会成立前，下游三省省政府及河务局曾进行过一些探索和尝试。但在河防未统一前，难以制定切实可行的堤埝规划。群众为自保，修筑民埝，但其管理却是河防的一个难题。为解决这一问题，黄委会制定了《黄河下游民埝修守规则》，对民埝的修守机关、岁修时间、经费等方面做出明确规定，其主要内容为：民埝修守除已设有埝工局及其他机关外，统由各省河务局指挥该管县长负责修守；岁修工程应于霜降之后由河务局派员会同该管县长将应修工程切实勘估，报请河务局转送黄委会备查，此项工程应于清明节前一律开工；河务局应于民埝各段完工后将办理经过情形专案呈报黄委会查核；每届汛期，该管县长应亲自驻工督率民夫昼夜巡守，黄委会于必要时得随时派员驻工指导；各段民埝修守经费由有关系之村镇按照旧例办理，该经费应由各段关系县长及河务机关督率地方人士组织保管委员会保管，每届年终应将收支款项公布。[②] 1936 年，黄委会令饬各省河务局：沿岸人民私筑小埝，亟应取缔。后复令非经黄委会核准，不准私筑小埝；已筑成之小埝，须报告黄委会查核。

5 月 9 日，黄委会还公布了《黄河沿河公路修筑管理规则》。此虽不是专门的河防规则，但很多条款涉及黄河防汛，如黄委会为便利交通运输迅速以利河防起见，得指挥有关机关沿堤修筑公路，并以利用堤顶作路基为原则，非至必要时不得离开堤线；沿河重要城镇应修支线通达，以便大汛时期征集交通队运输物件；路边植树每株距离不得小于五公尺，路基两旁应视坡度之缓急修筑适宜之水沟，以泄路面之水；等等。[③] 1944 年 7 月 22 日，经行政院水利委员会核准备案，《黄河沿河公路修筑管理规则》施行。该规则是 1934 年《黄河沿河公路修筑管理规则》的翻版。

6 月 29 日，经呈奉行政院转呈国民政府核准备案后，《黄河水利委员

① 黄河水利委员会编：《民国黄河史》，黄河水利出版社 2009 年版，第 114 页。

② 《黄河下游民埝修守规则》，《黄河水利月刊》第 1 卷第 5 期，1934 年 5 月。

③ 蔡鸿源编：《民国法规集成》（第 39 册），黄山书社 1999 年版，第 403 页。

会监督各省黄河修防暂行规程》（以下简称《规程》）由黄委会转请各省政府令饬各该省施行。在黄河修防方面，《规程》将黄委会对下游各省河务局的指导、监督权力具体化。其主要内容包括：（1）各省河务局举办一切工程应先将计划呈由黄委会备案，每年例办之春修及大汛防御工程计划限于春分节前拟具完成，呈黄委会备案；（2）黄委会于每年春汛前派员沿河详细勘察各河务局所办春工及防汛物料；（3）各省河务局办理春修工程应于大汛期前完竣，并将办理情形连同预备之防险物件造具清册图表报黄委会查验；（4）每年防汛期间各河务局所有河防员工均应驻工巡防，昼夜轮守，不得疏懈；（5）防汛期间遇有紧急抢险工程，额设员工不敷分配时，黄委会或各省河务局得指挥沿河各县长征调民夫帮同抢护；（6）临河砖石坝垛、秸柳埽工，如有蛰陷坍塌，凡主管人员应随时抛修完整，报由本主管局转报备查；（7）各省河务局办理春厢或防汛工程时，黄委会得随时派员前往指挥监督；（8）各省河务局于每届凌汛、桃汛、伏汛、秋汛安澜之后，应将水势及工程情形报会备查；（9）各省河务局均应依时呈报划分工段情形、民埝修防情形、沿堤栽草种树情形与旧有新栽之数目、管理灌地情形及每年经常修防各费收支概况；（10）防汛期内各省河务局应按月将水位报告黄委会，水势紧急时，应用电话或电报报告；（11）各省河务局设防撤防应事先报会核准，于防汛紧急时应请黄委会派员驻工督同抢护；（12）凡未设河务局之省而设有其他主管机关者，均适用于《规程》之规定。①

防范新堤修成后，其修防主要由黄委会河南修防处负责。经河南省政府第800次委员会会议议决修正通过后，黄委会于1939年9月12日发布了《黄河防泛新堤防守办法》，规定："1. 郑县圃田至安徽太和县界首集防泛新堤长282公里，由河南修防处及沿堤各行政督察专员督促所属各县县长共同负责防守。全线防守计划及补办一切善后工程，由修防处主持统一办理。2. 关于新堤修守事项，河南省政府令沿堤各县县长受河南修防处督导，并将修防成绩列入县政考成。"②

黄委会制定的这些规则和方法涉及黄河报讯、民工防汛、黄河下游民

① 《黄河水利委员会监督各省黄河修防暂行规程》，《黄河水利月刊》第1卷第8期，1934年8月。

② 黄河水利委员会编：《民国黄河大事记》，黄河水利出版社2004年版，第141页。

埝的修守、堤坝的防护及各省修防的监督管理等多方面的内容，它们构成了一个比较严密的防汛制度体系，对黄河防汛安全起到一种制度保障作用。在黄委会接管下游三省河务局、河政统一之后，这些规则大多还在继续沿用。

（三）组织专业防汛队伍

开展修防培训巡查堤段，预防不测，为河防初步紧要工作。从事此项工作之人员非有相当河防知识，不足胜任。鉴于此，黄委会遂于1934年冬即着手筹备巡河队，全部队员的三分之一由三省河务局选择老练河兵，余者由三省沿河各县保送。1935年5月成立巡河队三队，每队30人，授以河防知识，训练以三个月为限，期满之后，分配沿河服务。这些队员，均分驻工段，平时负责巡查事宜，详查河势变迁、堤埝损毁、工程状况、通信电线及林木、公路等事项，汛期协助各省河务局抢险。

黄河修防工程，向归各省河务局汛、段河兵担任，河兵经验深浅不一，又因员额少，不足分配，一遇意外，致贻大患。鉴于此，1936年5月10日，黄委会于董庄堵口善后工程处组织工程队两队，逐日训练，授以临时抢险防守及建筑防护工程的必要知识。工程队每队设正副队长各一人，队员100名。这是黄河上有专业工程队的开始。成立后，即分派在李升屯、董庄、朱口、冷寨各险工处，修做堤坝防护工程，继又遣往海口、沁河口、黑岗口及铁谢白鹤等处，协助添筑石坝。工程队在修堤防汛方面成绩突出，1936年秋汛，“虽经盛涨，卒能安流入海，得力于所做各新坝为多，亦足见该队成绩之一斑”。[①] 1937年，为应修防之需要，黄委会复将工程队加以扩充，增设两队，均系挑选工程娴熟之人充任队长、队兵，分驻各险要工段，遇有紧急工程，或临时发生险工，随时调派协助抢护，增加修防力量。各队员兵富于经验，工作迅速，深资得力。这四个工程队直隶于黄委会，各河务局无权指挥。但如果确实需要时，可以报请黄委会调遣。花园口决堤之后，黄河新旧堤防主要由黄委会河南修防处负责，该会遂将工程队配属河南修防处指挥。工程队是黄河下游修防、堵口和抢险的主要技术力量。

黄委会非常注重修防人员的培训，开办修防训练班，以提高他们的修

① 《关于防汛事项》，《黄河水利委员会等编送“国民政府政治总报告”（水利事业）》，中国第二历史档案馆藏，1937年，档案号：44－2－304。

防技能。修防训练班以黄委会及其直属机关现职人员暨兵夫为对象，以期对他们分别训练。技术学识优胜者，则派赴各工实地练习，抢险、筑工经验宏富者，则令其随班受技术训练，以期学思并进，造就黄河修防基本人才。训练班教职员，统由黄委会从富有专门水利学识的技正、技士及专门委员中选派兼充，受训练人员每班为50人，由黄委会暨直属机关现职人员将有志深造者分期选送受训。教学科目为：党义、新生活运动、公文程式、应用数学及计算法、黄河概况、简易地形测量、简易水文测量、简易制图法、简易工程操作、河防要义及林垦要义。在授课时间分配上，以应用数学及计算法最多，每一期共占36学时，简易地形、简易水文、简易制图法及林垦要义次之，各占24学时，河防要义与简易工程操作各占18学时，黄河概况及新生活运动各为12学时，公文程式6学时，党义没有固定的授课时间。[①] 从其授课学时和内容来看，修防训练班以培养学员基本修防技能为中心，注重所传授知识和技能的实用性。学员考试成绩特优者，酌予分别升擢加薪，其考试毕业总分在80分以上、认为成绩优良者，于结业证书外，并特别发给保证书，对其职务予以保障，以示奖勉。受训日期每班定为三个月，第一期训练班于1937年3月8日开学，后又开办第二班，以能普及为度。

（四）畅通防汛交通运输及通信

豫、冀、鲁三省黄河险工林立，时常需要查勘和修培。而汛期料物运输及工程勘察，无不与交通有密切关系。交通落后常导致黄河水灾因不能及时救助而扩大，李仪祉对此早有认识，认为黄河往年“溃决成灾，多有因运输困难与消息迟误而酿成大祸”。[②] 黄委会为弥补此种缺憾起见，对于黄河两岸交通，尽力完善，以畅料物之运输。在运输机关设置方面，董庄堵口时，因火车不能直达工地，孔祥榕乃在兰封设立运输处，作为董工所需石料转运中心。迨堵口工竣，又由其接运善后工程料物。嗣因汛期备防，冀、鲁、豫三省河务局防汛工作及黄委会各处紧急工程均非大宗砖石秸柳不能办理，黄委会乃令兰封运输处将堵口时所用船只酌留一百多艘，继续运输该会督防处拨助三省河务局之料物，“俾各处险工，运输迅

① 《黄河水利委员会呈全国经济委员会》，中央研究院黄河水利委员会档案藏，档案号：26－44－001－04。

② 《黄河水利委员会呈国民政府》，《黄河水利委员会请拨开办费经临费》，中国第二历史档案馆藏，1934年，档案号：1－531。

速，料物得以凑手，勤劳卓著，殊堪嘉慰”。[①] 之后，该会再将兰封运输处改组为材料运输处，负责专办运输，并在黄河北岸增设料运站，由平汉路采运和尚桥、陉山及潞王坟石料，以济河南黄河上游之工用；在东坝头增设料运站，转运陇海路（徐州）大湖山石料，以济河南中下游及河北中上游之工用，在董庄增设料运站转运兰封车运石料，以济河北下游、山东上游之工用；在洛口增设料运站转运白马山石以接济山东中下游之工用。以上各站，均派有专任人员负责办理。至河南省属之沁河东西两段所需石料，则以距巩县最近，另派运输专员采巩县之石，顺河下驶，以济工需。[②] 在运输工具方面，黄河运输的主要工具，“惟侍汽车、斗车，良以石料为工程主要料物，而工段又距离甚远，如非此项汽车、斗车分别运输，则缓不济急，贻误必多”。[③] 黄委会原有之斗车，在董工所借用者多有磨损，不堪使用，该会乃于1937年在济、沪两处订购130辆，以利工运。而查勘三省黄河两岸工程及运送工兵材料，非汽车不足以遄征，又在沪订购大小四辆汽车，作运输工料之用。其防险材料之铅丝、麻袋、麻等，亦均大宗购备，以期不误急需。

为便利沿河交通起见，黄委会还设计利用豫、冀、鲁三省黄河南北两岸大堤，将之整理为汽车路。孔祥榕任黄委会委员长时，曾委派视察刘庆林、王元忠主持其事，负督促之责，并分电三省建设厅、河务局及沿河有关各县政府分别派工将黄河下游大堤修垫平整。嗣以工段绵长，又加派温兆祯帮同刘庆林催办，加派关国俊帮同王元忠催办。据查，豫境南岸中牟之东漳一段，长约10公里，北岸武陟、马营一段，长约4公里，时为飞沙所阻塞，车辆不能通行；鲁境南岸，自十里堡至北段子一段，长约120公里，临河多山，而无大堤，虽修有汽车公路，然时生障碍，通行不畅，加以南北两堤线路绵长，多系沙质，培修不易，复历经风雨剥蚀，已有坎坷不平之处。经黄委会通盘计划，并派员随时督催各省处、局及有关沿河各县政府，限期修竣完整，以利交通后，情况逐渐改善。至1937年，“南岸自豫境平汉铁路桥苦河起，至下游鲁境止，北岸自豫境赵庄起至下游鲁

① 秦孝仪主编：《革命文献》第82辑，《抗战前国家建设史料——水利建设（二）》，中央文物供应社1980年版，第543页。

② 钱承绪：《中国之水利》，中国经济研究会1941年版，第92页。

③ 《关于防汛事项》，《黄河水利委员会等编送“国民政府政治总报告”（水利事业）》，中国第二历史档案馆藏，1937年，档案号：44－2－304。

境左庄为止，共约长一千二百四十余公里，现大部分已平垫完整，通驶汽车，其他重要险工地段，而不靠近大堤者，有丁坝头、丁圪垱、贯台及董庄第四引河等处，均已计划修有公路，汽车可以直达”。①

黄委会也非常重视黄河两岸通信建设。近代以来，用电信传递水势汛情，以其速效，颇受欢迎。1934 年，无线电讯用于防汛首先在黄河上试行。该年，黄委会获得黄灾会调拨无线电机两台，能收发 250—300 公里以内的电信。一台设于黄委会，一台设于秦厂水文站。从 2 月 20 日起，秦厂水文站逐日向开封报告水位、流量，“此为黄河专设无线电台之始”。② 此外，每值大汛时期，黄委会酌设临时电台若干处，如北坝头、兰封、董庄等均有临时电台之设置，数量多寡，则视工情之缓急为标准。抗战时期，防范新堤每一修防段都设有无线电台一部，以便与河南修防处及黄委会联系。1946 年，黄委会“在开封设立无线电总台，并于陕县、孟津、武陟、木栾店、花园口及沿防泛新堤的扶沟县吕潭、淮阳县水寨、尉氏县寺前张设立电台，传递水情”，③ 从而建立了同上中游各主要水文站及泛区修防段等地的通信系统，“这在当时大江大河防汛通讯设备中已属先进”。④ 1947 年，黄委会“设立电讯所，河南黄河共有总机 5 部，单机 33 部”。⑤

黄委会复于沿河各汛、段架设长途电话，与各台、局互相联系，工情水势，随时通报，功效颇著。早在 1930 年以前，河南境内黄河南岸从开封西至京水就装设了电话线，长 120 公里。1931 年添设京温线，其他如温孟线、陈庙线、武沁南线、武沁北线等，共长 820 公里。1934 年，敷设黑岗口黄河水底电缆，试验开封至封邱间电讯通话，灵便异常。1936 年，黄河两岸“架设新线 240 余公里。开封至长垣 105 公里（单线，下同），开陈至贯堤临时线 13 公里，黑岗口至阳封 7 公里，封丘陈桥至滑县

① 《关于防汛事项》，《黄委会编送“国民政府政治总报告”（水利部分）》，中国第二历史档案馆藏，1937 年，档案号：44－2－304。

② 黄河水利委员会编：《民国黄河大事记》，黄河水利出版社 2004 年版，第 170 页。

③ 黄河防洪志编撰委员会、黄河志总编辑室编：《黄河防洪志》，河南人民出版社 1991 年版，第 264 页。

④ 水利水电科学研究院《中国水利史稿》编写组编：《中国水利史稿》（下册），水利电力出版社 1989 年版，第 375 页。

⑤ 河南省地方史志编撰委员会编：《河南省志・黄河志》，河南人民出版社 1991 年版，第 260 页。

新架双线82公里，沁阳至济源五龙口单线36公里”。[①] 截至1936年，已按照黄委会原定计划，将干支线路架设完竣，各分局各设分机一部，各汛、所及险工处共安设话机36部。河北省境内，1933年9月，在东明刘庄险工架设一条过河电话线路，这是黄河上架通的第一条专用电话过河线路。至1937年，河北黄河两岸均设有电话，线路共长170余公里。北岸可与河北全省长途电话连接，南岸各段，于黄庄安设有过河线，互相联络，直接通话。1933年11月，山东河务局在位山、解山间也架设了专用过河电话线。截至1934年12月底，“山东河务局河工公电局共修复、架设山东沿河专用电报、电话线路865.6公里（南岸自菏泽双合岭至蒲台王旺庄长450.7公里；北岸自范县至利津王庄长414.9公里）”。[②] 至此，山东沿河专用电话线路全线畅通。此后，复于1935年在下游道旭、洛口两地架木杆过河飞线，1936年又添修陶城埠、泺口、道旭及姜沟过河飞线各一道，并架设泺口至杨间、陶城埠至道口、董庄至朱口、王旺庄至阎家、大马庄至王庄线路共长247公里。又加挂由山东修防处至泺口、泺口至胡家岸、刑家渡等11处双线，计149公里。该年，由于董庄堵口事务繁重，由南一段展架至董庄长约100公里之线路，以期河工消息，更加迅捷。至1937年，山东省“沿河各汛段共设电话站四十五处”。抗战爆发前，山东沿黄堤段的防汛电话线网已基本建成。

此外，黄委会还架设了沿黄省际电话线，如1934年架设了“由开封至河北省南一段线路一道，长约112公里，在会内设西门子总机一座，于豫修防处内设十五门交换机，以便与沿河各段通话”。[③] 黄河两岸的电信建设，对于水势工情的传递及黄河防汛，具有十分重要的作用。遗憾的是，在抗日战争及国内战争期间，这些电话线路多被破坏。

（五）植林护堤

堤防造林有固堤防汛作用，国人对此早有认识。春秋时期，管仲曾在其所著《管子·度地》篇里对堤防植树有所论述，“岁埤增之，树以荆棘，以固其地。杂之以柏杨，以故备决水”。[④] 宋太祖赵匡胤曾下诏大力

① 杨力：《河南黄河电讯联络》，《黄河史志资料》1985年第3期。

② 黄河水利委员会编：《民国黄河大事记》，黄河水利出版社2004年版，第94页。

③ 《关于防汛事项》，《黄河水利委员会等编送“国民政府政治总报告”（水利部分）》，中国第二历史档案馆藏，1937年，档案号：44-2-304。

④ （春秋）管仲：《管子》，时代文艺出版社2008年版，第308页。

植树，明代刘天和总结出植柳六法。以后的北洋政府和南京国民政府对此也十分重视。冯玉祥主政河南时期，大力倡导植树造林。1935年，蒋介石也曾电令在黄河及沁河两岸各造500米宽的保安林，以防水患而蔽风沙。

黄委会认识到堤防造林与黄河河防关系密切，十分注重这项工作。1933年，该会在《治理黄河工作纲要》中，将植树造林列为黄委会的八项工作之一，认为“森林既可减少土壤之冲刷，且可裕埽料、防泛滥，故沿河大堤内外及河滩、山坡等地，皆宜培植森林。造林贵乎普及，非一机关和少教人所能为力者。故必与地方政府及人民合作之，严定赏罚条例”。[①] 次年5月9日，黄委会发布的《黄河防护堤坝规则》中，明确要求“堤坡堤沿应普遍栽柳种草以资防抵风浪，巩固堤身”。[②] 同年6月，该会在工务处下设立林垦组，负责黄河及其支流两岸堤内外及山坡地造林护林、设置苗圃及农事试验场、指导沿岸官荒及涸出土地垦殖等事项，并布置黄河下游三省河务局开展沿河植树造林调查。根据河北省河务局的调查，截至1933年10月底，“该省共成活高柳10万余株，并在沿河堤段每2.5公里设堡夫1人，专司护树查水”。[③]

为满足大规模造林需要，1935年黄委会先后设立3个苗圃。4月，该会派技士杨炳坤与陕西省潼关县签订合同，租用土地157.63亩，筹设潼关苗圃，共育苗157.63亩。次月，黄委会经与河南省政府商洽，获得了博爱县柳庄原苗圃土地200余亩，筹办博爱苗圃。12月，在山东省建设厅协助下，该会派技佐徐善根前往山东，购买东阿县土地134.33亩，建起了东阿苗圃，翌年进行育苗。有了种苗，结合下游堤防培修而进行的植树工作亦随之蓬勃展开。1935年12月31日至次年4月22日，黄委会“在北金堤河北濮阳县清河头至山东濮县葛楼、贯孟堤河南封丘县贯台至双王、临黄堤河南开封陈桥清河集至西坝头三段，共植高、低柳338625株”。[④] 1937年春季，河防统一，黄委会对于造林事务，遂通盘筹划，规定于每年3月12日为全河员工及沿河各县、村镇总动员植树日期。当年，该会派员“在豫境工段……栽植中山纪念林及柳杂各树计129339株，鲁

---

① 《李仪祉水利论著选集》，水利电力出版社1988年版，第111页。

② 《法规》，《黄河水利月刊》第1卷第5期，1934年5月。

③ 侯全亮主编：《民国黄河史》，黄河水利出版社2009年版，第116页。

④ 黄河水利委员会编：《民国黄河大事记》，黄河水利出版社2004年版，第111—112页。

境……共栽植柳杂各树计236084株，河南修防处所属各段栽植中山纪念林及柳杂各树共406428株，山东修防处所属各段栽植柳杂各树567394株，河北省黄河河务局各段栽植柳杂树478337株，又河南修防处补助沿河南岸十七县杂树苗木，派员指导栽植者，计柳杂树、果树1342501株”。①

抗战爆发后，黄河大堤植树虽受到一定影响，但未停止。1939年，黄委会与陕西省合作在黄河滩建立平朝林区，当年栽苗30多万株。豫境防范新堤完成后，河南修防处于1940年沿堤“栽植柳杂各树745000余株”。②

民国时期，黄河下游频繁决溢，两岸沙碱化严重，一遇大风，则飞沙弥漫，影响居民生产和生活。黄河及沁河两岸大规模植树，不仅可以固结沙土，保护堤防，还能起到一定的阻挡风沙及美化环境作用。黄委会及其下属的河务局与修防处所植树木，在遇到大堤决口等紧急情况时，还可以采集用作埽料，就地解决抢险料物需要。所以，大堤植树也是保障黄河防洪安全的一项重要举措。

此外，在黄河治标方面，黄委会还采取了其他一些措施。如实行修防巡视制度及变更黄河防汛日期等。该会于每年春、伏、冬三季分期巡视，妥为修防，“春巡所以查勘工情，准备厢修，作大汛之预防也。伏巡所以查水势，注意险工，为抢护之依据也。冬巡所以视察大汛之损失，谋补救之方策，兼作防凌之准备也”。③ 黄委会还变更了黄河防汛日期。黄河防汛原来以7月15日为伏秋大汛入汛日，而1935年7月10日，黄河在山东董庄决口，酿成大灾。故在次年的修防会议上，黄委会议决变更黄河入汛日期，规定每年7月1日至当年10月底为防汛期限。④ 这一变更，使黄河防汛日期提前了半个月，使之更接近实际，也更为科学合理。

黄委会采取的上述治黄措施，既有传统经验的沿袭，也有新的科技手段的运用。其多侧重治标，旨在维持河道现状，使黄河不决溢与改道。同

① 《林垦事项》，《黄河水利委员会等编送“国民政府政治总报告”（水利事业）》，中国第二历史档案馆藏，1937年，档案号：44-2-304。

② 秦孝仪主编：《革命文献》第82辑，《抗战前国家建设史料——水利建设（二）》，中央文物供应出版社1980年版，第558页。

③ 张含英：《黄河志·水利工程》，国立编译馆1936年版，第425—426页。

④ 黄河水利委员会编：《民国黄河大事记》，黄河水利出版社2004年版，第114页。

时，该会也对黄河治本进行了积极探索，并取得了一定的成效。

第二节 黄委会对黄河治本的探索

作为一个近代水利机构，黄委会坚持标本兼治的治黄方针，希望从根本上解决河患问题，以实现黄河的长久安澜。尽管该会在其存在期间未能实现治本目标，但是进行了积极探索，为后世留下了宝贵的治黄经验。

一 关于黄河治本的准备与初步设计

传统治黄和现代治黄的一个显著区别在于，前者凭经验，后者主要依靠科技。黄委会是民国时期的治黄机构，坚持科学治黄原则。该会成立之后，即着手黄河地形和水文的测量，开展黄河科学实验，以准确的数据和资料，作为研究及设计的基础，并在此基础上采取较为适宜的治理措施，从而达到减少甚至消除河患，发展黄河水利的目的。

（一）黄委会的测量工作

测量是治黄的首要工作，因为它服务于工程规划、设计、施工等各个阶段。黄委会首任委员长李仪祉对此非常重视，早在1922年，李仪祉发表《黄河之根本治法商榷》一文，就指出以科学从事河工之必要。“以科学从事河工……在精确测验，以知河域中丘壑形势，气候变迁，流量增减，沙淤推徙之状况，床址长削之原由”，他认为古代治黄不成功的原因在于“测验之术未精，治导之原理未明，是以耗多而功鲜，幸成而卒败”。[①] 担任黄委会委员长后，他把测量放在该会治黄工作的第一位，明确指出，“测量为应用科学方法治河之第一步工作，盖以设计之资料多是赖也”。[②]

黄委会成立前，黄河测量已取得了一些成绩，然问题也不少。以地形测量而言，“昔皆片段为之，所制图标，既无完整系统，又乏精确鉴定，难资依据。”[③] 鉴于此，1933年，黄委会成立后，测量工作迅速展开。这

① 《李仪祉水利论著选集》，水利水电出版社1988年版，第17—18页。

② 同上书，第108页。

③ 秦孝仪主编：《革命文献》第82辑，《抗战前国家建设史料——水利建设（二）》，台北中央文物供应社1980年版，第546页。

既是由于李仪祉对此项工作的重视，也跟当时治黄分工有关。那时，黄灾会负责黄河堵口与排水，冀、鲁、豫三省河务局负责黄河下游修防，黄委会只能从事治黄测量、设计等工作了。李仪祉以高薪（月薪800元，与委员长同）聘挪威人安立森为工务处工程师兼测量组主任，负责该会测绘事务。9月，他先后派许心武、安立森赴天津，向华北水利委员会征聘工程师，并借用该会的测量仪器，得到华北水利委员会的支持与赞助，黄委会遂组织了第一测量队。11月，第二、第三测量队及导渭工程处测量队也建立起来，各测量队均隶属于工务处。1934年，黄委会成立了黄河上游水利地质勘测队（原系与北平地质调查所合作，嗣因该所另有工作，黄委会乃自行组织）和第一、第二精密水准队。此年成立咸潼精密水准队、设计测量队和绥远黄河测量队，1936年成立第四测量队，职工约500人。

第一测量队于1933年10月自平汉铁路桥沿河西上，施测河道地形，至孟津而止。次年10月，复由兰封向西施测，至平汉铁桥，与以前所测相衔接。1936年2月改测河南考成、内黄，河北濮阳、长垣、清丰、南乐、东明，山东菏泽、鄄城、曹县、观城、濮县、寿张、郓城、定陶、城武、范县，以与第二队所测者相接。1937年5月底，调测山东济阳、章邱、青城、齐东一带地形。第二、第三两测量队因当时大水之后急于规划善后工程，乃改测两岸堤埝，一自平汉路铁桥东下，一自泺口西上，至1934年4月两队在山东临濮集附近衔接。堤工测量完成后，第三测量队一部分人员分派各水文站，其余合并于第二测量队，施测石头庄、兰封附近各险工地形，至10月改由山东泺口向下施测河道地形。1935年4月测至济阳，旋又奉调培修金堤，10月改派测徒骇河，11月复测泺口西河道地形。1936年8月测至范县，次月，因急于完成黄河河口测量，乃暂调至河口与第四测勘队同时施测河口至利津间地形。1937年6月初，复自利津沿河向上施测河道地形。1935年3月，黄委会又与冀、鲁、豫三省合组第三测量队，施测河南考城及山东菏泽等县，以期与第一测量队所测区域联络。次年10月施测汶上、东平、济阳、惠民一带地形。1936年3月因董庄合龙，该处地形急待测量，乃组织第四测量队，施测山东范县、濮县等地。9月施测利津、沾化县境。截至1937年6月，各队“计（测）地形21638.4平方公里，河断面1298个，堤断面3327个，永久测站351

个，堤工两岸导线长 919.6 公里，民埝圈堤 395.6 公里，堤断面 52 个”。①

精密水准测量自 1934 年 7 月起，黄委会精密水准队由河南新乡东站沿平汉铁路南下施测。是年 12 月测至高村附近，次年赓续进行，经十里堡北向沿运河施测。至 1935 年 7 月抵临清，复由泺口沿津浦路至德州，复折回泺口，沿南岸向下测，至 12 月抵章邱。次年由此起，经蒲台而抵盐窝，北接徒骇河之垛衢桥，复由蒲台经小清河继续进行。至 7 月底抵胶济路之淄河店，9 月沿小清河北岸经博兴县至羊角沟，11 月自淄河店沿胶济路向东进测。1937 年 5 月中旬抵青岛，与海潮尺相衔接。共计作第一水准线为 718.4 公里，第二水准线 2715.8 公里，设立水准基点 846 个，永久水准基点 142 对。此外，1934 年 9 月至 1935 年 3 月，郑潼水准队自黑石关沿陇海路测至潼关，1935 年 2—7 月咸潼水准队自咸阳沿渭河测至潼关，两队共设立水准基点 93 个。

从黄委会成立测量队测量河道地形开始，至 1938 年花园口决堤为止，属于该会测绘工作的第一阶段。此间测绘重点是黄河下游河道地形、堤工和精密水准，“共测河道图 1.3 万平方公里，徒骇河河道图 1.1 万平方公里”。②

1938 年，日军进逼开封，黄委会迁西安。此后，黄委会各测量队改组，其测量工作进入第二阶段。在这一阶段，由于黄河改道，黄委会测量重心由下游转至黄河上游、川黔及黄泛区，测量重点是航道及地形，主要目的是为了发展后方航运及灌溉事业。1939 年，为开发西北，从事生产建设计，“分别施测渭河甘谷至鸳鸯铺暨庄浪河、秦王川一带河道地形”。③ 同年，黄委会成立（花园口）黄河泛区测量队，测勘花园口至周家口之汜边堤线，计长约 240 公里。为了完成兼办贵州、四川两省赤水河航运工程和勘测设计疏浚四川青衣江、大渡河航道任务，1939 年，黄委会又先后组成赤水河第一、第二设计测量队、川甘水道第一、第二设计测量队（1941 年该两队改组为上游第一、第二勘测设计队）及青衣江设计

① 《测量事项》，《黄河水利委员会等编送“国民政府政治总报告”（水利事业）》，中国第二历史档案馆藏，1937 年，档案号：44 - 2 - 304。

② 黄河水利委员会编：《民国黄河大事记》，黄河水利出版社 2004 年版，第 78 页。

③ 秦孝仪主编：《革命文献》第 82 辑，《抗战前国家建设史料——水利建设（二）》，台北中央文物供应社 1980 年版，第 546—547 页。

勘测队，支援云、贵、川三省的水利工程测量。1940 年，该会成立伊洛河第一、第二设计测量队，施测伊洛河全域地形。1942 年，由于云、贵军事告急，赤水河第一、第二设计测量队调回兰州，分配到洮河工务所和湟水工务所，隶属上游工程处。同年，各测量队按全国统一编号改为第 11 至第 15 测量队，导渭工程处测量队改为第 211 测量队。1945 年，黄委会建立精密水准队和宁夏工程总队（次年改为宁绥工程总队），致力于精密水准和宁绥灌区的测勘。宁绥工程总队下设 4 个分队，其历任总队长分别为严恺、闫树楠。1946 年，“洮河和湟水工务所改编为第 17、第 18 测量队，在下游成立第 16 测量队，并将第 11 至第 18 测量队和第 211 测量队陆续调黄泛区，组成黄泛区第 1 至第 5 测量队，原测量队番号仍保留”。①

1947 年 6 月，黄委会改组后，其下辖各测量队隶属于黄河水利工程局。1948 年 6 月，开封被解放军占领，黄河水利工程总局各测量队相继疏散，第 12 测量队迁至青海、甘肃，第 15、第 16 测量队则分别迁往福建、浙江，支援当地水利测量。8 月，第 11、第 13、第 17、第 18 测量队南迁，其中第 11 队途中留南京，其余三队于 1949 年秋到达重庆北碚，合并到长江工程总局。宁绥工程总队于 1948 年 10 月从绥远迁兰州。以上各队后被中共黄委会派员接收，陆续回到开封，重新进行组织。

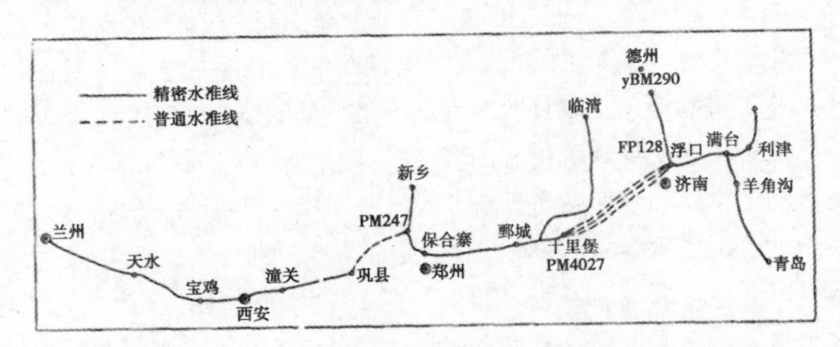

图 4－1　1934—1948 年黄委会精密水准路线示意图

资料来源：黄河水利委员会勘测设计院编：《黄河勘测志》，河南人民出版社 1993 年版，第 66 页。

黄委会在地形和精密水准测量方面取得了较为突出的成绩，即以水利

---

① 黄河水利委员会勘测设计院编：《黄河勘测志》，河南人民出版社 1993 年版，第 206 页。

建设的基本资料之一——地形图而言，从1933年至1938年，该会“完成1：1万比例尺地形图4.4万平方公里”。[①] 在精密水准测量方面，1934—1948年，黄委会用精密水准引测了顺直水委会和华北水委会高程，“施测了德州至青岛和济南至兰州线，并联测了新乡、临清等华北水委会水准点，共测2586公里”（图4－1）。但“这些水准线埋设标石较少，多利用固定建筑物作水准标志。而且有两段线路不衔接，是用普通水准联接其高程的”。[②]

水文测量　水文测量是黄委会测量工作的另一个重要方面。水文“是指有关地球上各种形态水体的起源、存在、分布、循环、运动等的变化规律”。[③] 该词语在20世纪二三十年代经水利专家李仪祉、顾世辑等人使用后，作为一个科技术语而固定下来。如前文所述，有关的水文测量近代早已开始，其内容涵盖多个方面，1934年1月，李仪祉提出，黄河“水文测量包括流速、流量、水位、含沙量、雨量、蒸发、风向以及其他关于气候之记载事项”。[④] 李仪祉的论述，为黄委会建立水文站、水位站，并开展相关测量提供了依据。

水文测量是认识河性的重要途径，尤其是对黄河这种善变的河流，更需要通过水文测量来加深对其认识，以便找到治淤途径。黄委会对这项工作十分重视，该会成立的次月，就建立了其下属的第一个水文站——潼关水文站。同年，又在黄河干流设置了陕县和秦厂水文站，在支流上设咸阳、木栾店水文站。当年12月，黄委会从华北水利委员会调来一批技术人员，组建了黄委会水文测量队，隶属于工务处测绘组，这是黄河上建立的第一个流域性水文管理机构。1934年，李仪祉在《治理黄河工作纲要》中，对黄河水文站、水标站布设地点提出一些指导性意见。他指出，黄河流域应设水文站之地点为“皋兰、宁夏、五原、河曲、龙门、潼关、孟津、巩县、开封、鄄城、寿张、泺口、齐东、利津、河口及湟水之西宁、洮水之狄道、汾水之河津、渭水之华阴、洛水之巩县、沁水之武陟。其应设水标站之地点如下：贵德、托克托、葭县、陕县、郑县、东明、蒲台、汾水之汾阳、渭水之咸阳、洛水之洛宁、沁水之阳城。并令各河务局于沿

① 黄河水利委员会勘测设计院编：《黄河勘测志》，河南人民出版社1993年版，第95页。
② 同上书，第66页。
③ 转引自黄伟伦《“水文”词源初探》，《水文》1994年第5期。
④ 《李仪祉水利论著选集》，水利水电出版社1988年版，第109页。

途各段设水文站”。[①] 同年，他在《黄河水文之研究》中通过对黄河流域降水、径流、泥沙等水文因素的分析，拟订了“黄河水文观测估计表”，后人称之为黄河流域的第一次水文站网规划。该表中计划布设的水文站，黄河干流有12处，即金积、兰州、民生渠、吴堡、龙门、潼关、陕州、秦厂、高村、陶城埠、泺口和利津；支流有11处，即延长、延川、川河、绥德、汾河、太寅、咸阳、华州、南洛河、沁河、汶河。此外，还有水位、雨量、巡察雨量等站的布设计划。由此可见，李仪祉的水文布站思想与特点是：使水文站之间实测资料可以互相校核考证；测站布设在空间上坚持上中下游统筹兼顾，以查明黄河水、沙来源及其变化规律；水文测量要全面，除测水位、流量、泥沙外，还要测雨量。李氏的水文站布设思想为此后的水文规划网站建设指明了方向，“民国时期黄河流域的站网建设基本上按此表设站”。[②]

1934年，黄委会在黄河流域内新设一批水文站，黄河干流有兰州、包头、龙门、高村、董庄、陶城埠、泺口、利津等8处，支流有河津、太寅、巩县3处，水位站则有巩县、黑岗口、兰封、冯楼、高村、濮阳、沁阳等7处。1935年，全河水文站与水位站数量又有较大增长，黄河干流新增水文站4个，即吴忠堡（上游）、吴堡（中游）、孟津（下游）及中牟（下游）水文站，支流新增水文站7个，即享堂、柳林镇、华县、泾川、洛阳、汶上、姜沟水文站；水位站有干流之壶口、秦厂、陈桥、柳园、钟家庄、姜庄、于家寨、齐河、济阳、清河镇及纪庄水位站，共11个，支流则有达家川、窑街、临夏、永靖、河口镇、靖远、清水河口、太寅峡上口及洛河口等水文站。同年，秦厂和吴忠堡两水文站被撤销。至此，黄河流域水文网站基本形成。

1936年，黄委会不仅没有设立新的水文站和水位站，还将孟津、高村及清河之袁口水文站撤销。次年，该会增设了孟津、潼关和龙门镇三处水位站。截至1937年抗战爆发前，黄委会“先后设水文站27处，水位站20处，雨量站278处”。[③]

1937年，全面抗战爆发，黄河中下游水文测量受到极大影响。自该

---

① 《李仪祉水利论著选集》，水利水电出版社1988年版，第109页。

② 水利部水文司编：《中国水文志》，中国水利水电出版社1997年版，第40页。

③ 《关于防汛事宜》，《黄河水利委员会等编送“国民政府政治总报告”（水利事业）》，中国第二历史档案馆藏，1937年，档案号：44－2－304。

年下半年至1938年，龙门、潼关等水文站流量测量工作难以进行，只能坚持水位观测，吴堡、包头、中牟、董庄、陶城埠、泺口、利津等干流站和柳林镇、河津、泾川、洛阳、木栾店、汶上、太寅、巩县、姜沟等支流站，因为战乱及黄河改道等原因而被撤或停测，占黄委会所设水文站的大半。此间，由于同样原因而停测或被撤的水位站更多，有壶口、巩县、孟津、秦厂、黑岗口、陈桥、兰封、冯楼、高村、濮阳、柳园、钟家庄、姜庄、于家寨、齐河、济阳、清河镇、纪庄、渭南、沁阳等站，占黄委会当时所设水位站的绝大多数。

1938年7月，黄委会在花园口设水文站，观测黄河夺溜后的水文情况，并在泛区周家口设立水位站。1939年，黄委会设立的水文站有金积、上川口、永登、鸳鸯铺等处，水位站则有黄泛区之仇店、扶沟、渭河之太寅、沙河之周楼等处。1940年，该会又在周家口及界首设立水文站，在双洎河设立水位站。次年，复在天水设立水文站，"雨量则除由各水文站记载外，曾委托各地学校代记，最多时达300余处，今年以战事关系仅存数十站，现正在力谋向上游各地扩展中"。① 可见，从1939年开始，黄委会所设水文及水位站逐步由下游向上游干支流及豫境泛区转移。

1942年，张含英任国民政府黄委会委员长，水文测站又得到进一步的恢复和发展。是年，黄委会设立的水文站有黄河干流之沙头坝、石嘴山两处，水位站则有临河、上川口、永登、天水四处。该会所设之水文（位）站数量开始逐步增长，"在测站的分布上，干流上游和中游及支流测站分布较多，而干流下游较少"。②

从1943年到1945年，黄委会继续在黄河上中游地区干支流上布设水文（位）站。此间恢复及新设水文站为壶口、天水、三河口、循化、靖远、陕县等6处，水位站则有龙门、鸳鸯铺、华县、达家川、枣园堡、横城、磴口等8处。

1946年，全面内战爆发后，黄委会水文测量工作再次遭受战争影响，水文观测时断时续，缺测、漏测现象严重。如包头水文站在1945—1949年的四年中，只有1947年与1948年各9个月的实测资料，其他如龙门、

① 秦孝仪主编：《革命文献》第82辑，《抗战前国家建设史料——水利建设（二）》，台北中央文物供应社1980年版，第548页。

② 水利部水文司：《中国水文志》，中国水利水电出版社1997年版，第74页。

潼关、花园口等水文站也都发生过停测情况，从而造成资料很不完整，影响后来对这些水文资料的分析和研究。

黄委会不仅在黄河流域建立了一系列的水文（位）站，还对所记录和搜集的水文资料进行研究，并于1946年出版《黄河之水文》一书。该书利用黄委会十几年纪录和搜集的相关资料，从气候概况、雨量、流量、含沙量、糙率及冰凌等六个方面对黄河水文进行分析和研究，集民国年间黄河水文研究之大成，为后人认识和治理黄河提供了重要的参考资料。

气温为气象之主要因素之一，黄河流域各地温度变化大，冬夏寒暑变化甚剧。该域各地年平均温度，自南趋北而渐降。据黄委会研究，黄河流域“一月之平均温度，大都在冰点以下……七月之温度，南北各地之差，不若一月之大……当七月间，沿海一带因受海风调和，其温度反较内陆为低”。[①] 各地温度高低与湿度大小，气压的高低，遂随之而异，由是而导致风向与风力的不同。黄河流域东境冀、鲁、豫东一带，距海较近，受季风影响甚为显著。然潼关以上，虽深居内陆，亦未超出季风控制范围。是以冬季风多自北来，寒冷而干燥，夏季风多自南来，炎热而润湿。唯季风之行经，因受地球自转的影响，有使风向偏右的趋势。故冬季北方之西北风，当其南进之际，于华中即转为西北风或东北风。华中夏季东南风亦然，达于华北即折为南风或西南风。中国夏季风向多自海向陆，冬季风向则正好相反。因此夏季空气异常润湿，冬季空气极为干燥。故绝对与相对湿度均以夏季为高，冬季为低。以平均相对湿度而言，则以东南部为高，西北部为低。黄河流域气候干燥，年均总蒸发量多在年降雨量以上。

黄委会对影响黄河流域雨量之因素、雨量的地域和季节分布、雨量变率及流域内暴雨都进行了一些研究。

黄河流域，三面环陆，一面滨海。其东境河北、山东两省临近海洋，水汽来源较多，故雨量也较丰。山陕高原以西，其地深入内陆，离海越远，空中水汽越少，成雨之机会越鲜，因而西部雨量殊少。黄委会对黄河流域降水量分布进行了粗略的分析，发现该流域雨量下游多于上游，自东南向西北递减，而且降水季节分布不均，造成该流域内旱涝无常，“各地均集中于夏季，而尤以7、8、9三个月为量多。是以黄河之洪水期亦多在

---

① 黄河水利委员会水文总站编：《气候概况》，《黄河之水文》，黄河档案馆藏，1946年，档案号：MG5.1－59。

7、8、9三个月。设各地同时降雨，亦即各地将于同时涨水，排泄苟有不及，于是漫溢溃决之灾，乃随之而发生。反是其他各季，连月不雨，乃又极易酿成旱灾”。黄河流域之水旱频仍，不仅在于平均雨量之稀少与过于集中夏季各月，更在于其历年变率（即各年之雨量或多或少，对于历年平均数相差之百分比）巨大，“以历年之平均变率而言，大体在本流域西北部者，变率为大，渭河流域关中一带，及豫鲁平原变率为小”。① 此外，黄河流域各地降水日数不均，大体上以东南部较多，西北部较少。

暴雨洪水常给黄河流域带来灾害，历史文献中对此仅有大量的定性记载。民国时期对暴雨虽已有一些定量分析，但是由于资料短缺，对暴雨地区分布研究甚少，“目前所搜集之雨量记载，地域不广，为期又短，多属数年者。且流域过大，地势及气象变化之影响至为复杂，况降雨之时间、范围及深度在流域内一部分所得者，未必能适用于其他部分。故必将全流域划分为若干降雨地带，以观测雨量，惟斯举亦必俟记载较多时为之”。②黄委会对黄河流域暴雨的发生季节进行了一些初步研究，认为该域内暴雨多发生于夏季，有时某地一两日内之降水量即可达到或接近其夏季之降水量，如1935年7月27日，包头一日间最大降水量为127毫米，相当于全年降水量三分之一以上。

由于黄河流量，特别是水位涨落与黄河防汛关系密切，因此，黄委会对此十分关注。早在1934年，李仪祉就根据当时的实测资料分析认为，“黄河洪水之奇特，以其性悍非以其量大”。③ 黄河洪水之特性，不仅在其涨落之差甚巨，且在于洪峰留驻时间，亦甚短促，故第一次洪峰过去，第二次续来。陕县洪水在大汛期内，回峰有八次之多者，亦有两次者，其洪汛间隔最短时间仅为三日。此实足以使下游防守者疲于抢做险工，保护堤岸。根据黄委会的研究，“黄河水位之高低与流量之大小，其关系常不固定，原因甚为复杂，举如断面变迁，比降及流速之变化，含沙量之多寡等等。然水位涨，流量亦洪，则大体不逾也”。④

据黄委会各水文站历年观测，黄河流量“恒以1月为最低，8月为最

① 《雨量》，《黄河之水文》，黄河档案馆藏，1946年，档案号：MG5.1-59。

② 水利部水文司编：《中国水文志》，中国水利水电出版社1997年版，第623页。

③ 黄河水利委员会水利科学研究院编：《黄河科学研究志》，河南人民出版社1998年版，第121页。

④ 《流量》，《黄河之水文》，黄河档案馆藏，1946年，档案号：MG5.1-59。

高。最低之数，间或亦在5月。盖每届5月，水必降落，故有时最低。6月以后，水势渐涨，至8月遂达最高之点”。[①] 夏季全河水位流量常呈极大变化，遇雨即涨，雨止复落。普通洪水时期多在7、8、9、10诸月，最高洪水期则多在7、8月之间。黄委会还着重分析了上游洪水对下游的影响，认为兰州最大洪水发生于1937年，为每秒5100立方米，至包头为每秒3060立方米，仅为兰州的60%。绥宁黄河长槽，有平缓上游涨水之功，故上游涨水不能认为下游泛滥之主因。洪水时期，山陕一带，又常为暴涨之源。自包头至潼关，河行于山陕之间。两岸支流众多，其最著者有无定河、延水、汾、渭、洛、泾诸河，一遇暴雨，各河流量骤增，影响至大，故陕县之流量，每有突增。由此可见，下游洪水主要来源于黄河中游各支流而非上游。该会分析认为，“陕县以下，入黄较大支流为洛河与沁河，其洪水涨发以地区关系，似难与上游支流同时，故其影响不及晋陕山谷间各支流之巨。然亦可酿成下游溃决之灾祸，是为吾人所不应忽视者”。至黄河全年总流量，据估算，“入海之总流量约为38—56亿立方公尺。以全年总平均计之，则约在1200—1800秒立方公尺之间，因旱潦而定”。[②]

黄委会对黄河最大流量也进行了研究。1934年，在《黄河最大流量之试估》一文中，张含英指出，“我国对于水位及流量向无确切之记载，自有科学记载以来，十余年间，相率以8000秒立方公尺为依据；即外来客卿专家之著述，亦多根据此数，以故皆视此为黄河流量之最高峰矣”，[③] 而他依据各种资料研究后认为黄河最大流量当不止于此，1933年大水也不会是黄河的最大流量。同年，李仪祉在《黄河水文之研究》一文中也认为，1933年河南陕县23000立方米每秒的流量不应视为黄河的最大流量，推估黄河最大流量应考虑各支流洪水遭遇的情况。他说：“黄河能否发生更巨洪水，当视各支流洪水峰能否同时相遇为断。二十二年各峰先后抵潼，相差实均数小时耳。设竟不幸同时互遇于潼，将发生三万秒立方公尺之洪涨。机会虽稀，然终非不能之事也。”[④] 黄委会以假设求得陕县站

① 李仪祉：《黄河概况及治本探讨》，黄河水利委员会1935年印，第6页。

② 黄河水利委员会水文总站编：《流量》，《黄河之水文》，黄河档案馆藏，1946年，档案号：MG5.1－59。

③ 张含英：《治河论丛》，国立编译馆1936年版，第131页。

④ 《李仪祉水利论著选集》，水利电力出版社1988年版，第89—90页。

最大洪水流量约为37000立方米/秒，其发生之频率约为二百三十年一遇。该会认为，“其发生之机会自属极小，然并非不可能也”。此种推测果然为后来的研究所证实。1952年10月，根据洪水调查和历史文献记载，水利部黄河水利委员会规划设计院发现了1843年8月（清道光二十三年七月）的黄河特大洪水。根据推算，此次洪峰流量达36000立方米/秒。这次特大洪水曾给沿黄人民带来惨重损失，以至于在潼关至小浪底河段的两岸居民中至今还普遍地流传着“道光二十三，黄河涨上天，冲走太阳渡，捎带万锦滩”的歌谣。[①] 黄河最大洪水量如此，但在黄河下游治理计划中，若以37000立方米每秒作为设计依据，黄委会认为殊不经济。为求经济与安全兼顾，该会主张采用50年一遇之洪峰流量28000立方米每秒作为黄河下游治理规划的依据。

沙患为黄河难治的根源，黄委会对黄河含沙情况进行仔细研究，首先，弄清了黄河多沙的原因在于：（1）黄河上中游，多流经土质疏松之黄壤区域。黄壤最易为大雨所冲刷，随雨水流入河内；（2）当汛期时，各支流因比降陡峻，仅留微量之泥沙于河槽内，大部分泥沙则汇入干流，淤积于两岸及河槽内。迨低水时，复渐冲刷下移。此种连续不断之冲刷和淤积，沿黄河上中下游以达于海，无时不在推演中；（3）黄河岸之侵蚀及崩解下坠。

其次，黄委会分析了黄河泥沙来源及各河段含沙量状况。早在1936年，张含英就指出，黄河之沙大半来自晋、陕、甘三省，少数则由青、绥、宁、豫供给，泰岱山区亦供给些微之量，与上游无关。[②] 黄河上游，雨量稀少，故上游流量颇小，加之生态保护较好，其所含之沙量亦微。包头以上黄河之泥沙，大半来自兰州以上，而于宁绥平原沉淀一部分，低水时，含沙极微。黄河至山陕之间，流量骤增加，沙量陡增。龙门以下，泾、洛、渭诸河含沙量对黄河影响最大，汾河较小。由是可知，龙门至陕县段河槽在汛期时宛似蓄沙库，低水时则又被冲刷，此种循环不息之淤淀与冲刷，不断推演。陕县至孟津间，河身既陡且窄，泥沙自难淤积，故流经陕县之泥沙，大都带至孟津，而无甚变动。黄河流抵孟津，即入平原地

① 骆承政等主编：《中国大洪水——灾害性洪水述要》，中国书店1996年版，第151—152页。

② 张含英：《水文工程》，国立编译馆1936年版，第22—23页。

带。平汉桥以东，黄河之含沙量，均依次递减。

再次，黄委会对沙量运行变化做了定性分析，认为“霜降以后，黄河即现低水，沙量极少。至第二年3月末或4月初，天气渐暖，上游融雪之水下注。流量突增，水流冲刷力加强，沙量渐高。但不久流量又复降低，沙量较冬日微高。时至夏秋，雨季降临，流量自7月渐涨，恒于8月达最高峰，9、10月间涨落渐减，然仍不时猛涨，含沙量变化情形，亦大率相似，最大含沙量，多在洪水之时，7、8、9、10四个月输沙量，约占全年沙量的80%”。①

复次，黄委会对断面内含沙量分布也进行了研究。此种含沙量分布有两种，一为垂直方向分布，即由水面迄河底之含沙情形，二为水平方向分布，即由两岸至断面中心之含沙情形。一般而言，水面含沙量均不及河底大。据兰州、包头实测结果，水面与河底附近含沙量之比有时竟达一比三，一般则大于一比二。测站位于弯曲处或平直河段，对于垂直方向泥沙之分布，似有一些影响。由大溜所汲取的水样，较由其他受回溜影响处所汲取水样的含沙量为大，断面形状与含沙量亦有相当关系。

最后，黄委会对河槽冲刷进行了研究。河槽的变化，可分为纵面及平面两种。凡河槽之深浅冲积，皆属纵面变化。河身之左右迁徙，则属平面变化。当低水时期，各水文站断面变迁甚少，待首次汛水到达后，即有显著变迁。一般自7月首次汛水起，断面突然扩大，继即淤淀，旋复渐次扩展，以迄9月底或10月中旬。嗣后又渐淤淀，直至年终使断面面积约等于汛期前之面积为止。但间有少数断面，河床渐次淤高，如潼关以上的龙门站，较为显著。遇涨则水流之速率增，挟沙能力也强，故河槽因以刷深，水落则淤。河槽平面变化，则因水位涨落，溜势改变所致。溜小则刷滩于岸，蜿蜒迁徙于两堤之间，溜大则冲决溃溢，泛滥奔驰于平原之上。河槽位置，因之改移。滩多黄壤，松解崩塌，常朝河而夕滩，今为繁荣村落，后即塌为河身，故世有河性善变之评，以致防守抢护，倍觉困难。

（二）黄河治本设计与计划

黄委会成立后，首先开展测量查勘工作。1934年1月，黄委会委员长李仪祉制定了《治理黄河工作纲要》，提出运用近代科学技术治理黄河的工作要点，包括测量、研究设计、河防、实施根本治导、整理支流、植

① 水利部水文司编：《中国水文志》，中国水利水电出版社1997年版，第658页。

林、垦地及整理材料八项工作。李仪祉将测量放在治黄工作的首位，足见其对此事的重视。他把测量及研究设计作为治黄的基础工作，预计三年完成。而黄河根本治导工作，预计在该计划实施数年后可以次第进行，其内容有：刷深下游河槽、修正河道路线、设置滚水坝及谷坊、发展水力、开辟航运、减除泥沙及预防溃决。[①] 此时李仪祉对黄河治本的表述还是笼统和零碎的。经过一年多的测勘，随着实测资料的积累和丰富，1935 年，他又写出《黄河治本计划概要叙目》一文，对黄河治本工作做了新的规划，其内容包括黄河洪水量的分配、河防段河槽整理计划、蓄洪计划、减河计划、整理河口计划、防沙计划、造林计划以及水利开发计划等。这是关于黄河治本的一个比较全面的综合性计划，对黄河治本工作有重要的指导意义。

除了综合性计划，迨查勘略有成果，黄委会即从事于研究设计工作，并制订一些专项计划与之配套，以深入、具体地解决某一方面或某个领域的问题，增强针对性和可操作性，主要有：

1. 濬治尾闾工程计划　黄河自宁海以下，两岸无堤，洪水漫无约束，河流曲折分歧，泥沙随处淤淀尾闾，阻塞宣泄不畅，影响全河，应逐步加以整理、疏导。黄委会乃拟订计划，分步办理。第一，先就乱荆子及寿光圩子两大淤滩，裁弯取直。于 1936 年 6 月开工，7 月完竣，计用工款 16 万余元。该段河道经此次裁直后，水流顺轨，实效颇著。第二，对于下游河道和海口附近沙洲，拟购置挖泥铁船，常川疏浚，以利宣泄及航行，购置及设备费估计共约 120 万元。第三，宁海左庄以下，接筑两岸大堤，束水攻沙，拟按年分期规划，逐渐推展，直达海口，以期完成此根本濬治尾闾之大计。[②]

2. 整理河槽计划　黄河自出孟津，地平土疏，溜势散漫，串沟分歧，逼堤生险，防守稍疏，即易溃决为患，治导之方应先从整理河槽、化除险工、堵塞串沟入手。平汉路桥附近河道弯曲，大溜斜穿铁桥，危险殊甚。大桥上游之沁河口、姚期营一带，下游之荥泽汛各堡，均属险要工段。黄委会与铁道部平汉路局会商整理方案，议定由平汉路局随时供给工程所需

① 《李仪祉水利论著选集》，水利电力出版社 1988 年版，第 110 页。

② 《设计事项》，《黄河水利委员会等编送“国民政府政治总报告”（水利事业）》，中国第二历史档案馆藏，1937 年，档案号：44－2－304。

石料，黄委会负责设计施工。1935 年，该会拟订《整理平汉铁路黄河铁桥上游河槽计划》。全部工款，除石料外计需 1603995 元，拟分三期办理。该计划提出，通过“修建挑水坝及护岸工程，规顺河势，使大溜直穿铁桥，不但消除铁桥面临的危险，而且可以减杀黄河北徙机会，充分保障华北安全”。①

黄河下游铜瓦厢为黄河故道口，形势成一兜湾，河床淤淀，水位抬高，南北两岸有贯台东坝头、杨庄诸险要随处皆受顶冲，极易变化出险。1936 年 2 月，黄委会制订了《整理铜瓦厢黄河河槽初步计划》。该工程拟开挖引河 6 公里，修筑锁坝两座，共长 6000 米，修筑护岸 3500 米，改弯为弧，以使河槽行水顺畅，共需工款 1364179 元。其他如康屯险工裁弯取直，黑岗口、柳园口一带河槽之整理等工程，黄委会也分别拟具有初步整理计划。

3. 上中游拦洪工程计划　黄河为患固在下游，而致患之因则在上中游，每届伏汛，各支流均盛涨，往往各河洪峰，同时汇集，造成巨大流量。及至下游，河槽不能容纳，于是冲决旁溢，酿成灾祸，亟应于干、支各流选择适当地址，建筑拦洪水库，以期拦约洪峰，调节水量。黄河支流渭、泾及北洛河，每当各水涨发，注入河内，往往成为下游泛滥之主要原因。黄委会规划于渭河宝鸡峡建筑滚水坝，下留涵洞，上置溢道，以分泄洪水而调节流量，其所得拦洪效果，最高可达 80%。该计划共需工款 6767105 元，拟分四期办理。该会曾拟具施工计划大纲，着手筹款举办。黄委会还认为黄河干流之陕州、孟津间有筑坝拦洪之必要。1935 年 8—9 月，该会测绘组主任、工程师安立森等工程技术人员查勘了晋豫峡谷，认为三门峡为一优良坝址，建议此处修筑拦洪水库。② 该会后根据地形、水文资料从事设计，于 1943 年 5 月拟订《陕州拦洪水库初步计划》，拟在三门峡修筑混凝土重力坝，5 年建成。此外，黄委会对黄河干流之壶口、龙门，支流之泾、洛、汾、沁、南雒等河分别进行了勘测，对各处建水库的可能性进行了研究。

4. 下游减水计划　黄河下游之治本工程，首在固定河槽，使水流集中，河底刷深，唯此项工程，非短期所能奏效。为降低洪水、减免黄灾

① 侯全亮主编：《民国黄河史》，黄河水利出版社 2009 年版，第 131 页。

② 赵之蔺：《三门峡工程决策的探索历程》，《黄河史志资料》1989 年第 4 期。

计，应先将洪水量由减河分疏，以免壅阻决溢为患。黄河自陶城埠以下至齐河，两堤骤束，加之鲁境河床高仰，河道容量较冀鲁之交尤为狭小。有鉴于此，黄委会遂规划了徒骇河减水工程，拟于香山附近建筑减水闸，利用赵牛河、徒骇河故道，挑挖减河，分泄异涨。经该会测勘设计，以减水4000立方米每秒为标准，拟定分期实施方案，全部工款约需3200万元。黄委会还研究并规划于陈桥、陶城埠间增设减河，以分泄伏秋盛涨，而保障堤防安全。

5. 编制《黄河下游治理计划》 1944年，由工务处设计组主任严恺执笔，黄委会编制出《黄河下游治理计划》。该计划认为治河目的在于使河归一槽，增加冲刷能力，减少淤淀程度，而达到冲淤平衡状态，并主张黄河下游治理要改良堤线与槽线，使流水畅顺，河槽勿近堤根，避免大溜冲击堤身之危险。计划还建议大堤间应能安全行经数十年一遇的洪水并酌建节洪设施，在注重上中游水土保持工作的同时，对于下游河床治理，尤其应予以重视。计划“对堤线、河床、河口之整理均做了详细说明。为了节制异常洪水，计划还设想在上中游干流及主要支流选择适宜地点建筑拦洪水库，并拟在陕县太阳渡地方建筑节洪坝和在整理花园口以下黄泛区时留出一部分地方建立滞洪处所”。①

黄委会所拟订的这些治理计划，除局部小规模工程设计付诸实施外，其规模较大者，如整理平汉路上下游河槽工程、徒骇河减水工程等，或因需款过巨，或因抗战爆发，均未能付诸实践。但该会为治黄所做的这些设计和计划，为以后的黄河治理提供了有益的借鉴和参考。

二 恩格斯的黄河模型试验

近代以来，一些西方工程与水利界人士，或出于对黄河问题的关心，或受中国政府聘请，对黄河进行了考察和研究。黄河灾害的惨烈及复杂难治，引起他们的关注，这些人遂纷纷提出各自的治河设想。1891年，应清政府邀请来华的荷兰人单百克曾建议“采用双重堤制，并于沿河之堤上筑减水坝，俾河水可以漫坝而进入相距1.5—4公里不等之隙地。年复一年，淤地日高，而达于洪水位。……由是我人将获得一新堤，其顶宽为

① 黄河水利委员会编：《民国黄河大事记》，黄河水利出版社2004年版，第183页。

1.5—4公里”。[1] 进入民国后，西方学者对如何筑堤防洪，消除下游水患问题继续讨论和研究，并为此发生了激烈争论，最终决定以黄河模型试验来解决分歧。

1917年，美国工程师费礼门受北洋政府聘请来华从事运河改善工程，研究运河及黄河问题。费礼门考察黄河后，有两点发现：“黄河下游堤距过分宽广，黄河在洪水期有显著的自行刷深河床的功能。”由此，他主张“在黄河下游宽河道内修筑直线型新堤，并以丁坝护之，以束窄河槽，逐渐刷深”。[2] 两年后，费氏受华洋义赈会聘请再度来华，指导运河工程局做河堤测量。同年12月，他驾小舟自黄河出山处开始实地考察，看见黄河两岸月堤及挑水坝形式各异、大小不一，由此判断在最近的一二百年中，黄河下游河段几乎无处不决，而决口间距，难得有超过5英里（8.045公里）的。费礼门回国后，于1922年发表了《中国洪水问题》一文，提出自己的主张，“以为欲消除现有过宽之堤距，及防止河流漫无拘束危及两旁堤身之弊，必须将河道取直，并于新堤配备高出洪水位之丁坝，以造成一个单槽式之洪水河槽。然后集中洪水之力，自动将河槽冲深”。[3] 次年，他委托德国恩格斯教授按其缩窄成直河槽的构想，开展黄河丁坝试验。

恩格斯，德国德累斯顿工业大学教授，世界知名的水工专家，是河工模型试验的首创者。河工模型试验是河工技术的一种创新性变革，其方法是利用大比例尺模型进行高仿真试验，以研究河流治理中存在的问题，以找到解决的办法。此项技术发明之后，在各国水利界受到广泛关注，中国黄河模型试验就是其中一个著名案例。恩格斯教授为中国培养了不少水利人才，如水利专家沈怡、郑肇经等，黄委会委员长李仪祉在治河方面也曾多次向他请教。

恩格斯教授对黄河治理早有关注。1918年9月，他曾致函中国水利界人士，提出治黄方法，“测量及制图约需三年时间，同时宜将水文测量一并实施。如此，最早在开始测量三年之后，方能为整个黄河下游订一

---

① 中国科学院、水利电力部、水利水电科学研究院编：《科学研究论文集》第12集《水利史》，水利电力出版社1982年版，第36页。

② 黄河水利委员会编：《民国黄河大事记》，黄河水利出版社2004年版，第16页。

③ 黄河水利委员会黄河志总编辑室编：《历代治黄文选》（下），河南人民出版社1988年版，第137页。

'统一治理方案'。此项方案完成后之次年，乃可开始准备工作。虽最后之河岸线及堤线须待治理方案完成始可决定，但在此期间，重要险工之防护不可稍有停顿"。①

1923年8—10月，恩格斯教授受美国工程师费礼门的委托，在德国德累斯顿工业大学水工实验室进行了黄河丁坝试验，这是黄河的第一次河工模型试验。试验后，恩格斯写出《黄河丁坝试验简要报告》，认为丁坝对黄河并无实用价值，因试验假设条件太多，无法用于黄河。翌年，他写了《治驭黄河论》，认为"黄河之病不在堤距之过大，而在缺乏固定之中水位河岸。于是河流乃得于两堤之间，左右移动，毫无阻碍……故治理之法，宜于现有内堤之间，就过于弯曲之河槽，缓和其弯度，堵塞其支叉，并施以适宜之护岸工程，以谋中水位河槽之固定"。②

1928年，国民政府实施导淮工程，聘请恩格斯为顾问工程师。恩格斯因年老，不能成行，乃推荐自己的高徒方修斯教授来华。方修斯在华半年，于赞助导淮计划外，兼研究治河。他的治河意见与其导师恩格斯不同，认为黄河之所以为患，在于洪水河床之过宽，建议"筑一或两道新堤，相距650米。新堤可低于大堤，当洪水超过一定限度时，可导洪水入新老堤之间排洪"。他预计，如此，则两年内可将最危险之河段刷深1米，8年内刷深至4米，8至10年后，"使最大洪水位亦将不再超过此等隙地之地平面以上"。③

方休斯的治河主张，与其导师恩格斯的主张大相径庭。1930年9—11月，师徒二人书信往来一二十封，就治黄问题进行了激烈交锋，双方争执不下。李仪祉获悉后，为平息争端，主张假手水工模型试验解决问题。1931年7月，恩格斯在德国奥贝那赫水工试验场做黄河大比例尺模型试验。试验结果表明：堤距缩狭后，河床在洪水时非但不因之冲深，洪水位反而不断抬高。但当时试验用的是清水，与黄河的实际情况尚有差距。

之后，恩格斯写信给李仪祉，对试验情况做了介绍。他希望与中国合作，利用奥贝那赫谷瓦痕湖水工试验场的天然水流条件，在与黄河水沙特点尽可能相同的条件下再进行一次试验，进一步验证已经取得的实验结

① 侯全亮主编：《民国黄河史》，黄河水利出版社2009年版，第139页。

② 黄河水利委员会黄河志总编辑室：《历代治黄文选》（下），河南人民出版社1988年版，第137页。

③ 刘于礼编：《河南黄河大事记》，河南黄河河务局1993年版，第45页。

果，“昔年对黄河虽曾于特来斯丹大学作种种试验，而迄未得如是大规模之设置。贵国人士对治黄河，当较鄙人为尤切，此良机也，望勿失之”。[①]后经李仪祉斡旋，冀、鲁、豫三省分担此次试验经费，派李赋都赴德参加试验。1932年6—10月，恩格斯在德国奥贝那赫瓦痕湖水力试验场做黄河大模型试验，“欲研究缩狭洪水堤距以后，是否可以刷深河槽，并使洪水位因此降落，以便由此决定治导黄河之方策”。[②]试验结果证明，堤距大量缩窄后，河床在洪水时不但洪水位不能降低，反见水位有所抬高，与用清水试验的结果是一致的。

对于这次试验结果，恩格斯认为只能定其性，不能定其量。因为试验是在直线形河段内进行的，而且由于黄河实测资料不足，试验中用水的泥沙含量与黄河实际水沙含量不尽一致。他建议，在待黄河实测资料补充之后，继续做“之”字形弯曲河道冲刷试验，以作为终结试验。但是，由于经费缺乏，试验一度搁置，他遂请求中国政府给予补助，以完成该次试验。

1933年，黄河发生特大洪水，国人急于寻求黄河治导之根本办法。此时，李仪祉已任黄委会委员长职，他认为必须再次进行模型试验，寻求黄河下游治理的科学依据。李仪祉呈请经委会给予拨款赞助。适逢此时郑肇经担任经委会水利处副处长，他和该处处长茅以昇对此事都甚为热心，于1934年夏促成此事，经委会乃派沈怡赴德参加恩格斯进行的治导黄河试验。唯上次试验时的河槽为直线形，且模型年较短，本次试验采用“之”字形河槽，并将模型年由三年增至五年，而其结果竟与第一次黄河试验结果相若，即河道之刷深，在宽大的洪水河槽，较狭小河槽为速。换言之，治黄可以不必缩短堤距。次年，恩格斯将这次黄河巨型试验报告寄于经委会，并附上自己意见，认为黄河堤距以宽大为宜，以固定中水位河槽为要。

恩格斯的黄河河道模型试验具有重要意义。首先，它以令人信服的方式和结论解决了黄河下游河道治理中一个长期以来悬而未决的问题——采用宽堤距还是窄堤距的争论。从此，中国的治黄工作者不再盲目主张缩窄河堤、以水攻沙，而是致力于中水位河槽的固定。其次，恩格斯的试验，

---

① 《李仪祉水利论著选集》，水利电力出版社1988年版，第69页。

② 沈怡：《参加黄河试验之经过》，《水利》第8卷第4期，1935年4月。

也推动了国内的水工试验的开展。1933年，黄委会与河北省立工学院合作，建设中国自己的水工试验所——天津第一水工试验所。次年，随着合作单位的增加，该所易名为中国第一水工试验所。该所在筹建过程中，得到恩格斯教授的指导，于1935年在天津正式成立，由留德学生李赋都负责。不久，由郑肇经发起，在南京又建立了中央水工试验所。此对促进中国近代水利科学技术以及水利事业的发展，具有重要意义。最后，治导黄河试验还具有一定的外交意义。1932年和1934年的黄河河道模型试验是分别由冀、鲁、豫三省政府和经委会出资与委托，在德国奥贝那赫瓦痕湖水工试验场进行的，是明显的政府行为。该试验场系“德政府和巴燕邦合办”,[①] 具有政府性质。所以，治导黄河试验一定程度上获得了德国政府的支持或默许。1935年，国民政府以恩格斯教授“两次举行黄河试验，成绩卓著，对于黄河治导计划，有特殊贡献……给予一等宝光水利奖章，以示酬庸”[②]，并将奖章和执照交由德国大使馆转递恩格斯。这既是对恩格斯个人的嘉奖，也是对德国政府的善意回报。治导黄河试验正好发生在20世纪30年代初中期的中德蜜月时期，是当时双方良好关系的反映，在一定程度上具有水利外交的色彩。

三 黄委会的水土保持思想和实践

黄委会将水土保持作为黄河治本的战略举措，并在这方面取得了一定成就。这项工作在20世纪30年代起步，到20世纪40年代得到初步发展。总体来说，黄委会的水土保持工作在黄河流域水土保持史上还处于探索阶段。

（一）黄委会20世纪30年代的水土保持工作

20世纪30年代，尽管“水土保持”这一术语还未为黄委会所使用,[③] 但是该会有关水土保持的思想却十分活跃，水土保持实践活动业已进行。

这一时期，不少水利界人士已经清楚地认识到黄河为患的根源在于中

---

① 《黄部长先生大鉴》，《派员赴德国在德人恩格斯所设水工试验场作治导黄河计划试验费用》，中国第二历史档案馆藏，1932年，档案号：12－1361。

② 《全国经济委员会公函德国驻华大使馆》，《黄河水利委员会请颁德籍水工专家恩格斯奖章》，中国第二历史档案馆藏，1935年，档案号：44－852。

③ 阎文光、赵平：《中国的“水土保持”一词的由来》，《中国水土保持》1986年第4期。

上游带到下游的巨量泥沙所致。鉴于此，黄委会把减少中上游入河泥沙作为治黄之本，于是提出水土保持的主张。该会的这一主张很大程度上受到其首任委员长李仪祉相关思想的影响，在一定程度上，可以说李仪祉的水土保持思想贯穿于黄委会水土保持工作的始终，奠定了该会水土保持理论的基础。

在担任黄委会委员长前后，李仪祉在其著作中提出了一系列水土保持思想，其核心就是减少中上游入河泥沙，防止该处泥沙被挟带至下游。为此，需要采取多种水土保持措施和办法。李氏的水土保持方法，从性质上大致可以分为两种类型：工程性水土保持法和生物性水土保持法。工程性水土保持法主要包括以下几种。

平阶田植畔柳推行沟洫这种方法适宜于坡耕地。黄壤之域，农田大都呈阶梯状，名曰阶田。因阶田之黄土性松，故要使斜迤之坡，变为平阶。[①] 李仪祉认为，植畔柳、开沟洫可以减少径流及其所挟沙量。他说："黄壤区域，……每次暴雨，上田泻水，下田承之。逐段而下，以至于河。而所刷田间之沙，亦随水而去。若于每田之三畔，植所谓矮柳一行，则水自柳间流出，速率因碍物而顿滞，则沙停其后，不啻滤器。迨田畔高仰，柳根繁植，则畔亦固矣。"这实际上是中国历史上行之有效的沟洫制水土保持方法，"可以容水，可以留淤，淤经泄取可以粪田，利农兼以利水，予深赞斯说"。[②] 但采用这种水土保持方法，不是要恢复古代井田的制度，而是"要看地形开沟，容纳坡水、谷水、雨水，一齐蓄在地下，使不受蒸发消耗，不顺着河道消失，而都为生长植物所利用，这才算达到了目的"。[③]

控制沟壑西北地区由于不少地方森林植被遭到破坏，黄土地表裸露，经暴雨冲刷，久之则沟壑纵横，既破坏农田，加速侵蚀，复阻碍交通。欲制止之，"当于沟壑之口，无论其为支为干，皆须督令人民择适当地点，以土修筑横堰，则降雨时水势平坦，泥沙即填其后。及填平一段，则复于上后退若干步，继筑横堰，如此继续为之，堰址日高，壑底日平。其益有四：（1）可耕种之地因以增多；（2）横堰可当作桥梁横跨，沟壑交通困

---

① 《李仪祉水利论著选集》，水利电力出版社 1988 年版，第 27 页。

② 李仪祉：《黄河之根本治法商榷》，《华北水利月刊》第 1 卷第 2 期，1928 年 11 月。

③ 李仪祉：《西北各省初励行沟洫之制》，转引自中国科学技术协会编《中国科学技术专家传略·农学编》综合卷 1，中国农业科技出版社 1996 年版，第 46 页。

难可除；（3）水及泥沙既有节制，河患可减；（4）雨水得积蓄，燥地即可资润泽以便造林”。[①]

防止塌岸黄河中上游多以黄壤为岸，而河流以黄壤为岸涯，尤易致塌岸之患，而使沙入河流甚多。若对其加以固定，则可以减少河水中泥沙含量。大规模实施护岸工程，在当时条件下并不现实，但可以在一些重点河段有选择性地施行，如泾、渭之谷，“节制洪流，复整理河床，狭其槽，固其岸，更施以堤防，使河水流，限于一槽，河身之宽，不逾五百公尺，则两岸良田，受其保障免除泛滥冲毁者，约有三百万亩”。如此，还可使“河槽自深，则不惟民船无阻，小轮亦可畅行”。[②] 在此，他把水土保持和农田水利及航运紧密联系在一起。

李仪祉主张的生物性水土保持方法则包括以下几个方面。

培植森林防治河患　李仪祉关于森林治黄作用的观点是历史的。因为树木生长周期长，所以，他早年虽不反对植林，但不甚看好森林对于治河的作用。他认为，“森林之于治河，之于防旱，容有其益，然勿视为甚可恃”。[③] 1934 年，他复言：“一般人士动欲恃上游植林以治黄河，则恐俟河之清，人寿何及。盖以西北山岭面积之广阔，居民之稀少，即积极造林，亦非百年以内所可成功，况乎障碍正重重，未易克服也。再就中卫以上而言；则黄河之水本不甚浊，森林之有益于河，亦颇难显。中卫以下，凡属沃土自必耕种。沃土之外，非沙丘即碱碛，林木不易繁殖，故造林颇为难望。惟可以造林之地，固余所深望其早日成林也。”[④]

但是，李仪祉以后改变了看法。任黄委会委员长时，他在《治理黄河工作纲要》中将植林列为该会的重要工作之一，认为森林既可减少土壤之冲刷，且可裕埽料、防泛滥，故沿河大堤内外及河滩、山坡等地，皆宜培植森林。造林贵在普及，非一机关和少数人所能为力，故必与地方政府及人民合作，严定赏罚条例。[⑤] 1935 年，在《黄河治本计划概要叙目》中，他已将造林计划上升到黄河治本的高度，认为“造林工作，在上游可以防止冲刷，平缓径流；在下游可以巩固堤岸，充裕埽料，于治河有甚

① 《李仪祉水利论著选集》，水利电力出版社 1988 年版，第 290 页。

② 同上书，第 329 页。

③ 同上书，第 624 页。

④ 同上书，第 122—123 页。

⑤ 同上书，第 110 页。

深之关系。应在中游干支各流分别勘定造林区，及沿干流河防段大堤内外，广植林木，并按土壤种植之宜，各为选定树木种类，分区分段，设置苗圃，分年栽植”。[①] 同年，黄委会拟订《黄河上游造林计划》，拟于上游设立包头、天水、宝鸡、张家山四处苗圃，每年各产苗一百万株。选择此四处的理由是：“包头扼黄河上游，为最重要之处。然其地沙滩最多，林木最缺。天水扼渭河上游，上控渭源、陇西、武山、甘谷，下控清水，地颇重要。宝鸡近渭河山峡处，两岸近山，冲刷尤甚。张家山为泾惠渠坝所在地，虽扼泾河中下游，然附近荒山特多，亟宜造林。”[②] 该会还拟调查河曲至河津一带与渭、泾、洛河沿岸及附近荒山面积，调查及研究上游全区森林植物生长及分布状况，办理平田、植柳、修路、防冲等事宜。可见，李仪祉后来非常重视黄委会的造林防冲工作。

广种苜蓿　1933年，李仪祉在《请由本会积极提倡西北畜牧以为治理黄河之助敬请公决案》中指出，黄河之患在于泥沙，而泥沙来源于西北黄土坡岭之被冲刷。故欲减黄河泥沙，自然须防制西北黄土坡岭之冲刷。他认为，与其提倡森林、种树，不如提倡畜牧和种苜蓿，因为“苜蓿根甚深，纠结土质牢固。防制冲刷之力，胜于树木。其性耐旱，不用灌溉。只须种一次，年年可以滋长，无养护之费”。他预计“诚能使西北黄土坡岭，尽种苜蓿，余敢断言黄河之泥至少可减三分之二”。[③]

与李仪祉一样，黄委会委员兼秘书长张含英，该会林垦组主任万晋等人都认为黄河为患的主要原因在于来自中上游的泥沙在下游的淤淀。1934年，张含英在《黄河流域之土壤及其冲积》一文中指出，“黄河下游水害之症结，在于泥沙，在于黄河上中游的水土流失”。[④] 1936年，万晋在《防制土壤冲刷与治黄》一文中开首直言，黄河问题即泥沙问题。对于其治理，他认为防制土壤冲刷之途径为：（1）种植丛密草类，用适当方法，与农作物打成一片；（2）沟壑等处利用工程设施以拦沙拦水；（3）凡险峻或过于冲刷之土地，应停止耕种作物，以草类或林木代之。[⑤] 这三项措施跟李仪祉的上述主张很是接近。

① 《李仪祉水利论著选集》，水利电力出版社1988年版，第171页。

② 《黄河上游造林计划》，《黄河水利月刊》第2卷第8期，1935年8月。

③ 《李仪祉水利论著选集》，水利电力出版社1988年版，第72页。

④ 转引自程有为《黄河中下游地区水利史》，河南人民出版社2007年版，第304页。

⑤ 万晋：《防制土壤冲刷与治黄》，《黄河水利月刊》第3卷第6期，1936年6月。

李仪祉及黄委会其他委员的水土保持思想，对该会的水土保持工作有重要的指导和推动作用，并渗透在黄委会的治黄计划中。1934 年，该会提出要恢复沟洫制，认为“西北阶田，必须以政府之力量，督导人民平治整齐，再加沟洫，方为有效”。[①] 1935 年，黄委会制订了《黄河水利委员会关于黄河中上游防制泥沙初步计划及蓝图》。对于黄河泥沙防治，该会拟施以下列工程：对于深沟大壑，用谷坊分水沟或淤柳等法，以拦淤土，徐于其上敷草种木；在河岸易于崩溃之处，实施护岸工程，以免坍塌；整理阶田，改良农作法，以防土沙流失；在陡峻山坡处开挖无数沟渠，使雨水层层停留，迂回流下，以杀水势而免冲刷；另选避沙新道，以减少土沙之来源。[②] 1936 年，黄委会在其拟定的《黄河治本计划概要叙目》中提出，应“采取培植森林，平治阶田，开抉沟洫，设置谷坊等措施，防止冲刷以减少泥沙来源”。[③] 20 世纪 30 年代末，该会在其所编的《黄河流域上中游蓄水减沙的研究和试验方法》中，亦主张采取平治阶田、开辟沟洫、堵塞谷口、沟壑筑堰等措施以保持中上游的水土。此有两种目的，第一是储蓄雨水在田间，使山谷中的洪流变得涨落和缓，这比建筑大蓄水库既省钱又效力远大；第二是节流泥沙在沟涧，不使它在中下游淤淀成害。黄委会认为这“实在是减少泥沙来源的一种最好方法，比较随时疏导、随时淤淀，容易收永久之功效”。[④] 据该会估计，以上各种工程，倘若政府和人民分工实施，就黄河上中游一带，统统兴办起来，那么黄河的洪流和泥沙可以减去大半，并且耕地的面积又能增加，灌溉的利益更是末节，治河前途，利赖实多。黄委会在后来编制的水土保持计划中，将黄河中上游地区分为三类，对每类拟采取不同方法：（1）无人垦种之荒山荒坡，宜用林牧法，由农林机关主持之，黄委会与其作密切联系；（2）已被垦种之区域，宜用田间工程法，由黄委会上游工程处组田间工程队，请地方政府协助实施，并与其他实施水土保持机关取得联系；（3）沟壑中，用谷坊及土坝，由黄委会上游工程处设立某某流域工务所

---

① 《李仪祉水利论著选集》，水利电力出版社 1988 年版，第 111 页。

② 《黄河中上游防制泥沙初步计划》，《黄河水利委员会关于黄河中上游防制泥沙初步计划及蓝图》，中国第二历史档案馆藏，1935 年，档案号：44－2240。

③ 黄河中游治理局编：《黄河水土保持志》，河南人民出版社 1993 年版，第 488—489 页。

④ 《工程实施的方法》，《黄河流域上中游蓄水减沙的研究和试验方法》，黄河档案馆藏，档案号：MG5. 3－47。

实施。[1] 上述水土保持计划，明显带有李仪祉水土保持思想的印迹。

黄委会积极推动水土保持工作的实施。在该会第一次大会上，委员长交议《建议黄河流域林垦初步计划案》，绥远代表提议绥远应在黄河沿岸广植森林，遏制下游沙患案，河南建设厅代表张静愚提出拟在陕、晋、豫、冀四省沿黄山地，广植林木案，均为大会采纳。[2] 之后，该会于工务处下设置林垦组。该组负责黄委会的水土保持工作。其成立后，遂开展相关调查工作，制订了一些有关水土保持的计划。

但是在20世纪30年代，黄委会水土保持工作才刚刚开始，且当时该会致力于下游河患的治理，故对水土保持工作虽十分重视，但仅在造林和防冲试验方面有所作为，成就有限。

植树造林是一种重要的水土保持方法。沿河造林在下游可以固堤防、充裕工料，在上游可以防止冲刷，平缓径流，与治河有极密切关系，故黄委会对此甚为重视。1934年9月，该会曾派林垦组主任万晋赴陕西、甘肃等省视察，以选取造林地点。万晋认为在陕西邠县、长武、宝鸡及甘肃庆阳、泾川、天水、陇西等处造林为宜。但黄委会财力不足，不能举办。翌年，该会设立潼关、博爱、东阿苗圃三处，开辟田亩，积极育苗，以备沿河植林需要。同年，黄委会拟有《黄河上游造林计划》，拟在上游包头、天水、宝鸡和张家山各设苗圃一处，每处年产苗100万株，以推动黄河上游造林与水土保持工作。

“七七事变”爆发后，冀、鲁两省及豫东及豫北各县，先后沦陷。潼关苗圃，虽在敌人炮火之下，犹复照常工作。黄委会与陕西省政府协商，由该省划拨平民县属黄河滩地两万亩，于1939年春季成立平朝林区。该会利用潼关苗圃育成苗木，“营造河岸保护林，藉以巩固河岸，隐蔽军工”，[3] 当年栽苗321000余株。

20世纪30年代，为应对黄河防汛，黄委会主要在下游河堤植林，同时培育苗木，也“拟于上游一带勘定区域，分设林场，专司其事，并与

---

① 《黄河水利委员会编黄河流域水土保持工作实施计划》，中国第二历史档案馆藏，1943年，档案号：35－496。

② 《黄河水利委员会第一次大会》，《黄河水利月刊》第1卷第1期，1934年1月。

③ 秦孝仪主编：《革命文献》第82辑，《抗战前国家建设史料——水利建设（二）》，台北中央文物供应社1980年版，第558页。

沿河地方政府及人民切实合作，以收速效”。①

黄河为患，泥沙是一主要问题。大量泥沙来源于西北黄土坡岭冲刷，辗转以达于河。所以，去河之患，首在防制冲刷。欲防制土壤冲刷，除普遍造林外，亦可改良农作方法，或种植丛密草类，或整理阶田、开掘沟洫，或设置谷坊，另选避沙新道，要在相度地势，合力举办。黄委会为解决黄河泥沙问题，对此进行了试验探索。该会曾多次派员分赴上中游一地，查勘冲刷实况，并规定于河南灵宝、绥远萨拉齐、陕西绥德与乾县、甘肃平凉等处各设防冲刷示范区一处，借资研究防冲适当方法，以利推行。1936年2月，该会制订《黄河水利委员会灵宝防制土壤冲刷试验区初步计划》。当年由经委会批准后，灵宝防制土壤冲刷试验区成立，这是黄河流域最早设置的水土保持试验场地。该试验区选址于灵宝县城南龙沟一带，“盖以该处为黄土组成，冲刷剧烈，且临近陇海路线，交通尚称便利也”。② 试验区面积为10平方公里，试验时间定为10年。另外，黄河巨型河槽试验，虽已由恩格斯于德国进行，但试验与黄河实在情形略有差异。黄委会为郑重研究起见，拟于黑岗口择定适当地点，举办露天巨型试验。1936年，该会拟订《黄河水利委员会黑岗口巨型试验初步计划》，③ 拟在河南开封黑岗口附近建设黄河巨型试验场，依照自黑岗口至东明县老坝头一段河流形势设大体相似的试验模型，以黄河水及天然黄土做模拟试验，观察槽内冲刷与自然界是否相同，以确定黄河治导方法。黄委会实测该处场址地形，并将测图与土样送中国第一水工试验所检验土质，预备试验。然而，由于抗战爆发，这些原定计划未及实施。

此外，黄委会还进行植草防冲实践。草类中，苜蓿及色芳宿根甚深，纠结土壤，极为牢固，提倡种植，不仅对治河有益，且与发展农民副业有关。黄委会曾就潼关、博爱、东阿三处苗圃划定地亩，繁殖苜蓿草籽，又在南阳白河两岸采购芭茅草根，试种于沿河一带，以资推广。至下游堤防，原生杂草，严禁芟除。新修工段，随时栽植。1936年春，该会在豫境小新堤、丁圪垱一带植草护堤，面积共28120平方米。

---

① 《关于林垦事项》，《黄河水利委员会等编送“国民政府政治总报告”（水利事业）》，中国第二历史档案馆藏，1937年，档案号：44－2－304。

② 《黄河水利委员会灵宝防制土壤冲刷试验区初步计划》，《黄委会编送黑岗口巨型试验及防制土壤冲刷试验计划》，中国第二历史档案馆藏，1936年，档案号：44－2241。

③ 《计划》，《黄河水利月刊》第3卷第7期，1936年7月。

这一时期黄委会的防冲工作才刚起步，在试验方面基本处于准备阶段，已实施的防冲工程包括繁殖草籽，沿河栽植一些草类等，规模不大。

（二）黄委会20世纪40年代的水土保持工作

20世纪40年代，黄委会加强了黄河中上游地区的水土保持工作。当时，黄河已改道，其下游修防主要由河南修防处及有关军政当局负责。此为黄河中上游治理带来契机，正如时人所言，“值此抗战时期，治理黄河上中游，实为绝好机会”。在此情况下，为配合国民政府开发西北、支援抗战需要，黄委会遂致力于发展黄河中上游地区的水利事业，尤其是西北的农业。而水土保持正是增加农业生产的基础，“水土保持在西北特属重要，为治河者不可忽视之问题，更有裨于农业之改进，获得同功之效”。[①]甚至有人认为，在西北地区，水土保持比水利更重要，“方今开发西北甚嚣尘上。开发之最要问题，厥为水利。然与水利并重者，犹有此冲刷问题，……水利不兴无以发展西北之农业，冲刷不止无以减少下游之水患，二者息息相关。甚难轩轾。必欲权其轻重，则毋宁谓后者尤为重要。诚以土之不存，水又焉附”。[②] 水土保持工作关乎农业与黄河治本，自然格外受到黄委会的关注。

40年代，黄委会增加了水土保持管理机构，对西北水土流失情形进行大规模勘查，同时建立水土保持试验区，并取得一些研究成果，从而将该会自成立时进行的水土保持工作向前推进一大步。

在有关人士建议下，1940年2月，黄委会聘请一批专家教授，成立黄委会林垦设计委员会，以代替原来的林垦组，负责筹划水土保持工作。该委员会由“黄委会委员长孔祥榕兼任主任委员，凌道扬任副主任委员，常务委员任承统兼总干事，周昌芸为专门委员，朱镛兼常务委员，委员（有）吴南凯、陈焕庸、李顺卿、萨福均、李德毅、齐敬鑫，并聘请美籍专家罗德民、卜凯、利查逊为委员”。[③] 4月，林垦设计委员会在成都设立驻蓉办事处，处理日常事务。8月，该会在成都召开第一次林垦设计会议，决议成立黄河上游林垦工程处，办理黄河上游水利及水土保持事宜。

---

① 章元义：《西北水土保持问题》，《行政院水利委员会月刊》第1卷第6期，1944年6月。

② 黄河水利委员会黄河志总编辑室编：《历代治黄文选》（下），河南人民出版社1988年版，第386页。

③ 黄河水利委员会、黄河中游治理局编：《黄河志·黄河水土保持志》，河南人民出版社1993年版，第496页。

10月，黄委会上游工程处在兰州成立，孔祥榕、凌道扬分别兼任该处正副主任，章光彩为襄办。次年，该处易名为上游修防林垦工程处，以陶履敦为处长，处下设“工程、林垦、事务三个组，负责黄河上游各省境内修防、林垦、航运、水土保持等事项”。[①]

林垦设计委员会和黄河上游（修防林垦）工程处共同负责黄河上游的水土保持事宜，工作难免交叉。为了明确其各自职责，在黄委会领导下，1942年林垦设计委员会拟定《水土保持纲要》，提出推动水土保持工作的意见，对各水土保持机构进行分工，“林垦设计委员会负责勘察、设计工作；黄河上游修防林垦工程处负责执行设计；各水土保持试验区负责实施设计”，[②] 并呼吁设立全国水土保持行政机构。由于经费缺乏等原因，1944年林垦设计委员会被撤销。同年，上游修防林垦工程处复改为上游工程处。1947年10月，李宝泰改任为该处处长，处址由兰州迁至西安，继续负责黄河上游水土保持工作。

在黄委会的领导和林垦设计委员会及上游（修防林垦）工程处的管理下，20世纪40年代，黄委会的水土保持工作取得了显著成效，主要表现在以下几个方面。

1. “水土保持”一词的确立

1940年8月，黄委会林垦设计委员会在成都召开第一次林垦设计委员会会议，与会专家讨论了关于土壤冲刷的科学研究问题。会议明确以“水土保持”取代以前使用过的“防制土壤冲刷”等术语。此次会议之后，“水土保持”作为专用术语，在中国开始使用并逐步被人们所接受。1942年，美国水土保持专家罗德民来华考察，对“水土保持”一词甚是欣赏，将之引用到美国，替代其原来使用的“保土”一词，并将该国《保土杂志》改为《水土保持杂志》。此后，“水土保持”一词一直沿用至今。

2. 对西北水土保持情况的考察

为查明西北地区水土流失情况，以便采取相应治理措施，黄委会对西北地区的水土保持情况进行了大规模考察。

---

① 黄河水利委员会编：《民国黄河大事记》，黄河水利出版社2004年版，第149页。

② 中国科学技术协会编：《中国科学技术专家传略·农学篇》林业卷（1），中国农业出版社1991年版，第160页。

根据1940年林垦设计委员会成都会议决议，该会遂于当年组成考察组，成员有任承统、凌道扬、黄希州等人。他们沿着渭河入甘肃，行经清水、天水、甘谷、武山、陇西、渭源，临洮、皋兰等县，调查水土流失情况。他们沿途所见，水土流失严重，主要问题有：生产面积逐年减小，生产逐年减低；水利逐年减少，水害逐年增多；降雨量逐年减少；柴木供给逐年缺乏。这一地区的水土流失不仅破坏当地的生态环境，也造成明显的社会问题。据沿途考察，“现实放火烧山，与垦种山坡工作，已使十分之三之山坡土地，完全荒芜；山沟川地，亦多为山洪所冲刷而成为河槽沙滩，生产面积日渐减少，生产量日渐低落，则人口顿形相对之过剩现象”。[①] 考察组还对该区干流河槽水利、溪流河槽水土利用、漫坡梯田经营方法及陡峭山坡水土保持办法分别提出不同的改进意见。同年，黄委会与金陵大学农学院合作研究黄河上游水土保持问题，又组织了一次陕甘水土保持考察。这次考察由金大农学院教授、土壤学专家黄瑞采主持，该年8—11月，历经成都、宝鸡、眉县、武功、咸阳、西安、皋兰、天水、洮沙、临洮、渭源、陇西、武山、甘谷等县，行程2700多公里。黄委会希望以黄瑞采教授土壤学方面的知识，对此大面积黄土区域中水土保持有关问题加以认识。这次考察后，黄瑞采发表了《陕甘水土保持简报》。该简报对中国黄土分布、黄土区域地形与地质、黄土特性与土壤冲蚀关系、黄土区域水土利用现状及水土保持工作实施等问题分别进行论述，并介绍了林垦设计委员会所办天水水土保持试验区概况，报告指出：“治黄之难，非在工程知识与技术之不善，而在黄河流域土壤性状之特殊，故黄河之导治，固需水利机关专管其事，此无他。”[②] 鉴于黄河上游为具有特殊性状之黄土，治导黄河自然应注意加强对这一地区黄土的分析与研究，所以，报告建议在实验区中设立土壤研究室。黄瑞采的报告，使黄委会从土壤学视角审视了黄土区域水土保持问题。

罗德民与西北水土保持考察。华尔特尔·克莱·罗德民是美国著名水土保持专家，他于1922—1927年在金陵大学任教期间，对黄河流域水土保持有一些研究，是西方最早来华考察水土保持的专家。抗战期间，应黄

---

① 任承统：《甘肃水土保持问题之研究》，《农报》第5卷第28、29、30合期，1940年10月。

② 《金陵大学农学院与黄河水利委员会合作水土保持来往文书》，中国第二历史档案馆藏，1940年，档案号：649－1430。

委会和农林部邀请，罗德民教授应聘第二次来华，并以行政院顾问名义指导中国的水土保持工作。1943 年 4—11 月，他率领西北水土保持考察团奔赴陕西、甘肃、青海等地，重点考察了天水和关中水土保持实验区，并先后三次折返西安与黄委会商讨考察计划及实施步骤。此次考察，历时 7 个多月，行程 1 万余公里。考察结束后，罗德民撰写了《西北水土保持考察报告》（简称《报告》）。《报告》介绍西北地区水土流失情况、危害，深入分析造成西北水土流失的原因，记录了当地农民的水土保持经验，并提出水土流失的应对措施及实施程序。关于水土流失情况，《报告》认为该区水土流失主要形成于坡耕地与沟壑，而坡面流失加剧的原因，是由于土地利用不合理，破坏了地面植被造成的。《报告》提出的保持水土措施有：控制坡面径流，增加渗透；对沟壑与荒沟进行治理；减少河流含沙量，搞好沿河两岸护岸工程。此外，《报告》还提出该区内水土保持的实施程序安排问题，即战时主要是进行准备工作，包括建立实验示范区，培训技术人员，建立水文站、雨量站，收集基本资料，建立苗圃，引进优良树种、草种，调查群众水土保持经验，试验、研究关于沟中修留淤坝和沿河修护岸工程等技术问题；战后则正式实施实验研究计划，加速与扩大实验区建设，完成土壤与土地利用调查。① 这次考察，有中国农林及水利界一批知名专家参与，考察项目广泛，“包括地形、气候、水文、植物、土壤、农业工程、农艺、农业经济等”方面，② 是对西北地区水土流失进行的综合性、全方位考察，对中国开展水土保持工作有重要的指导意义。

通过对西北地区水土保持的数次考察，黄委会对该地区地形、地质、水土流失总体状况及流失成因等相关问题有了初步了解，对最需要实施水土保持的区域及其概况也有了相应认识。“就治河立场言，必需实施水土保持。工事区域为包头郑州间之一部，约二十万方公里”，“此种需实施水土保持工事之区域，以雨量少、土壤吸水力强，且沟壑纵横，最适宜以简易方法，达到保持并控制全部水土于水源地之目的”。这种认识为采取适宜的水土保持措施提供了依据，“本区内，其原来地面被覆良好、无冲

① 黄河中游治理局编：《黄河水土保持志》，河南人民出版社 1993 年版，第 127—128 页。

② 黄河水利委员会黄河志总编室编：《历代治黄文选》（下），河南人民出版社 1989 年版，第 411 页。

刷之未垦种区域，应妥为保护，勿令放火焚毁，滥伐林木，挖除草根，任意开垦及任意放牧。若欲利用，应在能保持水土之原则下，作合理之支配。……在已耕种区域，其主要保持水土工事，可分例如次：1. 植树，2. 种草，3. 条作，4. 等高耕，5. 轮作，6. 增加有机质，7. 穴状耕，8. 池状耕，9. 等高畦状耕，10. 阶田，11. 等高波状耕，12. 坦坡沟洫池，13. 陡坡沟洫池塘，14. 坦坡堤埂，15. 陡坡堤埂，16. 排水沟，17. 山洪灌溉，18. 浅堰，19. 谷坊，20. 土坝，21. 放淤，22. 洗碱”。[①]

3. 黄委会水土保持试验区的建立

黄河之患以泥沙为严重问题，而泥沙之来源多为上中游各荒山沟溪。为探讨黄河治本起见，在前期调查基础上，黄委会选择中上游一些水土流失严重地区建立水土保持试验区，以进行相关研究。[②]

1940 年，任承统等完成陕甘考察之后，根据黄河上游的自然环境，将已经勘查地区划为关中、兰山、陇南、陇东、洮西及河西六区，每区拟分期成立水土保持试验区，除由黄委会林垦与工程人员负责技术工作外，更联合各当地行政、建设、教育、金融机构、士绅以及人民团体等，本着建教合一原则，在保持水土的共同目标下合作推动之，以造林、植草及观测水文、雨量、气象等为基本工作。

1941 年 1 月，黄委会在天水成立陇南水土保持试验区。试验区设在天水赤峪沟，以瓦窑沟等四个小流域为示范区开展工作，由任承统任试验区主任。这是黄河流域最早设立的水土保持科学研究机构，“它揭开了我国水土保持科学研究的序幕”。[③] 陇南水土保持试验区“首建坡地试验小区，此后，将它作为一种基本研究手段被广泛应用”。[④] 同年 6 月，黄委会西安会议上，决定设立关中、陇东、洮西、河西、兰山五个水土保持试验区，嗣后派员进行筹建。但除了关中水土保持试验区于 7 月 1 日成立外，其他试验区因经费等原因均未成立。关中水土保持试验区设在长安县

① 黄河水利委员会编：《民国三十二年黄河流域水土保持工作实施计划》，《黄河水利委员会编黄河流域水土保持工作实施计划》，中国第二历史档案馆藏，1943 年，档案号：35－496。

② 《水土保持》，《黄委会上游工程局有关方面新闻稿二则与四年来工作概况及展望》，黄河档案馆藏，1944 年，档案号：MG6. 1－38。

③ 甘肃省地方志编辑委员会、甘肃省水利志编撰委员会编：《甘肃省志 · 水利志》，甘肃文化出版社 1998 年版，第 532 页。

④ 姚文艺、汤立群：《水力侵蚀产沙过程及模拟》，黄河水利出版社 2001 年版，第 21 页。

高桥镇，以荆峪沟流域为重点示范基地。试验区主任先后为卫龙章、徐善根、成连壁、周恒。同时，黄委会林垦设计委员会联合天水当地官绅民众，正式成立了“甘肃省天水县水土保持委员会”，以推动该县境内水土保持事业的发展。这是中国最早成立的民间水土保持团体，是沟通林垦设计委员会和民众的桥梁。

1941—1942 年，陇南、关中水土保持实验区建立后，“开展坡耕地修地埂、保土耕作法、沟壑造林、修谷坊以及水土流失规律等方面的研究”，[1] 并取得一些成果。此外，关中水土保持试验区还在水土保持的示范推广方面取得一些成绩，如 1945 年，“关中水土保持试验区在西安市荆峪沟流域修建淤地坝一座，该坝控制流域面积 2. 6 平方公里，土方 2 万立方米”，[2] 是黄土高原地区修建的第一座淤地坝。次年，又“利用美国援华补助水土保持专款 500 万元，在荆峪沟流域又建起了第二座留淤土坝，即南寨沟留淤土坝，控制面积 6. 17 平方公里，坝高 16. 2 米，土方 4. 65 万立方米”。[3]

但是，黄委会在黄河中上游的水土保持工作也遇到一些问题，如经费的缺乏不仅使得该会原拟设置的水土保持区大多未能开办，而且仅有的两个试验区也是勉强维持运作。据记载，陇南水土保持试验区开办时，当时“经费未拨下，工作人员仅秘书一人，必要开支均系临时借垫。为开展工作计，临时调请一些有关单位人员参加工作。因旅费限制，同仁等竟徒步义务出差，或津贴少许饭费”。[4] 此外，政府机构之间争权夺利，也对黄委会水土保持试验区建设产生不利影响。在陇南水土保持试验区成立的次年，农林部复在天水建立天水水土保持试验区。黄委会的主管单位——行政院水利委员会遂与农林部开始争夺水土保持管理权，双方为此闹到立法院。水利委员会控诉农林部越权，反对农林部插手水土保持工作，“最近农林部以农林与水利间关系密切，曾与本会商定合作办法，本会深维水利

① 黄河水利委员会、黄河中游治理局编：《黄河志 · 黄河水土保持志》，河南人民出版社 1993 年版，第 85 页。

② 黄河上中游管理局编：《淤地坝概论》，中国计划出版社 2005 年版，第 42 页。

③ 王英顺等：《淤地坝防洪保收技术》，黄河水利出版社 1997 年版，第 3 页。

④ 转引自中国科学技术协会编《中国科学技术专家传略 · 农学编》林业卷（1），中国科学技术出版社 1991 年版，第 165 页。

事业，利在统筹，行政统一，决难割裂。……殊无订立合作办法之必要”。[①] 立法院对此莫衷一是。1943 年，行政院裁决，只准农林部在天水开展水土保持工作。黄委会陇南水土保持试验区遂被撤销，其人员物资归并入农林部天水水土保持区。次年，林垦设计委员会亦被撤销，黄委会在黄河上游的水土保持工作遭受严重挫折。

1946 年 9 月，行政院水利委员会决定裁撤黄委会水土保持试验区。次月，关中等水土保持试验区及其所属机构停止办公。至此，黄委会设在上游的水土保持机构全部撤销。

总之，这一时期，黄委会对黄河上游地区水土流失情况进行了初步调查，在水土流失严重的地方建立试验区，对水土流失规律展开初步探索，主张将水土保持和农业开发相结合，注意环境的保护，这些工作“为开展水土保持区划提供了依据，为后来的水土保持事业的发展打下了初步基础”。[②]

四　黄委会的黄河治本方略

从黄委会的黄河治理实践，尤其是治本探索中，可以看出该会实行的是一种综合治黄方略。所谓治黄方略就是治理黄河之方针及策略，其与黄河治理成效关系密切。历史上，不同时代的治河者采取不同治黄方略，这主要取决于人们对黄河的认识水平，而且治黄方略与社会政治经济与科技发展情形相联系，是特定历史条件的产物。

纵观中国几千年的治黄历史，治河方略大体经历了障—疏—堤—分—束—综合治理这样一个发展过程。[③] 在此过程中，最后的综合治理阶段，代表着迄今为止治黄的最高水平。这种综合治黄方略为民国时期的黄委会首先采用，为后来治黄者所继承和发展。

黄委会的综合治黄方略是偏于治本的，其主要内容有以下几个方面。

（一）坚持科学治黄

近代西方水利科技的传入，使治黄获得了新的契机。黄委会作为近代

---

① 《行政院水利委员会呈立法院》，《立法院有关修正黄河水利委员会等水利机构组织条例案》，中国第二历史档案馆藏，1942 年，档案号：10－1099。

② 张学俭、陈伟主编：《水土保持规划设计的实践与发展：中国水土保持学会水土保持规划设计专业委员会成立十周年纪念文集》，中国水利水电出版社 2009 年版，第 74 页。

③ 邹逸麟：《千古黄河》，上海远东出版社 2012 年版，第 165 页。

水利机构，坚持以科学作为治黄基本手段，实现了治黄由依靠传统经验转向依靠近代科技的划时代变革。可以说，科学治黄是黄委会治河方略的基石，是黄河治本的保障。

早在 1922 年，李仪祉就提出以科学从事河工之必要。他认为近世科学愈阐明，而治河之术愈精，故中欧几无不治之河。他指出，以科学从事河工，一在精确测验，二在详审计划。1934 年，李仪祉在其领导制定的《黄河水利委员会工作纲要》中，将测量列为该会工作的首位，因为“测量为应用科学方法治河之第一步工作，盖以设计之资料多是赖也”。①

黄委会建立后，迅速成立测勘队，进行黄河河道地形测量，并广泛建立水文站、水位站，纪录并搜集整理黄河干支流流量、含沙量等水文资料，与恩格斯合作，进行治导黄河模型试验，还积极筹建水工试验所，拟订黑岗口黄河巨型试验计划、灵宝防冲试验计划，在上游建立水土保持试验区……所有这些治黄工作，均在践行科学治黄的方针。

李仪祉等人坚信，随着科学日新月异的发展，治黄必将取得较过去更伟大的成就，实现古人无法实现的更高目标，“况乎时至今日，科艺猛进，远非昔比。今日之治河，固不能仍自屈于汉、元、明、清之世，而仅以王、贾、潘、靳之功自限也。亦不宜神视禹功，以为后人所不能及也。用古人之经验，本科学之新识，加以实地之考察，精确之研究，详审之试验，多数之智力，伟大之机械，则又何目的之所不能达?”②

（二）上下游兼顾

统筹治理　清代以前，中国治河只注重下游。近代，一些外国人则多把黄河中上游的植树造林视为治河的主要办法，比利时工程师卢发尔则更进一步，他认为，“治理黄河应从全河着眼，并采取多种手段进行治理”。③ 民国时期，李仪祉明确提出上下游并重的治黄主张。早在 1922 年，他就明确提出“黄河至今日已病剧矣，治之之法，当一面从上游减沙，一面从下游浚治”。④ 1933 年，他在《请测量黄河全河案》中复指出:“历代治河皆注重下游，而中上游曾无人过问者。实则洪水之源，源

① 《治理黄河工作纲要》，《黄河水利月刊》第 2 卷第 2 期，1934 年 2 月。

② 《李仪祉水利论著选集》，水利电力出版社 1988 年版，第 74 页。

③ 张含英:《历代治河方略探讨》，水利出版社 1982 年版，第 147 页。

④ 《李仪祉水利论著选集》，水利电力出版社 1988 年版，第 33 页。

于中上游；泥沙之源，源于中上游，治理黄河须从上游设法。”[①] 次年，在《治黄意见》一文中，他总结了黄河数千年不治的原因：“治黄意见，自古迄今，主张不一。总其扼要，不外疏、导、防、束，大都皆以囿见，不能顾及全局，此所以河患不已也”，由此，李仪祉主张，“治河之要在上中游，应速广开渠道以分水量，藉资灌溉，并应为造林，以遏沙患。在下游应认真堤防治导。在尾闾应修挖河口，使水畅流入海，不致在中下游沉淀为害，分工合作，兼顾并施，治河前途，利赖实多。”[②] 李仪祉强调黄河中上游的治理，并非忽视或者不顾下游的治导，而是不惜对数千年只治理黄河下游的传统采用一种矫枉过正的办法。李仪祉的这一主张，打破了传统治河观念，为黄河治理开辟了一条新的途径。

继任黄委会委员长孔祥榕虽比较迷信，但他也主张治黄要上下游并重、标本兼治，认为河患虽在下游，正本清源必从上游根治。为此，需要极力解决黄河沙患问题。解决办法为：上游造林防沙；中游拦洪缓沙；下游分水减沙；海口束水攻沙。[③] 担任过黄委会秘书长及委员长的张含英认为，“黄河河患虽在下游，祸源则在孟津以上，欲治河而仅下游是谋，是不彻底之法也”。[④] 他后来还撰写《黄河治理纲要》一文，提出治黄必须就全河立论，不应只就下游论下游，“应上中下三游统筹，本流与支流兼顾，以整个流域为对象”。[⑤] 20 世纪 40 年代，黄委会拟订的《黄河治本计划概要》等文件基本都遵循了上下游并重的治黄指导方针。

对黄河中上游的治理李仪祉认为治黄重点应放在西北黄土高原，主要措施是水土保持。他主张应于荒山上植林，以种植苜蓿为黄河治理之助；在坡耕地上平阶田、植畔柳、开沟洫；在沟壑中设置谷坊。张含英认为，在黄河上游应节制洪水，“俾得洪水量得以减低，而延长其下流时间，则水流平缓，无突起之象”。[⑥] 经过多年治黄实践摸索，加之各项水文资料

① 《李仪祉水利论著选集》，水利电力出版社 1988 年版，第 71 页。

② 同上书，第 113 页。

③ 《孔祥榕先生治河计划》，《彻底整治黄河计划（底稿）》，中国第二历史档案馆藏，1942 年，档案号：377－823。

④ 《张含英先生谈治黄河计划》，《彻底整治黄河计划（底稿）》，中国第二历史档案馆藏，1942 年，档案号：377－823。

⑤ 张含英：《治河论丛续篇》，水利电力出版社 1992 年版，第 4 页。

⑥ 《张含英先生谈治黄河计划》，《彻底整治黄河计划（底稿）》，中国第二历史档案馆藏，1942 年，档案号：377－823。

的积累，到20世纪40年代中期，黄委会清楚地认识到黄河洪水和泥沙的供给区域在于包头以下的较大支流，始于河曲，止于郑县。在此段内之流域面积，共343466平方公里，实为供给下游洪水之主要区域。而包头以上之洪水，不会造成黄河下游之水灾。故该会认为，黄河中游之根本治理在于减洪防沙。由于供给黄河洪水与泥沙之重要区域多系黄壤，由山丘、谷壑、原地组合而成，故需建筑蓄洪及落淤坝，阻拦谷壑洪水，并防止谷壑之冲刷。黄委会认为，在西北干旱之区，施行沟洫，不特裨益于农，且可收减少黄河洪水泥沙之效；于河曲孟津间，黄河主要支流，如无定、延、汾、泾、洛等河，选定适当地点，建筑拦洪水库，调节流量，也为防洪之良策。为减少入河水沙，还可实行分洪放淤、植树种草等措施。①

黄河下游的治理　黄委会一直重视黄河下游的治理，该会委员长李仪祉认为在洪水控制之前，流量变幅大，宜设复式河槽，待将来洪水得到控制，可以变为单式河槽，以加大挟沙能力。他并主张采用固滩坝，沿河岸设顺坝以固定河床；先治理险堤，祛除险工；利津以下河口段，筑堤不如巩固河岸。② 关于黄河下游治理办法，张含英主张：应谋下游河槽固定以防止河岸之坍塌，助长河底之刷深；谋堤防之安全，护岸工程宜采用石质坝先以点控制之，其后逐渐扩充，而及于线之控制；秸埽为紧急时护岸之法；开辟泄洪水道；修造重堤或复堤；控制河堤决口；采用复式河槽；整理下游河槽以利航运。③ 1944年，黄委会工务处在其拟订的《黄河治本计划概要》中，主张从堤防、治河及海口治理三个方面实施黄河下游的治理。堤防方面，该计划对下游大堤堤距、堤线、堤顶高度及复堤工程均提出了一定的设计要求。关于治理黄河下游淤积段，“在初期以内，……必须（以）工程固槽与淤滩”，“规定新槽路线，尽量利用原河槽……河槽须含有柔顺而不过大之弯曲。槽与两堤中线，须成一较小之角度，槽岸不

① 《中游减沙防沙》，《黄河治本计划概要》，中国第二历史档案馆藏，1943年，档案号：2－9274。

② 水利部黄河水利委员会勘测规划设计院编：《黄河规划志》，河南人民出版社1991年版，第62页。

③ 《张含英先生谈治黄河计划》，《彻底整治黄河计划（底稿）》，中国第二历史档案馆藏，1946年，档案号：377－823。

应离堤过近，须保持宽度适足之滩地”。[①] 关于海口之治理，该处认为，治理黄河河口，仅能使三角洲进展趋缓，而不能使之完全停止，所用方法不外两端，一是增加入海河槽，自利津开始，向各方汊出，俾泥沙分布范围，得以扩大。二是集中三角洲各槽水流，尽量避免水中泥沙沉淀于三角洲上，并导之入海，俾借洋流力量，将泥沙携去。至于根本之治理方法，则在推行中上游之防冲工程，以减少泥沙淤来源。

民国时期，黄委会坚持上中下游并重的治黄方略，在下游“改良堤线与固定河槽。……并注意于中游水土之保持及其他节洪工事”。[②] 二者同时并举，相扶为用，以期消除河患。

（三）防患与兴利兼顾

黄委会治黄与前代不同，其不再“仅事防河”，而是致力于治河，而“治河亦必探其本”。[③] 李仪祉在《黄河水利委员会工作计划》中，将治黄目标由低到高分为四级，最低目标为历代河防所固守者，使河不迁徙、不改道，最高级别是使黄河远达腹地，上联贯其主要支流，下与淮、运两河相交错，使之成为一良好航道。他认为“此则历来人所未敢言，而以为过奢之望者也”。同时，他坚信“使循序而进，定策而行，河不徙矣，岸不圮矣，槽深而床一，水恒而沙少，则以黄河之源远流长，何遂无成为优良航道之望，是则在人为之矣”。[④] 所以，黄委会治黄目标中无疑包含了防患与兴利两个方面。

1934 年，黄委会在《治理黄河工作纲要》中，将该会工作分为测量、研究设计、河防、实施根本治导、整理支流、植林、垦地、整理资料八个方面。其中数项与兴利有关，如垦地工作，“一则有利河道，再则增加生产，实为有益”。再如支流之整理，“与干流本为一体，惟各支流之情形不同，则治导之方法与利用当因地制宜。例如渭水，航行及灌溉之利与其含沙量，是当特殊注意者”。[⑤]

在 1935 年制订的《黄河治本计划概要叙目》中，黄委会把“干支各

---

① 《下游之治理》，《黄河治本计划概要》，中国第二历史档案馆藏，1943 年，档案号：2－9274。

② 《黄河下游治理计划》（续），《水利通讯》第 14 期，1948 年 2 月。

③ 《李仪祉水利论著选集》，水利电力出版社 1988 年版，第 164 页。

④ 同上书，第 73—74 页。

⑤ 《治理黄河工作纲要》，《黄河水利月刊》第 2 卷第 2 期，1934 年 2 月。

河水利计划”作为专章，列为黄河治本计划内容之一，且较其他各章篇幅为多，由此显示兴利在该会治黄中的地位。该会明确希望“庶几一劳永逸，河患不作，水利并兴”。①

1944 年制订的《黄河治本计划概要》中，黄委会把“航运”和“农田水利与水力发电”皆作为黄河治本的重要内容之一，认为“黄河水利如农田水利及水力发电等，由于流域及河性之特殊，与治河工作均有密切关系，应作通盘筹划，而不应各自为政，贻害全局”。②

黄委会的综合治黄方略，以科学治河为基础，坚持上下游并重，防患与兴利相结合。这一治黄方略，开辟了近代治黄的新趋向，实现了传统治黄向现代治黄的转变，将治黄水平推向更高阶段，具有重要历史作用。

总之，黄委会实施标本兼治的治黄方针，不仅在堵口、修防方面取得重要成就，还采取多种措施以严密黄河防汛，诸如建立专门防汛机构与专业防汛队伍、拟订防汛及修防法规、畅通沿黄通信及植林护堤等。1936 年以后，黄河汛期出险的情况大为减少。该会在治标同时，不断进行治本探索，诸如建立测量队、水文站、水位站，开展河道地形及水文测量，进行科学研究，在此基础上拟订各种专门及综合治本计划，促成在德国举行治导黄河试验，并于中游开展水土保持工作，成立水保机构，开展大规模水土保持调查，建立水土保持试验示范区，对水土流失规律进行初步探索，以期多管齐下，实现黄河长治久安。黄委会不再仅凭经验治黄，而是以科学技术为手段，坚持上中下游并重、干支流兼顾的治黄方针，防害与兴利相结合。这是一种偏向于治本的综合治黄方略，开辟了现代治黄新趋向。

---

① 《李仪祉水利论著选集》，水利电力出版社 1988 年版，第 165 页。

② 《总论》，《黄河治本计划概要》，中国第二历史档案馆藏，1943 年，档案号：2 -9274。

第五章

黄委会与黄河水利事业的发展

治黄同时，黄委会也推动了黄河流域水利事业的发展。其参与发展的黄河水利主要包括黄河中下游的淤灌及中上游的灌溉、干支流的航运及水力开发等。

促使黄委会开发黄河水利有诸多原因。该会治黄时，就一直坚持防患与兴利相结合的方略。此外，国民政府的西北开发战略及抗日战争也促进了该会对黄河水利的开发。1931 年“九·一八”事变后，东北沦陷，西北战略地位凸显。朝野上下，纷纷要求国民政府积极备战，抵御日本的侵略。在此背景下，一些有识之士发出了开发西北的呼声，认为“西北是中华民族的出路，要恢复中国版图，必须以我民族发祥地的西北作大本营，要集中全力来开发西北”。[①] 在舆论的推动下，一些党国政要也纷纷发表言论，畅言开发西北的重要性。1932 年，军政部长何应钦在《开发西北为我国当前要政》一文中指出，“西北为中华民族摇篮，又是中国大陆之屏蔽。从国防考虑，从经济考虑，从文化考虑，都需开发”。[②] 于是，“开发西北、建设西北之声浪，甚嚣尘上，上而当辅诸公，下至关心西北之黎庶，莫不大声疾呼，细心筹划。直有对西北之开发，刻不容缓，对西北之建设臾须促成之趋势”。[③] 在多方推动下，1934 年，《开发西北》杂志在西安创刊，蒋介石亲笔题写“开发西北”的刊名，并发表演说，号召国人要继承先人的光荣传统，为开发西北做贡献，并对开发工作做出指示：“盖各种建设，故贵因地制宜，因时制宜，而一贯之政策与通盘之筹

① 朱铭心：《九·一八与西北》，《西北问题》1934 年第 2 卷第 1 期。

② 何应钦：《开发西北为我国当前要政》，《中央周刊》第 119 期，1932 年 3 月。

③ 张继：《国人宜注意西北问题》，《中央周刊》第 298 期，1934 年 2 月。

划，财力要必不可少，此应由中央负责筹划。”[①] 同年，宋子文在兰州考察时说，“西北建设不是一个地方问题，是整个国家问题。现在沿海沿江各省在侵略者的炮火之下，我们应当在中华民族发源地的西北，赶快注重建设”。[②] 此为国民政府要员第一次把西北建设提高到国防战略的高度。之后，国民党元老邵元冲也指出：“以今日之国事而论，东北则藩篱尽撤，东南则警耗频传，一有非常，动侵堂奥，故持长期奋斗之说，力主建设西北，以保持民族之生命线。”[③]

如何进行西北开发与建设西北？首要问题是水利，次为交通，因为交通即使便利，而如果农产匮乏，仍不能救济人民的贫苦。鉴于此，1932年3月，国民党四届二中全会决定，“以长安为陪都，定名为西京”[④]，并通过了《西北开发案》，对西北水利事业做出统筹规划。1934年，经委会讨论通过《西北建设大纲》及《西北水利事业进行办法》，并变更原订《西北事业建设计划》，“在已定陕、绥两省130万元水利经费的基础上，再续拨50万元和20万元以发展甘肃及宁夏水利”。[⑤] 以后，政府又陆续出台一系列关于兴办西北水利的决定，如《提倡甘肃造林兴修水利案》等。1936年，经委会在其制定《全国水利建设五年计划大纲》（简称《大纲》）中指出，“为今之计，以言复兴农村，必先发展水利，……航运所以便农产之分配，灌溉所以救旱潦于不时，皆为兴利之事业，故各重要河流亟应分别整理，俾与长江大河贯通而成内河航运之干线。关于灌溉事业，自以地方自办为原则，惟大规模之灌溉事业，则由中央协助地方办理。至于西北各省，夙称贫瘠，素患亢旱，中央为开发西北起见，尤应多开水渠，以救荒灾而增生产，且足以资屯垦，其利至溥。……现当力谋发展国民经济建设之际，水利尤为经济建设之要图”。[⑥] 该《大纲》中涉及西北水利的有“完成关中八惠灌溉工程”及“整理绥远、宁夏、甘肃水

---

① 《开发西北》，1934年第2卷第5期，转引自西安市档案馆《民国开发西北》，陕西人民出版社2003年版，第3页。

② 宋子文：《建设西北》，《中央周刊》第309期，1934年5月。

③ 邵元冲：《西北建设之前提》，《建国月刊》第14卷第2期，1936年2月。

④ 西安市档案局、西安市档案馆编：《筹建西京陪都档案史料选辑》，西北大学出版社1994年版，第5页。

⑤ 侯全亮主编：《民国黄河水利史》，黄河水利出版社2009年版，第149页。

⑥ 《全国水利建设五年计划大纲》，《全国水利建设五年计划大纲及附件》，中国第二历史档案馆藏，1936年，档案号：44-2-281。

渠”方案，以加强西北水利开发。

全面抗战爆发后，随着国民政府及大量工厂、高校的西迁，交通运输及大后方军需民食等问题亟须解决，而这正需要大力发展水利建设。有鉴于此，国民政府对战时水利建设予以一定程度的重视，制定了一系列方针政策，并采取了一些措施。1938年，经济部在《抗战建国之经济建设工作报告》中指出，“抗战期间，西南西北各省农田水利之开发，乃至后方水道运输之改进，需要殊为急切。……至于江河整治，堤防修筑，关系于军事民生者，尤为重大，允宜妥为筹划继续进行。故现在水利方面以农田水利及改进水道与整饬修防三项，为工作进行之主要方针”。[①]

1941年1月，经济部在公布的《水利建设纲领》中提出，“当前水利建设，以适应抗战需要，而无碍于各水道根本治导方针为原则。西南、西北农田灌溉，应力谋发展，以足民食”。[②]“水利建设，以祛除水患，增进农产，发展航运，促进工业为目标，并力求科学化。”[③] 1942年，国民政府制定了《水利法》，其规定的用水顺序是，“一、家用及公共给水；二、农田用水；三、工业用水；四、水运；五、其他用途”。[④]规定“农田用水为第二”的用水顺序，为发展农田水利提供了重要保证。

由以上所述可知，基于西北开发及抗战需要，灌溉和航运将成为黄河水利开发的主要内容，在空间上将会以发展黄河中上游水利为重点。黄委会基于全面治黄理念，也会兼及下游的虹吸淤田及流域水力的开发。

第一节　参与开发黄河流域灌溉事业

灌溉是黄委会发展黄河水利的一个重要方面。该会早期关注和支持的主要是黄河下游的虹吸放淤工程及陕西渭惠渠的修建。花园口决堤后，该

---

① 《经济部关于战时水利建设方针的报告》，《中华民国史档案资料汇编》第5辑第2编，《财政经济》（8），江苏古籍出版社1997年版，第376页。

② 重庆市档案馆编：《抗日战争时期国民政府经济法规》（下册），档案出版社1992年版，第453页。

③ 《水利建设纲领》，《行政院水利委员会月刊》第2卷6期，1945年6月。

④ 重庆市档案馆编：《抗日战争时期国民政府经济法规》，档案出版社1992年版，第457页。

会则更多地致力于黄河上游的灌区勘测与旧渠改良等工作。

一　对黄河中下游虹吸淤灌的关注与支持

(一) 黄委会建立前后黄河下游引黄灌溉的发展

长期以来，黄河下游群众一直渴望能引黄河水灌溉，但又担心于大堤上开口或建闸引水会掣动黄河大溜，造成黄河决口，故只能望河兴叹。近代西方抽水机与虹吸技术的引入与应用，为下游群众引黄灌溉梦想的实现提供了技术支撑。

1929 年，为应对黄河旱灾，在冯玉祥的支持和督促下，河南省河务局在开封柳园口建成了抽水站，安装吸水机 3 部，可以抽水灌溉老君堂一带农田五千多亩。这是民国年间在黄河下游建设的第一个抽黄灌溉工程，也是黄河治理开发史上的一个创举。之后，河务局又在开封斜庙第二造林场另建抽水站一座，以浇水育苗。

由于吸水机引水成本高，不易推广，河南河务局随后又引入虹吸工程，并首先在河南黄河南岸试办。虹吸是一种物理现象，它的原理极其简单，就是把管子一端插入水位高的水内，一端放于水位低的水内或较低的地上，用抽空或灌水的方法，使管内大部分成为真空。这时候，大气压力就会把水迫入管内，从水位高处流入池内或地面。根据虹吸原理，可以将黄河水经大堤导引到堤外灌溉农田，发展农业生产。

利用虹吸管引黄灌溉有诸多优点。(1) 与闸门或涵洞不同，虹吸管可在大堤上安装，不用开堤就可引水，没有决口的危险，十分安全，群众不会反对。(2) 虹吸管引水的一端，可用活接使管子上下移动。这样，所取的水为近水面的泥水，含沙少，不会使农田沙化，反而可以把沙田淤成良田。(3) 虹吸管构造简单，价值低廉，而且不用动力就可引水，没有燃料的损耗。相反，可在虹吸管出水之端装置水轮，利用水力发电，以获取工业发展所需动力。(4) 黄河洪水时，可以利用虹吸工程分洪，以减少河患的发生。以山东为例，该省“十万倾水田计划，约需水每秒钟五百七十立方米。民国八年至十一年平均最大洪水量每秒钟五千八百立方米。就是说该项计划成功之后可减少洪水十分之一”。[1] 正是有这些优点，

① 《结论》，《山东黄河沿岸虹吸工程计划大纲》，中国第二历史档案馆藏，1933 年，档案号：331－525。

虹吸技术引入后，很快引起黄河下游豫、冀、鲁各省的重视。

1929 年，河南河务局开始在郑县花园口西兴建虹吸引黄工程，次月工竣，开始吸水灌田。这是黄河下游最早建成的虹吸灌溉工程。1933—1935 年，“河南省又在黑岗口和柳园口兴建虹吸管工程，提引黄河水补给惠济河水源，灌溉两岸农田，改善开封市的环境条件”。[①]

山东的虹吸引黄工程建设较河南为晚，但由于该省建设厅对此较为重视，该厅技正曹瑞芝此前已有在河南办虹吸工程的经验，且对山东沿黄适宜于虹吸放淤之地进行过认真查勘，并制订详细计划，故该省的虹吸淤田事业也取得较好成绩。

1932 年，山东建设厅派员进行黄河沿岸沙碱地的查勘工作。据查勘结果，相关人员编制了《山东黄河沿岸虹吸淤田初步计划调查表》，对各处沙碱地的位置、面积、地势、成因、沿革、引河、泄水道、土地、村庄、工程费用及效益等项目进行详细调查。据当时统计，山东省黄河沿岸共有沙碱地近 165 万亩。次年，曹瑞芝在其编制的《山东黄河沿岸虹吸淤田工程计划书》中指出，黄河在山东境内为地上河，其洪水位与低水位之水面均高于堤外，故虹吸淤灌具有可行性。该计划在规划灌溉泄水路线、选择工程建设地点、介绍淤田方法等方面的探索，既有科学性，又有实用价值。

虽然建设厅选择了鄄城等 15 县 26 处作为山东黄河沿岸宜于建设虹吸工程的地点，“惟因所费过巨，不可遍设，乃择主要者五处，先行试办”，[②] 即齐河江庙，历城章邱交界之王家梨行，青城齐东交界之马闸子，滨县尉家口，蒲台王旺庄。

在上述五处工程中，王家梨行最先开工，于 1933 年 11 月竣工放水，安装了 21 英寸虹吸管一条，每秒出水 0.5 立方米，此为鲁省最早的虹吸管引黄工程。次年，该省复先后建成红庙、王旺庄及马扎子三处虹吸工程，每日可分别灌田 216 亩、120 亩、310 亩。

山东虹吸工程效益显著，据报告，“在设计之初，原拟放淤数次，始有成效可睹，岂当马扎子验收之际，仅放淤五日，其附近淤成之地，已达

---

① 河南省地方史志编撰委员会编：《河南省志·水利志》，河南人民出版社 1994 年版，第 172 页。

② 李仪祉：《黄河概况及治本探讨》，黄河水利委员会 1935 年版，第 129 页。

一千余亩，淤厚平均约为7英寸。此段田地，昔日为卑湿碱卤不毛之区，今淤成之后，可变为沃壤。由此可见，沿黄河两岸全部虹吸淤灌工程之效益，确为救农村之大计矣”。[①] 而据朱墉所言，虹吸工程“实施后所得之效果，以水面含沙较少，淤田成绩未见奇效，而灌溉颇资利用，倘能广为设置，收效必宏”。[②]

可见，黄委会成立前后，豫、鲁两省黄河沿岸的虹吸淤灌事业已经兴办，并取得了一定成效。虹吸技术对于沿黄淤田、灌溉及防洪诸方面多有益处，是一项在沿黄地区很有发展前途的水利技术。

（二）黄委会对黄河下游引黄淤灌的重视与支持

黄河下游的虹吸淤灌技术，以其安全、经济且兼顾防洪与兴利，很快引起黄委会的关注和重视。1933年9月26日，在黄委会第一次大会上，该会当然委员、山东省建设厅厅长张静愚提出，“拟请冀、鲁、豫等省沿黄适当地点，妥拟计划，放泄黄水淤淀堤外低地，藉兴水利，并免漫决案”。另有该会当然委员、河北省建设厅厅长林成秀提出“拟具束溜攻沙，分水放淤，治本计划案”[③]。两案经会议合并审查，交黄委会工务处参考、研究和办理。次年，黄委会在其制定的《治理黄河工作纲要》中，将“碱地放淤”作为垦地工作的内容之一，同时指出，“沿河碱地，多为不毛，每亩价极低。即以山东而论，已有近十万顷之数，其他若河南、河北两省，沿岸亦甚多。若能整理得法，则荒田变佳壤，其利甚溥”。[④]

黄委会对豫、鲁等省的虹吸工程给予积极的支持，极力为河南省建设厅在柳园口及黑岗口的虹吸淤灌事业争取发展经费。1934年，河南省建设厅提出在黄委会应借英庚款项下，代借国币50万元，办理河南省黑岗口、柳园口淤田灌溉与修堤各工程，并附送计划书到会。当时黑岗口、柳园口一带地多沙碱，不能种植，而堤岸又年久失修，险象环生，倘不加修治，势必崩溃漫决，不仅河南一省沉溺堪虞，甚或侵卫夺淮，祸及他省，隐忧殊深，故黄委会对豫省建设厅此项兴修计划十分赞同，认为此“实与本会初旨切合，……当由本会拟具提案，连同原计划书等一并函送管理

① 范春泰：《民国时期山东黄河的虹吸淤田工程》，《黄河史志资料》1991年第3期。

② 秦孝仪主编：《革命文献》第82辑，《抗战前国家建设史料——水利建设（二）》，台北中央文物供应社1980年版，第569页。

③ 《本会第一次大会议事录》，《黄河水利月刊》第1卷第1期，1934年1月。

④ 《治理黄河工作纲要》，《黄河水利月刊》第1卷第2期，1934年2月。

中英庚款董事会请提出讨论表决，俾早借拨款，以便施工”。[①] 此外，由于涉及黄河防汛，黄委会不仅提供给地方安装虹吸管所需要的诸如流量、含沙量、最高及最低水位等数据，而且还对虹吸管的安装提出意见并进行监督。

虹吸淤田在开始应用时也曾遇到阻力，因为长期以来，人民畏河如虎，唯恐防之不力。河南省建设淤灌工程时，即使不开堤，仅用虹吸管引水，也“已引起苏皖人疑虑不少，纷纷反对”。[②] 为消除疑虑，黄委会委员长李仪祉曾就此请教世界知名水工专家恩格斯，恩格斯对此项技术持赞同态度，并认为“河堤上安设虹吸管，以淤内塘碱地较用涵闸为优，盖皆不至使河堤间断而成弱点，予赞成用虹吸管也”。[③] 得到恩格斯教授的肯定后，李仪祉对虹吸技术的疑虑稍释。此后，他极力推崇虹吸淤灌，认为“淤田工程，实可改良土壤，易盐瘠为膏腴，发展灌溉，易歉收为丰稔，地价增涨，农业丰收，国际民生，两受裨益”。[④] 1935 年，李仪祉为黄委会所拟的《黄河治本计划概要叙目》指出，豫、冀、鲁近河低地，泄水无路，除水面蒸发外，唯有渗漏之一途，又因土壤中蒸发作用，致使卤质上升，渐成碱地，不可种植，合计不下三万顷。该计划指出，“以如是广大区域，弃置不用，甚属可惜。近年山东省政府颇致力放淤工程，改良碱地，兼事推广沟洫灌溉之利。但以经费所限，未能尽量推行，兹宜统筹，以利进展”。[⑤] 将沿黄碱地淤灌列为黄委会治本计划之一部分，并准备对此进行统筹规划，足见该会对虹吸工程的重视程度。

1935 年，黄委会对黄河下游的虹吸淤田开始着手调查。是年，黄委会副工程师潘学勤奉该会委员长训令，视察指导河南省陈桥以东大堤培修工程。出发前他曾奉黄委会工务处函嘱：就该段留意查勘有无适合虹吸放淤之地点，并于各项资料随时搜集，分别具报。到达工段后，潘学勤遂遵函嘱，沿堤查勘并向居民探询离堤较远之各地情况，发现自草船口船员会所（在贾堤村附近堤顶）至代王庙间大堤紧邻河流，洪水位高于背河地面约 8 米，低水位亦可高出 5 米，均可施用虹吸引水。而计及水之去路，

---

① 《施政报告》，《黄河水利月刊》第 1 卷第 2 期，1934 年 2 月。

② 李仪祉：《托沈君怡至德国向恩格斯质疑之点》，《水利月刊》1935 年第 8 卷第 4 期。

③ 李仪祉译：《恩格斯复李仪祉函》，《黄河水利月刊》第 1 卷第 9 期，1934 年 9 月。

④ 李仪祉：《黄河概况及治本探讨》，黄河水利委员会 1935 年版，第 129 页。

⑤ 《李仪祉水利论著选集》，水利电力出版社 1988 年版，第 171 页。

则草场口船员会所附近当为安管适宜地点。[①] 同年，培修冀、鲁、豫三省大堤紧急工程各驻工工程师也接到了与上述内容相同的指令。工程师徐瑞鳌奉令在中牟工次附近一再查勘，发现中牟中汛二堡堤岸终年常临大河，堤南有水塘，低洼且卑湿，种植蒲草面积广大，土性多沙碱，民生疾苦殊甚，似有建设虹吸管放淤之可能，俾期改良土壤，以裕民生。然而，据附近一些居民说，该段土地虽不易耕种，塘中却可植蒲草，并且碱地能制土盐。当地民众依靠此两项，每年获利颇丰，尚能维持生计。若一旦安设虹吸管，引水灌入低地，将瘠土淤灌为肥田，策划虽好，“恐亦非最短期间凡沙碱地土即能增进优良之土壤，可收耕种之效果。而目前贫苦民众向恃蒲草及制土盐以营生者或受无形之损失”。[②] 黄委会在调查沿黄虹吸放淤时，不仅注意所调查地区放淤的可能性，而且兼及当地的民生，这是难能可贵的。

1938 年，黄委会还参与组设视察团，“沿河查勘，上迄豫境。未及推广（虹吸技术），而战事发生，其议遂寝”。[③] 花园口决堤后，柳园口与黑岗口两处虹吸管工程被日本侵略军拆除，山东已建的虹吸淤田工程也报废。

二 黄委会与西北地区的灌溉

黄河流经西北之青海、甘肃、宁夏、绥远、陕西五省。国民政府时期，黄委会推动了上述各省灌溉事业的发展。其中，该会与陕西省合办的灌溉事业最具成效。

（一）黄委会与陕西的灌溉事业

陕西是黄委会参与开发黄河灌溉事业较早也较成功的一个省份，是该会与地方政府合作兴办水利的典范。促成双方合作的原因是多方面的，取得的成效也是多重的。

---

① 《为报告遵函查勘陈桥以东适合虹吸放淤地点请鉴核由》，《黄委会民国二十三年至三十七年安徽省要求制止豫省引黄入淮、黑岗口安设虹吸工程及济南狮子张庄迤东修建窄遥堤》，黄河档案馆藏，1935 年，档案号：MG2.5－18。

② 《徐瑞鳌呈工务处》，《黄委会民国二十三年至三十七年安徽省要求制止豫省引黄入淮、黑岗口安设虹吸工程及济南狮子张庄迤东修建窄遥堤》，《徐瑞鳌呈工务处》，《黄委会民国二十三年至三十七年安徽省要求制止豫省引黄入淮、黑岗口安设虹吸工程及济南狮子张庄迤东修建窄遥堤》，黄河档案馆藏，1935 年，档案号：MG2.5－18。

③ 秦孝仪主编：《革命文献》第 82 辑，《抗战前国家建设史料——水利建设（二）》，台北中央文物供应社 1980 年版，第 569 页。

1. 黄委会与渭惠渠的修建

水利是农业的命脉，对于农业大国的中国而言，其关乎经济发展与社会稳定，不容小觑。民国是中国水利由传统向现代过渡的重要时期，在这一过程中，由于渭惠渠等新式水渠的兴建，陕西水利走在全国前列。渭惠渠现代化程度高，是民国时期陕西乃至全国现代水利工程的代表，取得了重要的经济及社会效益。

渭惠渠兴建的原因　1929年，西北发生旱荒，尤以陕西为重，该省“被灾地方，将及八十余县，被灾民众，已逾七百余万，多年兵灾甫息，荒灾继续迫临，死者已矣，其仅存者，多已失旧业，无家可归”。[①] 截至当年11月23日，全省因灾死亡人数达250万，到外省逃荒者40万人，全省人口从940万锐减至650万。[②] 旱灾使陕西地区饿殍载道，大量的农民流离失所，一片凄惨景象。据曾到陕西考察的德国人巴尔格记载：“年来陕中灾情严重，人民之流离颠沛或厄于疫疠者，不下百之七十。其较大城镇之居民，苟存扉半椽，莫不求售于人，藉得细软川资，而迁居河南或其他邻省。今岁收获，虽称不恶，然据官方所称，凡逃亡在外者，无一重返故乡，盖尽知来日灾荒，未有已时也。于是城市为墟，老弱填壑，所见惟囚首垢肤、鸠形鹄面、啼饥号寒者，惨目惊心，曷胜言状！”[③]

发展关中农田水利实为防灾救灾之需。关中水道，渭、泾、洛三河为大，皆饶灌溉之利，近河田地，胥被其泽。然而，故渠年久失修，多归堙废，非独农田失灌溉之利，常致荒旱，即使居民饮水，亦感极度困难。常凿井至二三十丈或三四十丈，不能得水。旱灾发生后，发展水利之需，在关中更显迫切。正如水利学家李仪祉指出的，“移粟移民，非救灾之道，郑白之沃，衣食之源也”。[④] 他不仅阐述了陕西兴修水利的必要性，而且提出了切实可行的具体措施。1930年正值陕西大旱，杨虎城是年主政陕西后，将水利事业列为省府施政的重要项目之一，他聘请李仪祉为陕西省政府委员兼建设厅长，主持该省的建设事业。在陕西省政府支持下，李仪

---

① 《陕省灾赈善后办法实施草案》，《大公报》1929年9月25日第7版。

② 陕西省委党校教研室、陕西省社会科学院党史研究室编：《新民主主义革命时期陕西大事记述》，陕西人民出版社1980年版，第183页。

③ 巴尔格：《陕西渭河流域灌溉计划书》，顾葆康译，《黄河水利月刊》第1卷第8期，1934年8月。

④ 宋希尚：《近代两位水利导师合传》，台湾商务印书馆1977年版，第94页。

祉得以积极从事该省的水利开发，以救济灾民，发展经济，改善民生。

渭惠渠的修建，也是开发西北及治理黄河之所需，得到国民政府的支持。20世纪20年代末30年代初，西北和华北的连年大旱，造成严重的经济和社会问题。为了应对旱灾威胁，国民政府积极着手西北水利开发，“年来西北亢旱，灾荒频仍，政府注意于西北水利之开发，对于渭河之整理及兴利，多所筹计”。[①] 1930年，国民党三中全会通过了《开发黄洮泾渭汾洛等河水利以救西北民食案》。同年，建设委员会制订了《西北建设计划》。1931年5月，国民会议第七次大会通过了《开发西北办理工赈以谋建设而救灾黎案》。国民政府决定开发西北，并相继派出西北科学考察团、西北实业考察团等进行实地考察。“九·一八”事变后，东北尽失，西北战略地位凸显，建设与开发西北更是成为国内有识之士的普遍要求，正如当时《申报》所言，陕西“绾毂西北、形势颇为重要。概自东北沦亡，开发西北呼声，一时风起云涌，渐已进为事实，陕西自以史地优越关系，形成开发西北过程中建设之重心。中央、地方及金融实业各界，均一致予以注意及助力，故其建设事业之进展、大有蒸蒸日上之势”。[②] 而开发建设西北应当首重水利和交通。鉴于渭河为黄河最大支流，是黄河泥沙的主要来源之一，黄委会认为治黄必先导渭，国民政府乃决定统筹治黄与导渭，并拨款10万元作为导渭经费，经委会常务委员宋子文还表示，愿意为修建渭惠渠提供一定的经费支持。

渭惠渠的修建，也有其地理上的有利条件。渭河自甘肃天水县流至陕西宝鸡县太寅村，约100里，俱行于陇山谷中。太寅村以东，渭河流经秦岭以北的平原地区，与秦岭平行，距山麓20—30里至70—80里不等，向东至潼关县流入黄河，行经陕西省境内约800里。其南岸支流，多至十数条，皆源自秦岭，如清水河、汤峪河、黑河、涝河、沣河、灞河等，皆有灌溉之利。但因当时未致力于泄水，引水用水，又不得法，故受益区域不广。北岸支流，以泾河为最大，长800余里。其余各河如金陵河、湃河、武河、石川河，源皆较远，长100余里至200余里不等。除泾河外，其余各河灌溉之利俱未发展。渭河南北两岸，俱为黄土高原，自西至东，原岸高出河床，自90余米减至30余米。自高原至河床，分为三阶段迭坡，皆

① 傅健：《渭河上流概况》，《水利月刊》1934年第6期。

② 赓雅：《陕西建设事业及其计划》（上），《申报》1935年5月6日第7版。

陡立。最高者称为头道原，次为二道原，又次为三道原。二道原及三道原宽各数里至十余里不等。渭河干支各流，俱来自黄土地带。而山石复因剥蚀，间多崩塌，故含沙特多。暴雨时山坡因受雨水淋刷，泥沙俱下，洪水含沙量竟达30%以上，土多沙少。低水含沙量只及1%—2%，土沙相间。“其水可以肥田，极宜灌溉”，[①] 颇富发展水利之潜力。

渭惠渠的修建　渭惠渠是作为国民政府中央治黄机构的黄委会和陕西省政府合作兴办水利的典范。按照黄委会组织法，黄河及其支流渭、洛等河一切兴利、防患、施工等事务皆由黄委会负责，而渭河的治理开发又与陕西省政府关系密切，于是双方确立了合办引渭灌溉工程原则：（1）此项工程由黄委会下设之导渭工程处办理，该处除直隶黄委会外，并受陕西省政府指挥监督；（2）该处所拟引渭灌溉计划应分呈黄委会核定及陕西省政府备案，其施工等一切事务应归陕西省政府指挥办理并呈报黄委会备案；（3）工程经费由导渭工程处直接向陕西省政府领用；（4）在引渭灌溉施工期间，导渭工程处职员薪俸由陕西省政府发给；（5）工程完竣，由导渭工程处报请黄委会及陕西省政府会同验收后，即由省政府指定或另设机关管理。[②]

在黄委会与陕西省政府合作修建渭惠渠过程中，李仪祉起了重要作用。他当时既是黄委会委员长，又兼任陕西省水利局局长，这种双重身份为黄委会与陕省府的合作提供了有利条件。正如时人所言，“陕西水利事业，其能有今日之成绩者，实赖李仪祉先生之倡导，与夫辅佐人员之努力，始克臻此。惟其如此，故能超出组织之范围，而使中央与地方隶属之水工机关，打成一片，乃致人事之调动，以及事业之推动，均能互相协助”。[③]

1933年9月，黄委会正式成立后，李仪祉即秉承中央之意，于当月20日，电令工程师孙绍宗筹备陕西导渭工程处。10月1日，导渭工程处成立，遂开始进行渭河测量、勘察工作。[④] 当时，德国人巴尔格鉴于宝鸡

① 《黄河水利委员会导渭工程处陕西引渭灌溉工程计划概说》，《黄河水利月刊》第1卷第10期，1934年10月。

② 《本会与陕西省府合办引渭灌溉工程原则》，《导渭工程处呈陕西引渭灌溉工程初步计划》，黄河档案馆，1935年，档案号：MG6.4—2。

③ 刘钟瑞：《陕西省水利》，《水利》1947年第14卷第6期。

④ 黄河水利委员会编：《民国黄河大事记》，黄河水利出版社2004年版，第78页。

县太寅峡内可筑水库，拟有蓄水、发电及扬水以灌高原之计划。然该计划估工费高达8000余万元，超出国民政府财政负担能力。李仪祉认为巴尔格的计划不仅工费高昂，也不精细，乃命工程师傅健等人实测太寅及石门等处山峡地形。李仪祉认为，在太寅峡处筑库拦洪以减下游河患可行，若为灌溉谋，则工程过巨。他根据华阴人吕益齐之倡议，命人于郿县附近觅堰址，认为在该县余家堡处筑堰可行。为慎重起见，李仪祉又命孙绍宗及黄委会副总工程师许心武等前往勘查，二人皆认为在余家堡处筑堰可行。李仪祉当时正值生病，他拖着病体，前去详为视察，发现余家堡果然是筑堰的理想地方，乃决定在此处筑堰开渠，命名渭惠渠，以导渭工程处总工程师孙绍宗主持测绘与设计事宜。为取得渭河流域的水文资料，黄委会暨导渭工程处于1933年10月设置咸阳水文站，次年5月又设太寅水文站，常年驻测，以取得渭河水位、流量、含沙量、雨量及蒸发量等水文资料。1934年7月，导渭工程处派工程师一人率领技术员及钻探工人前往郿县钻探拦河坝基及进水闸基附近地质，绘成地质断面图多幅，作为设计之根据。至1934年年底，渭惠渠设计告成。[①] 同年11月18日，陕西省政府通过《渭惠渠工程计划》。

该计划定于郿县城西筑拦河坝，并从北岸穿渠，由干渠达于支渠，灌溉郿县、武功、兴平及咸阳等县广达360平方公里、约60万亩的大平原地区，全部工费约200万元。由于有了泾惠渠的成功先例，渭惠渠工款的筹措相对较易。全国经济委员会常务委员宋子文曾当面告诉李仪祉，巴尔格计划过当非可行，若郿县引渭工款不出200万元，他定尽力提供帮助。陕西省府主席邵力子及其前任、时西安绥靖公署主任杨虎城也积极倡导与支持，力促该渠成功。银行贷款遂不是难事，正如李仪祉所言，“泾惠渠成效大著以后，国内各银行，群集其力以惠农民。更欲推而广之。于是对于灌溉事业，大加注意。邹炳文先生至陕与杨、邵两公一言而渭惠渠之借款以定”。李仪祉对渭惠渠的成功十分自信，“以省政府之力，全国经济委员会之助，银行之踊跃投资，其成功可立而待”。[②]

1934年11月14日，陕西省政府与银行签订引渭借款合同，总额为150万元。计中央银行45万元，中国银行35万元，交通银行35万元，上

① 李仪祉：《渭惠渠计划书序》，《黄河水利月刊》第2卷第1期，1935年1月。

② 同上。

海银行 22.5 万元，金城银行 22.5 万元，“规定视工程之需要，随时支用”。[①] 后因引渭工程并未按原定疏浚日期动工，导渭工程处遂与各承借银行之陕西分行协商，以泾惠渠、洛惠渠及引渭水捐、全省营业税收入为抵押品，重商借款合同。西安各承借银行分行经电沪总行请示核准后，推中国银行为总代表，于 12 月 9 日正式与渭惠渠工程处重订借款合同，声明将前定之引渭借款合同作废，工程处可视引渭工程之需要，随时动用借款，借款期限，仍为五年。这笔贷款不仅为渭惠渠的兴筑提供了资金保障，而且开了银行贷款支持农田水利工程之先河，具有重要意义，“抗战前，陕西省水利局于民国 25 年兴办渭惠渠工程，曾向中国银行借款举办，是为以银行贷款办理农田水利工程之嚆矢”。[②]

1935 年 3 月，陕西省政府成立渭惠渠工程处，由黄委会委员长、陕西省水利局局长李仪祉兼任处长，孙绍宗任总工程师。当年春季渠道定线后，于 8 月正式开工。工程分两期进行，第一期（1935 年 4 月至 1936 年 12 月）主要完成上段渠首枢纽、漆水河渡槽、引水干渠等工程，可灌田 17 万亩；第二期（1936 年 1 月至 1937 年 12 月）主要完成下段干、支、斗渠及分水闸等工程，可灌田 43 万亩，共 60 万亩。经 1940 年清丈队清丈，实际注册为 57.6 万亩。[③]

渭惠渠主要工程，在引水工程方面，有拦河大坝 1 座，引水闸及冲沙闸 8 孔，挑洪闸 3 孔等；输水工程方面，计第一渠长 52 公里，第二渠长 22 公里，第三渠长 41 公里，第四渠长 20 公里，共计渠道长 136 公里。另有漆水河渡槽 1 处及退水闸 3 孔。各渠因势共设跌水 41 处，各处跌水均可发展水力，约蓄水力 15000 马力，可随时采用，作灌溉工程之副业。渠道容量最大为每秒 30 立方米，全渠另设分水闸 2 处，及斗门 150 处，以调制水量。[④] 1941 年，又开凿了第五渠，自第三渠西吴 14 号跌水上游设闸分水，北穿陇海铁路，沿原边东行至茂陵，灌溉兴平、咸阳农田 2.3 万亩。

渭惠渠的修建是前无古人的创举。与泾惠等渠不同，“泾惠以前有郑

---

① 《引渭工程减为一百万元商妥后重订合同》，《申报》1935 年 12 月 12 日第 8 版。

② 万晋：《农田水利贷款事业之后顾与前瞻》，《中农月刊》1941 年第 2 卷 12 期。

③ 陕西省地方志编撰委员会编：《陕西省志·水利志》，陕西人民出版社 1999 年版，第 239 页。

④ 刘钟瑞：《陕西省水利事业述要》，《陕西水利季报》1938 年第 3 卷第 3—4 期。

国、白公已成而废之灌溉旧规，洛惠以前，有龙首方成而毁之灌溉陈迹，渭惠则前无古人，虽有成国渠，漳渠等，大概所引者仍为汧水，漳水非为现在之规模”。[①] 渭惠渠也是一个完全现代化的水利工程，其建筑设计较泾惠渠为优。泾惠渠建设时因交通未便，经费短绌，故桥梁、跌水等建筑皆不甚坚固。桥梁多以木、砖为之，跌水亦以砖为之，敷以洋灰。1933年，该渠曾被山洪冲毁，后由陕西省政府商请全国经济委员会继续建筑而成。[②] 渭惠渠则“多加以改良，桥梁多以钢骨混凝土为之，桥面铺铁轨以利火车行走，跌水则以砖及混凝土混合为之，其鼻及跌水床亦改良甚多”。[③] 各斗门也都改用铁门，以免罅漏。渭惠渠全部工程完成后，“一切引水、输水、分水等工程，均以钢筋混凝土为主，跻于现代工程之林，中外专家，交相称誉，郿县、扶风、武功、兴平、咸阳等县农民，庆获水利之实惠，于是陕西水利之信誉，乃传遍全国”。[④] 该渠“在陕西各渠之中，可称为代表作”。[⑤]

1938 年 1 月，渭惠渠工程处改名为渭惠渠管理局，设于平民县，负责渭惠渠管理事宜。管理局在各渠分设管理处，全区每村设渠保一人，每斗门设斗夫一人，每段设水老一人，水老、斗夫、渠保均由受益农民互相选出。

渭惠渠的经济效益与社会效益　渭惠渠的建成，给当地带来了巨大的经济利益。首先是扩大了灌溉面积。渭惠渠通过拦河筑堰的方式抬高了水位，使得原来的高地可得灌溉之利。例如，武功、扶风等地“二道原地势平坦，昔为高原旱田，井水多不能灌溉”。而渭惠渠第一渠修成后，“今则沿旱渠尽成水田，斗口输水，尽得灌溉之利，变瘠地为肥沃，厥田上上也”。[⑥] 渭惠渠的修成，也减少了域内的鸦片种植面积，扩大了麦棉种植区。关中麦棉区，悉在渭河流域，然该河“上流沿渭各县，年来以灾荒民困，多种鸦片，此欲饮鸩止渴之下策……今岁宝（鸡）郿（县）兴（平）武（功）一带，种烟尤多，……此区烟亩相连，烟苗勃兴，诚

① 李仪祉：《陕西之灌溉事业》，《水利》1936 年第 11 卷第 6 期。

② 《沪银团投资建筑陕省三渠》，《申报》1936 年 8 月 4 日第 10 版。

③ 李仪祉：《陕西之灌溉事业》，《水利》1936 年第 11 卷第 6 期。

④ 刘钟瑞：《陕西省水利》，《水利》1947 年第 14 卷第 6 期。

⑤ 李崇德：《西北水利事业视察报告》，《行政院水利委员会季刊》1944 年第 1 卷第 3 期。

⑥ 傅健：《陕西渭惠渠第一渠放水及灌溉》，《水利》1937 年第 13 卷第 3 期。

勘痛心刺目”。[1] 渭惠渠成后，由于政府禁止在灌区内种植鸦片或用渠水灌溉烟田，加之有稳定的灌溉水源，农业收成有保障，农民们纷纷易烟而改植麦棉，关中地区棉麦种植面积扩大了，农业结构和生态也逐步趋于正常。

渭惠渠的修建，也提高了灌区内农业的灌溉效率。农渠初通，乡民或瞻望狐疑，乃采漫溢灌溉法，注水于田，然后任其溢流。适逢天旱已久，麦田之漫溢者麦苗长势甚茂，人民逐渐相信渠水肥沃，乃竞相利用，请求开渠。“一人一日之力，初溉即可三四亩，今已日溉十数亩，省力效广，遂弃水车水井而不用”。[2]

随着渠灌的推广，其经济效益逐步显现。以农业生产为例，由于得到渠水滋润，灌区内许多旱田变为水田，农作物产量大大提高了，“小麦每亩收获三四斗者，而今可得一石有余，棉花每亩收获四五十斤者而今可得一百七十余斤。设平均每亩年增产十元，以两千倾计，可获益两百万元”。[3] 从1937年到1946年，渭惠渠灌区内粮食产量从109108市石增长至1142603，增长了10余倍，而棉花产量则由777市担增至70370市担，增长了90倍，[4] 其经济效益十分显著。

即使遇到旱灾之年，由于有稳定的渠水供给，灌区农业抵御自然灾害的能力增强了，作物收成也有保障。如1942年的大旱灾波及陕、晋、豫、鲁、冀、苏、皖7省，“陕西省全省干旱，特别是宝鸡、咸阳和汉中地区春季旱荒严重”。[5] 但是陕西省当年没有出现河南那样的特大灾害，也未发生1929年旱灾时人口锐减和大逃亡现象，这在很大程度上得益于渭惠渠等水渠消解了旱灾的影响，保证了农业的较为稳定的收成。1948年秋，陕西省因旱歉收，“惟各渠灌溉区内仍可及往年产额……渭惠渠每亩产玉米二市石……较往昔收成并无逊色”。[6]

1939年，渭惠渠管理局对灌区内农村经济状况进行了一次普查。当

---

① 傅健：《渭河上流概况》，《水利月刊》1934年第6期。

② 傅健：《陕西渭惠渠第一渠放水及灌溉》，《水利》1937年第13卷第3期。

③ 黄河水利委员会黄河志总编辑室编：《历代治黄文选》（下册），河南人民出版社1989年版，第499页。

④ 刘钟瑞：《陕西省水利》，《水利》1947年第14卷第6期。

⑤ 侯全亮主编：《民国黄河史》，黄河水利出版社2009年版，第193页。

⑥ 《陕各渠灌溉区受天旱影响米棉产量无逊往昔》，《申报》1948年10月6日第2版。

时渭惠渠灌溉面积以郿县为最少，咸阳次之，兴平最多，调查地点的分配，即以此为标准，共调查321村，其中郿县10个，咸阳15个，扶风、武功、兴平三县分别为70个、75个、161个。全灌溉渠村庄数约达600个，此数已过半，用以代表全区，有相当的真确性。根据该年对渭惠渠灌区农产收获情况的普查结果，可以发现渠水给灌区带来的巨大经济效益：该区水浇地十几种农作物的亩产量都比旱地作物产量有明显增长，增幅大都在1.5倍以上，有些作物如小米、大豆、绿豆、糜子的产量增加2倍以上。1939年，渭惠渠灌溉区内因受水惠而增加之利益，棉田每亩约为24.42元，麦田每亩约为9.28元，玉米每亩约为10.8元，灌溉区内用渠水者平均每亩收入较之未用渠水者，约增加9.03元。全灌区一年受水惠之增益，逾200万元，已超过了当年的开渠成本（参见表5-1）。

表5-1 渭惠渠灌溉区域二十八年农产增益情形

农产别	收获量比较			增益数			
	灌溉地每市亩平均数	旱地每市亩平均数	百分比	每亩农产品增益平均数（元）	农产品平均单价（元）	每市亩平均增益数（元）	全灌区增益估计总数（元）
棉花	1.03	0.64	161	0.39	62.61	24.42	393577.14
红薯	19.20	12.57	153	6.63	2.31	15.32	29291.84
花生	3.24	2.25	144	0.99	13.10	12.97	4967.51
小米	2.25	1.03	218	1.22	10.31	12.58	64812.16
玉米	3.05	2.12	144	0.93	9.71	9.03	520055.76
荞麦	2.05	0.96	214	1.09	7.44	8.11	18158.29
大豆	1.10	0.49	224	0.61	13.70	8.36	3026.32
绿豆	0.95	0.40	238	0.55	21.00	11.55	1767.15
糜子	2.44	1.12	218	1.32	8.60	11.35	1146.35
高粱	2.45	1.34	183	1.11	7.01	7.78	6760.82
芝麻	0.87	0.48	181	0.39	35.50	13.85	17728.00
小麦	2.04	1.13	181	0.91	10.20	9.28	785808.63
大麦	3.11	1.91	163	1.20	4.40	5.28	140738.40
芸苔	1.21	0.71	170	0.51	17.10	8.72	37784.12

续表

农产别	收获量比较			增益数			
	灌溉地每市亩平均数	旱地每市亩平均数	百分比	每亩农产品增益平均数（元）	农产品平均单价（元）	每市亩平均增益数（元）	全灌区增益估计总数（元）
豌豆	1.90	0.96	198	0.94	6.10	5.73	29451.50
扁豆	0.65	0.45	144	0.20	6.10	1.22	2166.48
总计							2057240.47

资料来源：《陕西省水利建设概况褒惠渠工程概述泾惠渠概述》，中国第二历史档案馆藏，1939年，档案号：377-5-498。

说明：各农产之产量除棉花、红薯、花生系以市担计外，其余均以市石计，表中个别有误之处已做改动。

农产收获的增长，使农民家庭收入也增加了。农民当时的经济状况以农产收入和农村副业收入为主。根据1939年的调查，“在农民收入项下，即使未将副业所得加入，只凭农产所得计算，收支相抵，尚有盈余，已可看出灌溉区内农民生活之优裕了”。[①] 依照农家每户有人5.9口，有耕地26.8亩，并全数得灌溉之利计算，则1939年，灌溉区内每家因渠水而得之利益，平均为293.73元，每人平均为49.78元。

渭惠渠的兴修还使得灌区地价明显增加。关中农村地亩，除特殊情形外，其价值常随农产收获量为转移，即每亩地价与其农产价值成正比。渭惠渠灌区内地亩在1937年以前大都为旱地，虽也有用井水灌溉者，但效益不彰。该区内的地价，在1929年大旱以后，“跌落至每亩一元左右”，自得渠水灌溉，地价便骤行增高，以后逐年上涨，“其较劣地亩涨至二十元，良田有在四十元以上者，近来收成丰裕，地价尚在飞涨中，较前可增数十倍”。[②] 灌溉区内地价逐年上涨，尤其在渠水未灌前及已灌后更为明显。根据1939年春季调查统计，未灌前之地价，尚未恢复大灾前情形，在得水后，却超过了大灾前的数目。这很可能说明农田得水后的确增加生产不少。至当年冬季，一般物价上涨甚快，不似战争初起时稳定，同时灌溉区内棉田又告丰收，每亩平均可得百元左右，因之地价亦倍涨，到

① 《二十八年渭惠渠灌溉区域农村经济状况调查》，《陕西水利季报》1940年第5卷第3—4期。

② 秦孝仪：《革命文献》第82辑，《抗战前国家建设史料——水利建设（二）》，台湾中央文物供应社1980年版，第561页。

1940年，继涨不已。大概情形，渠上最好的地，每亩非百数十元不能买到。然而“事实上更有令人诧异的地方，那就是即使出大价欲在灌溉区内购地，也至为不易，盖农家经济充裕，自耕农又占多数，大都不肯轻易将此等有保障不受旱灾侵害之地亩让出也”。①

渭惠渠的修建，在给灌区带来巨大经济效益的同时，也显示了明显的社会效益，其重要表现如下：

（1）随着农产及农民家庭收入的增长，灌区农户数和人口数都在逐渐增加。人口增长，不一定就象征着经济的繁荣。但是关中地区于1930年前后曾经历过一次大灾荒，当时人口逃散死亡，数目极大，农村经济遭到很大破坏，直到1936年还未恢复到灾前水平。在这种情况下，人口增长与经济发展之间当然存在密切关系。至1939年，渭惠渠灌区农村人口尚未恢复灾前状况。当然，这其中还有另外的原因，就是抗战后役政的推行。但从表5－2中的指数观之，1939年，灌区人口已较灾期增加18%，较渠未开前增加8%，每户平均人口数由5.7人增至5.9人，每村平均户数亦有显著增加。并且就1936—1939年渠成后三年间人口增加指数8%，与1930—1936年渠成前六年间人口增加指数10%比较，在增加率上看，开渠后显然比开渠前高。可以这样说，因渠水使农村经济增长，经济增长，使农民生活稳定，生活稳定，使死亡率及背井离乡外出谋生者大大降低和减少，这样便促成人口增长的加速。

表5－2　　各期平均人口数及指数增减比较表

时期	农家户数	人口总数	每村平均户数	平均人口数		指数增减	
				每村	每户	户数	人口
1927年	22115	128482	68.8	400.2	5.8	100	100
1930年	16172	91236	50.4	284.2	5.0	78	71
1936年	18001	104078	56.1	324.2	5.7	81	81
1939年	19286	114137	64.1	355.6	5.9	87	89

资料来源：《二十八年渭惠渠灌溉区域农村经济状况调查》，《陕西水利季报》1940年第5卷第3—4期。

（2）渭惠渠的修建，使灌区内农民抵御自然灾害的能力提高了，他

① 《二十八年渭惠渠灌溉区域农村经济状况调查》，《陕西水利季报》1940年，第5卷第3—4期。

们因天灾而破产或卖地逃亡的现象减少，所以，该区内地权较为分散，农民以自耕农为主，国内他处最严重之租佃问题，“在本灌区内，也和泾惠渠一样，无关紧要，佃农所占地亩，只及耕地总面积百分之一点六，而自耕农则占百分之九八点四，故不必重视”。[①] 中华人民共和国成立后，在该地进行的土改运动中，有“关中无地主”之说，印证了上述情况。学者秦晖说，“宋元以后关中农村逐渐小农化，大地产与无地农民均减少，到民国时代，租佃关系几乎消失”。[②] 租佃关系的微不足道，跟渭惠渠等新式水渠的兴修是有密切关系的。

（3）渭惠渠的修建，有利于农村经济的活跃及乡村秩序之稳定。陕西扶风、郿县、武功各县农村，在1929年大旱灾后，农民逃亡者多，“加以年来为产烟之区，率多瘠贫破户，村庄稀落，断壁残垣，风雨未遮”。1936年又值雨水缺乏，“农村益形恐慌，（然）在开渠期间，工人云集，农村经济较为活动”。渠成后，随着灌区内农产量的增加及农民收入的增长，农村经济活跃了，乡村社会秩序也得以稳定。据时人记载，渭惠渠第一渠放水后，“麦苗得以不枯，今春逐渐茂盛，收获较丰，是以农村得以安居耕耘，乡村秩序得赖以安。现时地价上涨，有田数十亩者，则全家终日在田勤劳，无形之中已现活跃之象”。[③] 渭惠渠等修成后，“陕省昔日广大贫苦之农村，今皆成为朴素殷实之田园，农歌于野，商乐于市，熙来攘往，各乐其业”。[④]

渭惠渠是李仪祉规划的“关中八惠”之一，是继泾惠渠、洛惠渠之后修建的又一条新式水渠。该渠现代化程度较泾惠等渠高，是民国时期陕西省乃至全国现代水利工程的代表。

渭惠渠的成功修建，主要得益于中央及地方政府的支持。1929年，西北与华北旱灾发生后，国民政府决定开发黄（河）洮（河）渭（河）等河流，以救灾黎并发展生产；“九·一八”事变爆发后，西北战略地位凸显，国民政府决定开发大西北。于是，地处西北、又为黄河最大支流的

① 《二十八年渭惠渠灌溉区域农村经济状况调查》，《陕西水利季报》1940年第5卷第3—4期。

② 秦晖、金雁：《田园诗与狂想曲——关中模式与前近代社会的再认识》，语文出版社2010年版，第45页。

③ 傅健：《陕西渭惠渠第一渠放水及灌溉》，《水利》1937年第13卷第3期。

④ 宋希尚：《近代两位水利导师合传》，台湾商务印书馆1977年版，第98页。

渭河的治理及开发就成为国民政府的必然选择。为此，南京政府不仅先期拨款10万元作为导渭经费交黄委会使用，指示该会与陕西省合作治理开发渭河流域，并且愿意为渭惠渠的修建提供进一步的援助。陕西地方当局在杨虎城及邵力子等人的领导下，将水利开发列为本省重要政务之一，虽在经济困难情形下，仍不计省款之支绌，毅然划出全省营业税，作为偿还渭惠渠全部工款之抵押，向银行借款。正是由于中央及地方政府的积极支持，中国银行界才愿意将钱款投向其以前从未涉足的农田水利事业。有了充足的开渠资金保障，渭惠渠的修建仅用了不到三年的时间就顺利完成，而此前修筑的泾惠渠，由于资金缺乏等原因，竟拖延了10年时间，后来才在华洋义赈会、檀香山爱国华侨捐赠及国内进步人士的资助下得以完工。现代水利工程具有规模大、耗资巨等特点，非有政府的支持难以建功。

为抗旱及防灾救灾修建的渭惠渠，建成后极大地改变了灌区的面貌。该渠获得了明显的经济效益。农民的灌溉效率提高了，灌区内可灌地亩及农作物种植区面积都扩大了，灌区抵抗自然灾害的能力增强，农作物产量增加了，农民家庭收入增长，地价上涨，农村经济活跃起来。渭惠渠的修建也给当地带来了显著的社会效益。农村经济的恢复与活跃，使得灌区人口稳步增长，村庄农户数及农户家庭人口数都有所增加。有了渠水灌溉，灌区土地可获得稳定的农产收入，即便地价上涨，农民也不轻易出售田地，地权稳定而分散，自耕农占区内农民的绝大比重，灌区内阶级关系不像其他地区那么紧张，乡村社会秩序稳定。正是由于渭惠渠等现代水利工程有着如此巨大的经济及社会效益，政府及社会各方面才乐意致力于水利建设，才会有以后汉惠渠等新式水渠的相继兴筑，从而形成良性循环，使得关中地区的农业在南京政府时期一枝独秀。这些水利工程在中华人民共和国成立后以至今天，仍在发挥积极作用。

2. 黄委会与陕西其他渠道规划

除了与陕西省合作发展渭惠渠灌溉外，黄委会还为陕西省拟订了多项灌渠计划，主要有：

耀惠渠初步灌溉计划　石川河源出梁山之阳，流经泾洛间平原，源头有二。漆水源出同官乡东北，南流至耀县，沮水源出中部县子午岭，流经宜君同官，纳大峪、纸房、石嘴诸水入耀县，沿东南乳山行绕县城，至鹳鹊谷，始名石川河。复向南流经富平县境，出谷后至相桥镇汇合清河，然后向东南流至交口镇入渭河。石川河全部流于山谷高原中，耀县以上谷宽40余米，出谷后，两岸间开阔，河床平均比降约五百分之一。鹳鹊谷以上河床与两岸均淤废，每值干旱，水量微小，渠道干枯；洪涨时奔腾下注，下游各地辄遭淹没，是以蓄水御旱并控制山洪实为要图。①

石川河冬令最小流量约每秒1立方米，洪水流量可增至数十倍或百倍，灌溉期内流量可达每秒5立方米。为发展该河灌溉，黄委会拟订了《耀惠渠初步灌溉计划》。该计划拟于党豆村附近建筑混凝土滚水坝，并开渠引水东流，经梁村寺背后渡苇子河，经富平县北达军寨，复折东北流经孙村，是为总干渠。自梁村分渠东南流经豆村、上官村、西王村，流入石川河，是为第二渠。自军寨西分渠，向东流经三合村石家，是为第三渠。灌溉范围为"石川河以东、苇子河以西及总干渠以南、第三渠以北，除村镇道路、坟墓、沟渠、河滩等地不计外，灌溉面积约为十三万三千亩"。② 若每15日灌溉一次，每亩需水以50立方米计，共需水量66.5万立方米。假定总干渠水量为每秒0.5立方米，则十五日聚集水量可无不足之虞。

《耀惠渠初步灌溉计划》主要工程包括：提河滚水坝（采用混凝土滚水坝）一座，坝身长约60余米；计划开挖总干渠、第二渠、第三渠各一道，计有土工154万立方米，支渠40余道，各支渠由农民自行开掘。跌水采用钢筋混凝土建造，总干渠共有跌水3座，第二渠共有跌水15座，第三渠共有跌水5座；拟建钢筋混凝土渡槽1座，全部大小桥梁约80座。据黄委会估计，灌溉渠完成后，"可灌地十三万余亩，苟善为整理，则岁可增产百余万元，而工程需款不过四十五万元"。③ 黄委会希望政府能与人民合力经营，促其实现。

沣惠渠灌溉工程初步计划　沣河源出秦岭终南山之阴，于沣峪出谷，北流经鄠县、长安、咸阳入渭河，长45公里，上游支流繁多。凡秦岭以北鄠县间诸峪水咸注入该河，较著者为大峪之潏水，石砭山之镐河、北冠

---

① 《耀惠渠初步灌溉计划》，《本会拟耀惠、沣惠、坝惠灌溉工程计划书》，黄河档案馆藏，档案号：MG6.4－53。

② 同上。

③ 《耀惠渠初步灌溉计划》，《本会拟耀惠、沣惠、坝惠灌溉工程计划书》，《耀惠渠初步灌溉计划》，《本会拟耀惠、沣惠、坝惠灌溉工程计划书》，黄河档案馆藏，档案号：MG6.4－53。

峪之高冠河及太平峪之太平河。各河无水文记载，据1934年9月陕西省水利局勘测，沣河流量为每秒18.5立方米，太平河约为每秒24立方米，潏河约为每秒8立方米。汛期流量可十数倍或数十倍于此。沣河严冬最小流量为每秒1—2立方米，上游河床陡峻，秦渡镇以下渐趋平坦，且河流迂回曲折，每易横决。原沣河排水道，已淤废，以致灾患迭闻。①

秦岭以北诸峪水皆饶灌溉之利，沣河在沣峪一带，自昔即导以灌田。因旧有渠道年久失修，利益日微，且多年来汛期暴涨，溃决频仍，损失颇巨，所以沣河治理对于农田水利殊属重要。为发展沣河流域农田灌溉，黄委会曾拟订有《沣惠渠灌溉工程初步计划》。该计划拟于沣河五楼村附近筑拦河坝一座，是为第一滚坝，并于潏河周家庄附近筑拦河坝一座，是为第二滚坝。自第一滚坝上游开渠，东北行，渡潏河经漫坡渡村赤丹桥折北，经郭杜镇富村、鱼化寨三桥镇及高低堡入渭，是为总干渠，并于富村分渠西行，经白家巷、蒲阳村、石匣口向北折，经棠家庄苏村、火烧村及北营里入渭河，是为第二渠。自第二滚坝上游开渠北行，经周家庄、居安坊、阎家庄及唐家寨入皂河，是为第三渠，并于安居坊分渠西北行，连接总干渠，是为第四渠。灌溉范围为第三渠以西、沣河以东、潏河以北之大平原，灌溉面积约为38.6万亩。

该计划全部工程费计需洋711530元，其他如预备费、行政费、工料费、工具及杂项等估洋10万元，总计需洋831530元。而沣惠渠告成，"可灌地约三十八万六千亩。每亩每年增产以十元计，可多获三百万八十六万元，地价又将增高"。② 渠成后，一年之收益就将远高于其工程费所需，有益民生至大。

沣惠渠是李仪祉计划的"关中八惠"之一。1938年冬，陕西省水利局成立沣惠渠工程处，对沣惠渠工程进行初步勘察设计，后因日军进逼关中而停办。1941年，在户县秦渡镇再次成立沣惠渠工程处，并于次年10月正式开工修建，1947年7月竣工。由于当时物价飞涨，工程投资加上农业贷款利息及其他有关费用，计54000万，③ 远超出当时的预算，但是

① 《沣惠渠灌溉工程初步计划》，《本会拟耀惠、沣惠、坝惠灌溉工程计划书》，黄河档案馆藏，档案号：MG6.4－53。

② 同上。

③ 长安县水利志编纂组编：《长安县水利志》，陕西师范大学出版社1996年版，第78页。

“它使本市（西安市）西北郊的农田二十三万亩，变成了水田”。①

灞惠渠灌溉工程初步计划灞河古名滋水，源出秦岭北麓，纳倒回峪、悟真峪、散峪、辋峪诸水，经蓝田西北流，其量始巨。复纳骊山南侧诸涧水，于新街镇入长安县境，并于光太庙会浐河北流入渭。在灞河附近，其最小流量为每秒八立方米，上游河床陡峻，流势湍急，且携巨量泥沙下注，致下游壅塞，溃决迭闻。昔日灞河颇饶灌溉之利，旧有堰渠因年久失修，大都淤废，涓滴细流时虞枯竭，灌溉之地逐日以微，是以改良整理实为要图。②

鉴于此，黄委会拟订《灞惠渠灌溉工程初步计划》，拟于灞河新街镇附近筑拦河坝一座，并开渠引水北流，经惠家庄、鲁家湾、豁镇、考义村及新筑镇，东折经颜家复北折，经黑虎庙及耿家集入渭河，是为总干渠。自惠家庄北分渠沿炕河西北流经方村下房寨、唐家堡及兴隆庄入渭，是为第二渠。自豁镇分渠东北流经三里阳、周家湾及贾村，会五里沟，是为第四渠。全部工程估计共需洋727600元，其他如工程费、行政费、管理费、测量费、工具及杂项等，估洋10万元，总计需洋827600元。渠成后“可灌地二十二万亩，其增加生产量与地价至巨，诚为整理民生问题之捷径也”。③

此外，黄委会还为陕西省褒惠渠进行工程设计。该渠1939年春开始测量设计，同年9月开工。唯在抗战期间，经费、工人、材料等均不应手，延缓期限至1942年，方始告成，“可灌田十三万五千亩”。④

总之，黄委会在陕西进行的水利开发是卓有成效的，不仅和陕西省合作兴筑渭惠渠，产生了巨大的经济和社会效益，还拟定耀惠渠、沣惠渠、灞惠渠灌溉工程计划，并完成褒惠渠的工程设计等工作。黄委会在陕西进行水利开发的规模和实效不论在西北还是在全国，都相当引人注目，尤其渭惠渠等一系列水渠的修建，使陕西的水利建设和农田灌溉面积大为改观，大大减轻了旱灾对陕西的威胁，粮食产量成倍增加，既支持了当时的抗日战争，也推动了陕西水利事业的现代化。

---

① 《旧河渠新工程》，《申报》1947年6月11日第7版。

② 《灞惠渠灌溉工程初步计划》，《本会拟耀惠、沣惠、坝惠灌溉工程计划书》，黄河档案馆藏，档案号：MG6.4－53。

③ 同上。

④ 魏永理：《中国西北近代开发史》，甘肃人民出版社1993年版，第74页。

（二）黄委会与青、甘、宁、绥地区的灌溉事业

除了积极参与发展陕西灌溉，黄委会也为推动西北青、甘、宁、绥四省的灌溉事业做出了积极贡献。但是与陕西省相比，黄委会参与上述四省灌溉事业取得的成就有限，多停留在灌区地形勘测阶段。

黄委会与青海之灌溉　青海之天然条件，适于放牧，故灌溉事业宜配合畜牧之发展。据20世纪40年代中期青海省政府的统计，全省当时有耕地为785500亩，全部人口为142.5万人，而水田面积又不及全部耕地面积1/10，每人平均分配水田仅为0.43亩。又因为青海缺乏雨水，若不施灌溉，收获没有把握，且作物年仅一熟，收获量亦微，“势非利用科学方法，发展灌溉事业，增辟耕地面积，不能供目下之需要”。①

黄委会对青海进行勘查后，认为发展青海灌溉当以黄河及湟水两河流域土地为主。黄河自河源至贵德，两岸俱为高山，河流其间，积沙浅濑，灌草丛生，无灌溉可言。大积石以上，河谷不宽，海拔在3400米以上，气候严寒，以农易牧未必合适。自来藏寺以北至循化，两岸支流众多，而河谷亦犹有宽放之处，故此处应当有不少大可经营之地。然上游之地多为砾石，苟非经河流冲积掩覆，颇难即施耕种。黄河河床两侧“多为治薮，与之相邻接者为台地，其高自十余公尺以至七八十公尺，引水灌田，伺藉水车轮以汲高，费重而难举”。②

黄河上游非苦于水源不足，而在平旷之地少。李仪祉主张其灌溉事业，仍当求动力于黄河本身。上游石峡不少，若于洮河口上下筑高堰以水力发电，堰之上游人烟稀少，无所损害。筑堰的目的在抬高水位，非在蓄水。水位抬高，堰之上游台地，引溉较易。而电力上可达于贵德，循化、临夏、临洮、洮沙等处，下可达于民和、永靖、皋兰等地。皆以其力汲水灌溉，庶可普及于沿岸台地。李氏认为，开发西北当先从水文与地质研究着手，其次是调查黄河及其支流沿岸台地，可以利用水电之力灌溉者共若干亩，其虽为石砾而可以用泥水灌溉者亦计之。水电若成功，则可以代替一切水轮，其所费也当甚低廉于水轮。③

抗战爆发后，政府财政困难，“欲筑堰以抬高水位，实戛乎其难”。

---

① 《青海水利视察报告》，《行政院水利委员会月刊》第2卷第11—12期，1945年12月。

② 《李仪祉水利论著选集》，水利电力出版社1988年版，第407页。

③ 《青海之灌溉》，《黄河水利委员会编〈西北水利问题提要〉》，中国第二历史档案馆藏，1942年，档案号：28—841。

在这种情况下，黄委会认为水车轮之利用，极宜推广。然而一水车需费约万元，非贫农所能负担，应由政府设法贷款，或择定适中地点数处，设立小规模之铁厂，专造水车轮所需之铁件。其木制部分，则在各灌溉地点配合，“若于一二年内先造成千架，每架灌田平均以二百亩计，则可得二十万亩之水田”。①

湟水流域为发展青海农田灌溉之另一重要区域。湟水亦称西宁河，源出噶尔庄岭，流长约300公里。与大通河相会后至达家川入黄河。湟水之谷，为汉代湟中屯垦地，灌溉历史甚古。不仅湟水本身多滋养，而且其较大之支流，不下二十余条，皆可引溉，洵膏沃之土。②

湟水流域灌溉虽历史甚古，所溉亩数，为全省各流域最大，但系沿用旧法。渠首用蛮石堆累，支、干各渠之位置及坡度，均未必合宜，渡槽则以独木为之，越过道路处，多缺桥梁、涵洞。至于拦河坝、进水闸及斗门等，皆存在问题，需要改善。如此，不仅灌溉用水不经济，且有时交通受其阻梗。每岁修渠所费，也为数不赀。③

40年代初，应青海省政府之请，黄委会曾派员前往查勘该省水渠灌溉。通过实地查勘，该会制订了发展青海灌溉计划，拟发展引黄灌溉5处，湟水灌溉4处，灌溉面积合计约10万亩。④ 五处引黄灌区（如表5-3）全属新开，均为黄河支流。青海境内黄河各支流，河身较浅，引水较易，自应尽量利用。五渠修成后，可增加水田32000亩，且全属荒地，利益不为不大。而黄委会所拟湟水灌溉区四渠（如表5-4）则多侧重于旧渠的改善与整理。若灌区成功，则72000亩之田可无缺水之虞。其中原属荒地者两万亩，在青海之缺粮情形下，引黄灌溉之利益亦属丰厚。“如尽量开发，沿湟水两岸为二百万亩水田之期望，颇不难达到”。⑤

---

① 《青海之灌溉》，《黄河水利委员会编〈西北水利问题提要〉》，中国第二历史档案馆藏，1942年，档案号：28—841。

② 同上。

③ 同上。

④ 水利水电科学研究院《中国水利史稿》编写组编：《中国水利史稿》（下册），水利电力出版社1989年版，第422页。

⑤ 《青海水利视察报告》，《行政院水利委员会月刊》第2卷第11—12期，1945年12月。

表 5－3　　40 年代初黄委会拟订的发展青海灌溉计划之引黄灌区

渠名	灌溉面积（市亩）	灌区内荒地面积（市亩）	备考
唐那海滩渠	7000	7000	已经测量
昂拉沟渠	6000	6000	已经查勘
尕卜沟渠	5000	5000	已经查勘
直探沟渠	6000	6000	已经测量
下金场渠	8000	8000	已经查勘
总计	32000	32000	

资料来源：《青海水利视察报告》，《行政院水利委员会月刊》第 2 卷第 11—12 期，1945 年 12 月。

表 5－4　　40 年代初黄委会拟订的发展青海灌溉计划之湟水灌溉区

渠名	灌溉面积（市亩）	灌溉区内荒地面积（市亩）	备考
曹家堡渠	13000	10000	现正施工
杨家砦渠	15000	3000	已查勘
平安镇渠	25000	4000	已查勘
乐家湾渠	19000	4000	已查勘
总计	72000	21000	

资料来源：《青海水利视察报告》，《行政院水利委员会月刊》第 2 卷第 11—12 期，1945 年 12 月。

上述灌溉计划中，曹家堡渠于 1942 年由青海省电请黄委会派员勘测后，拟定工程计划及概算，经呈行政院水利委员会，准以水利贷款办理，并由农民银行给予贷款 5000 万元（法币）。① 1943 年，在青海省建设厅的监督指导下，组织了灌溉工程处，专司该省水利之举办。1945 年，政府拨款开凿唐乃亥渠。此渠在大河坝东约 70 里，引大河坝水可灌田 5500 亩，1946 年竣工，即移民垦殖。其余诸渠或属已测待修，或属已勘待测，均未施工。

此外，黄委会还为青海省测量设计一些较小的灌渠，如化隆的甘都盐水沟渠，此渠在化隆县属甘都东滩。1944 年经黄委会第二勘测队勘测后

① 青海省地方志编纂委员会编：《青海省志 · 水利志》，黄河水利出版社 2001 年版，第 430 页。

修筑，当年竣工，即开地300亩，招租户耕种。[①] 1945年，黄委会组队查勘了青海兴海县唐乃亥以下黄河干流，并编写《三十四年查勘青海黄河干流水利报告书》。[②]

黄委会与甘肃之灌溉　甘肃省气候干燥，雨量稀少，亟应发展灌溉，以增农产。唯以其地多为高原，引水困难，是以在甘肃境内兴办大型农田水利事业常为地形所不许。该省灌溉区多在河谷冲积地带，范围较广者，则为额济纳河流域。该河在祁连山北、合黎山及龙首山之南，由雪水荟萃而成。流域内平原肥沃，水之所经，便成乐土。域内灌溉事业，待兴办者尤多。水之主要来源，为山间融解之雪，次者为泉水。二者水量皆受天然限制，无可增裕，故欲扩增面积，须从节流入手。融雪之水为气候所支配，故冬令及初春，岭冰未解，乏水可用，夏季洪涨，为害田庐，需节流加以调剂。[③]

鉴于此，李仪祉拟有两种节流之法，一为筑水库以蓄水，二为地下蓄水。水库可于山谷间择适当地址修筑，以能容夏季洪水，而备冬春之用。此外，亦可凿井以增水量。流域内地下水位颇高，地面以下不过丈余或数丈，即可见水，开井灌田并不困难。

黄委会认为，本流域内水利之发展，以整理旧渠，增裕水源为首要。厘定管理章则，以息水利纠纷，亦刻不容缓。因为该域或上游夺下游之水，或下游坏上游之堰，小则乡与乡争，坝与坝争，大则县与县争。尤其经过数年开垦后，该河上游垦地稍广，渠道难免淤浅，雪量亦有减少。上游见水少而倍形珍贵，常致下游涓滴无余，以致赤地千里，生死所惜，上下游为夺水，械斗之事乃常发生。故“亟宜先事测量，继以规划，就地形高下，水量之大小，妥为整理分配，庶水无虚牝，而争端亦息”。[④]

为开发甘肃水利，20世纪30年代后期至40年代初，黄委会曾与甘肃省政府积极合作，从事省农田水利勘测，主要有：（1）渭河流域甘谷至鸳鸯镇段灌溉工程。由该会派员与甘肃省府商洽，就甘谷之渭水峪至鸳鸯镇一段，计长60余公里，先行勘测地势，设计灌溉工程。1939年，测

---

① 罗舒群：《民国时期甘宁青三省水利建设论略》，《社会科学》1987年第2期。

② 黄河水利委员会编：《民国黄河大事记》，黄河水利出版社2004年版，第194页。

③ 《甘肃之灌溉》，《黄河水利委员会编〈西北水利问题提要〉》，中国第二历史档案馆藏，1942年，档案号：28－841。

④ 同上。

量完竣后，设计在甘鸳段内濒南北山坡开凿干渠两道，并整理渭河河槽，修筑堤工，在鸳鸯镇以下利用山峡处建筑洪水库引水，泄入渠道。如此不仅可以免除山洪暴发、泛滥为患，并可借蓄水以灌溉下游两岸田亩，增加农产。（2）测勘庄浪河灌溉工程。永登县之庄浪河及秦王川一带地势平衍，可供灌溉之耕地达60余万亩，经黄委会勘测完成，从事设计。该河位居高原，比降甚陡，一遇暴雨，即泛滥为灾，俄顷又干涸立至，对于农田作物极不相宜。欲谋该区域之灌溉顺利，必须调剂水量，增进水源，视事实上之需要，引用庄浪河水分别开渠灌田。（3）施测大通河灌溉工程等。①

1941年8月，甘肃省政府和中国银行合资成立甘肃水利林牧公司，甘省出资300万，中国银行出资700万，以办理甘肃省农田水利为主要业务。1942—1943年，该公司与黄委会及经济部资源委员会合作，组织了水利查勘第一、第二分队，公司单独成立第三分队，按照流域范围对甘肃的水利资源及开发情况进行有史以来的第一次全面勘察。② 此项工作，不仅为确定当时甘肃水利工作方针提供了可靠依据，而且为抗战胜利后落实开发河西的全面规划奠定了基础。

由于1941年后甘肃省之灌溉工程，主要由甘肃水利林牧公司负责，黄委会参与此项工作明显减少。关于高原灌溉部分，黄委会上游工程处曾奉令调查过甘肃省陇东区高原灌溉区域。此次勘查，共历十二县，勘得泾河、黄河两流域可以灌溉之高原，约13000余平方公里，但雨量均稀少，山溪之水复微，不能直接利用，须筑坝蓄水，或由电泵抽水灌溉。③

黄委会与宁夏灌溉黄河之利，首推宁、绥灌溉。谚云："黄河百害，惟富一套"，又云"天下黄河富宁夏"。然"民国以来，水政失修，原有渠道多未达地尽其利、水尽其用之目的"，④ 直至1931年，地方当局始注意之。除疏浚旧渠外，复修筑云亭等渠，并于各大干渠所在地，设有水利

---

① 黎小苏：《经济建设中之西北水利问题》，《西北资源》第2卷第1期，1941年4月。

② 达慧中：《抗日战争时期甘肃水利的发展及其原因》，载中国水利学会水利史研究会编《中国近代水利史论文集》，河海大学出版社1992年编，第163页。

③ 《灌溉工程》，《黄委会上游工程局有关方面新闻稿二则与四年来工作概况及展望》，黄河档案馆藏，1944年，档案号：MG6.1-38。

④ 《宁夏水利现状》，阎树楠著《宁绥之黄河水利（稿本）》，中国第二历史档案馆藏，1948年，档案号：27-401。

分局，专司管理养护之责。

宁夏灌溉，按其天然形势，可分为三区，以青铜峡为枢纽。青铜峡以上，夹河而垦，灌中卫、中宁二县之地者，为中卫区。该区较大灌渠，在中卫县有美利渠，在中宁县有七星渠。青铜峡以下，至石嘴山间，黄河西岸为河西区，包括宁朔、平罗等县，较大渠道有汉延、唐徕、惠农、大清、昌润、云亭等六渠。在河东灌金积、云武二县地者，为河东区，该地较大渠道有秦渠、汉渠、天水等三渠。以上即为宁夏十一大干渠。①

其余较小渠道尚多。据1936年出版的《宁夏水利专刊》所载，全省干渠45条，共长2773公里，支渠3356道，共可灌田185万亩。然因渠道废弛，实灌亩数，只71万余亩。而黄河两岸可施灌溉之面积，约有400万亩。渠道众多，而所灌面积颇小，原因有三，即水源系利用黄河涨水，旧河面低落，水不能入渠；水头不足，流不能远及；民力甚艰，不能多开。各大干渠均甚宽深，犹然巨川，但弱点多，主要有三方面，即势平流缓，以致水中所含泥质，足以肥田，亦足以淤渠；有灌溉而无排水，以致积潦成湖，处处皆是，而碱盐发生，无以冲洗，故田中废弃者多；渠口分歧，各自引流，不相统属，因改控不易，维持之费甚昂。② 若能将旧筑渠道按现代方法加以改善，则收获必增数倍。

鉴于此，改良宁夏旧有灌溉制度势在必行。1934年9月，黄委会委员长李仪祉视察宁夏水利后，就曾拟有改善计划。他认为，十一大干渠中美利及七星二渠，皆源于中卫，美利处北岸，苦入水不畅，七星处南岸，苦田水冲崩，略加改良可也。青铜峡以下，东西两岸秦、汉、唐、清以及新开诸渠，皆可归纳于一系统之下，其办法为：于青铜峡百八塔处，跨黄河建桥以通火车、车、马、骆驼，桥下各石矶之间可安设活动堰，以造水岭（水头），使低水面升高2米。东岸延长石矶作坝连于岸，于其间另开渠口，名为东干渠，下通秦、汉等渠，各为其支系。是故其他渠口皆可废，而统于桥上操纵之。桥下两公里处可作退水渠闸，通于黄河，以为冲刷干渠淤泥之助。东干渠之下，就旧有各渠整理扩充，可得灌溉面积至少100万亩，较之秦、汉二渠原有灌溉增加五倍。西岸由桥下作引水坝，按

---

① 《宁夏之灌溉》，《黄河水利委员会编〈西北水利问题提要〉》，中国第二历史档案馆藏，1942年，档案号：28－841。

② 同上。

原有迎水坝址，上连桥矶，下连河洲，就唐徕渠口、套河作土坝，使桥下之水为引水坝所引者，统归于渠，名曰西干渠。故凡旧有汉延、大清、惠农等渠口皆废除，而统于坝上操纵之。套河土坝进水渠口之侧，可作冲刷闸，以为冲洗淤泥之用。西干渠就旧有各渠整理扩充，可得灌溉面积200万亩以上。较之原有灌溉，增加四倍不止。宁夏各渠，向来将剩余之水排于各湖沼，故湖沼甚多，“宜另作排水系统，使排之于河”。[①] 如此则碱质可以洗涤，而良田面积可以增加。

李仪祉还曾拟定引黄灌阿拉善沙漠之计划。黄河自靖远北行至五方寺(海拔134.47米)，出长城，至中卫之张家堡复入长城。在此段间，两岸石山，高400—500米，河床宽仅100米。以时人所绘地图度之，黄河与阿拉善区相隔之山，亦不过5公里左右。若将山打通，使黄河于盛水时得分其余溜，以灌阿拉善沙碛之地，则变沙碛为良田，其亩数不可限量。因黄河低水用于宁夏后套及萨托灌溉区，面积共1200万亩，已需每秒360立方米流量，绝无余水可以灌溉他处。故欲灌阿拉善地区，只可用春季桃花水，及伏汛之水，以种春麦及稻菽为宜。设能引每秒300立方米之水量，则可成田千万亩。李仪祉认为，“事之可为，莫过于是，而因之以减少下游水患，减少黄河泥沙，其益更多。水田千万亩所产粮食约可供500万人食用，边防军饷犹何待外求”。[②] 此种设想虽好，但是后人详细调查，“认为此种可能并不大。因为自黄河向北地势渐高，引水自不易实现”。[③]

20世纪30年代，黄委会主要致力于黄河下游防害，对于宁夏灌溉，虽有关注，欲重新恢复该灌区的历史荣光，但是有心无力，只能做一些灌溉计划而已。至40年代，该会将测绘工作重心转移到黄河上中游，于1942年派第十三测量队至宁夏，测量银川灌区万分之一地形图。测量队先测旧有各渠，次测黄河与阿拉善沙地间地形，以便拟订计划，一俟战争结束，即可兴工。

迨至1944年，水利委员会根据当时抗战发展形势以及水利建设需要，认为宁夏灌区发展潜力大，可以作为战后水利建设重点地区，并可安排复员战士进行屯垦。黄委会积极响应，于当年10月成立黄委会宁夏工程总

---

① 《宁夏之灌溉》，《黄河水利委员会编〈西北水利问题提要〉》，中国第二历史档案馆藏，1942年，档案号：28－841。

② 同上。

③ 王成敬：《西北的农田水利》，中华书局1950年版，第43页。

队，任命严恺（时任黄委会技正兼设计组主任）为总队长、揭曾佑为副队长兼设计组长、李燕南为测绘组长，下设第一、第二、第三分队及第十三测量队。四个测量队“按片分工，第一分队、第十三测量队测河西，第二分队测卫宁，第三分队测河东。每队分导线、水准各一组，分地形两个组开展工作”。[①] 同年，黄委会宁夏工程总队在总队长严恺的主持下，派汪闻韶等在银川中山公园进行水稻需水量试验，此举开宁夏农作物灌溉需水试验之先。[②] 经过 1945 年、1946 年两年努力，宁夏工程总队绘制出灌区 1∶10000 地形图 83 幅，测图面积达 6631 平方公里，还测量黄河大断面 567 个，渠道断面 1337 个，并设计制订出青铜峡闸坝和河东、河西总干渠及灌区改造计划图表。[③] 至此，宁夏灌区才有了一份较为精确的地形图。

黄委会与绥远之灌溉黄河所经九省，得灌溉之大利者，除宁夏外，还有绥远。绥远引黄灌田事业，可分为三大区域：乌拉山以西为后套灌溉区，该山以南为三湖河灌溉区，以东者为萨托灌溉区。

后套灌溉区。黄河在绥远境内，背依阴山，有乌加河绕之。该地掘渠可灌五原、临河及安北之田，其面积纵可 200 公里，广可七八十公里之地区，称为后套灌溉区。该灌区水渠口开于黄河北岸，终于乌加河。而乌加河则汇于乌梁素海，通于黄河。所以，绥远排水制度，较宁夏为优。绥远干渠亦有十一，即永济渠、刚济渠、丰济渠、沙和渠、通济渠、长济渠、塔布渠、黄土拉亥渠、杨家河及民复渠。各渠灌田多寡，全视河水消长。旱年所溉者少，潦年所溉者虽多，却又往往成灾。

据李书田估计，后套平原可耕地计有 1600 万亩，其中可以得灌溉之地约有 1000 万亩。而实际能得灌溉之利远没有上述灌溉面积大，故后套平原农田水利事业尚有发展余地。办法之一就是对原有渠道进行整理，因为该区虽有许多道灌溉渠，但是各个灌溉渠都未能采用科学方法。其主要弊端有：纯利用河水高涨时自然流入，不遇高涨时，水即不能入渠；各渠渠口地点较高，均无引水闸坝，不能绝对控制渠水流量，黄河汛期时，便容易有淹没灌溉区的危险；各渠余水都注入乌加河，但乌加河水位较高，

---

① 王三祝：《前黄河水利委员会在宁夏测图纪实》，宁夏区政协文史资料研究委员会编：《宁夏文史资料》第 13 辑，1984 年，第 125—126 页。

② 宁夏水利志编纂委员会编：《宁夏水利志》，宁夏人民出版社 1992 年版，第 72 页。

③ 《宁绥工作总队报告》，《新黄河》1950 年 2 期。

退水不畅，常有倒灌的危险；黄河河床变迁无定，以致各渠渠口形势无常，造成每年各渠渠口改善与岁修所费甚多，而控制进水并无把握。[①] 此类弊端导致后套平原大范围的良田不能生产，唯有整理改善原有灌溉才能扭转这一局面。应绥远省政府邀请，1935 年 8 月，黄委会会同省府成立测量队，开始对绥远黄河及乌加河进行地形测量，为改善该地区灌溉做准备。

关于改良方法，黄委会建议从变更各渠方向入手，即“以乌加河为引水总渠，另凿支渠，分引东南趋灌溉区，退入黄河。如此淤垫可以减少，并于总干渠口修筑节制工程，尤于全渠有益”。李仪祉认为乌加河上游与黄河衔接处，早经淤成平陆，疏浚颇为不易，而宁夏磴口以下，地势平缓，亦可施行灌溉。所以，他提出不如自磴口黄河北岸起，向东北方向挖渠 90 公里，经陆家店至黄土拉亥渠，再东北循乌加河，向东行 200 公里入乌梁素海后南出，另凿新渠 20 公里，绕乌拉山麓，至小庙店，循三湖河而向东 65 公里，至土黑麻淖，再凿新渠 40 公里，抵包头镇，接平绥路。若如此，自磴口至包头，总计渠长 415 公里，其中须凿新渠 150 公里，疏浚旧渠 265 公里，“如此寓发展交通于疏展水利之中，开发西北，计莫愈于此者”。[②]

萨托灌区。此区包括包头以东，归绥以西，黄河与阴山间广大平原之灌溉区域，因所灌亩数，以萨拉齐与托克托为多，故以萨托区名之。其渠道以民生渠为主要，故亦称民生渠灌溉区，此区面积小于后套。[③]

民生渠系引用黄河水之灌溉工程，于 1932 年放水。渠首在包头县磴口，尾入大黑河，长 72 公里。渠口采用提闸式，水进入多寡，可以自由控制，不似后套各渠依靠天然力。干渠成后，支渠未成，骤遇 1933 年及 1935 年夏季黄河洪涨，及山水爆发，渠之淤淀及溃决甚多。民生渠的缺陷在于黄河本身之坡度极小（万分之一），而渠身之坡度反较陡（八千三百分之一），换言之，即其“设计违背了科学规律，造成渠高水低，难以顺利引水灌溉”。[④] 故渠尾深于黑水河之尾，而水不能泄。平时固无可虑，

---

① 王成敬：《西北的农田水利》，中华书局 1950 年版，第 30 页。

② 李仪祉：《黄河概况及治本探讨》，黄河水利委员会 1935 年版，第 127 页。

③ 《绥远之灌溉》，《黄河水利委员会编〈西北水利问题提要〉》，中国第二历史档案馆藏，1942 年，档案号：28－841。

④ 侯全亮主编：《民国黄河史》，黄河水利出版社 2008 年版，第 159 页。

而涨水时，黄水入渠，若黑水同时涨，则不免浸没成灾。假设水涨时闭闸不启，则渠等于无用。民众所利用者为秋水，因为除秋水外，其他季节水位较低，也难入渠。小水无计排泄，渠平易于淤积，尤为其弊。李仪祉指出，对于民生渠不宜求全责备，“必使灌溉逾二百万亩，且四季之水皆可用，为不可能之事。纵勉设灌堰以增高河水位，而因以增加渠中水深，并筑长堤（二十公里）以防洪涨，则以后维持之费，尤为不赀。稍一疏虞，则黄河势将改徙，前功尽弃。又必使渠尾入黑水河之主张，亦大可放弃”。对于改善民生渠之意见，他以为，“可就现在干渠之线，略加濬治，至第九支渠之口不复东行，乃顺第九支渠之始向东南行穿之，至循黄河旧槽下与民利渠尾相接，导之复归本河”。他还建议民生渠渠首可以不设闸，使黄河水自由出入；渠与河间之面积，听人民自由引水灌溉，水涨则淹溉，水枯则用翻车灌溉亦可。其灌溉面积“得有数十万亩，于计已足。所费者有限，而豚蹄之愿可以速偿。故不必糜巨款于不可恃之企图也”。至于黑水河灌溉，则大可整理以益其效。二者并行，使民生渠不与黑渠相混，而其中间之余空，也可以穿沟洫以排山水，可以不致再为灾害。[①]

20 世纪 30 年代，黄委会及李仪祉改善与发展绥远地区灌溉的计划未及实施，抗战爆发，绥远陷于战火。在战争环境中，水利建设困难重重。但是为了开发西北及支援抗战，黄委会 1943 年编制了“整理绥远灌溉工程计划”，并派董在华为队长的第十四测量队驻在陕坝，开始测量河套 1∶10000 的地形图。[②] 而黄委会上游工程处更是认为，绥远灌溉开发潜力巨大，“如经整理完善后，……绥远则可灌地二千一百万余亩”。[③]

抗战胜利后，为开发绥远灌溉，黄委会对绥远灌区进行新的规划和测勘，乌梁素海总退水渠工程就是其中一项。自 30 年代以来，因乌梁素海总退水渠宣泄不灵，致使乌梁素海水面日渐扩大，良田淹没逐年增多，更导致多数干渠尾间退水不畅，而生淤淀现象。长此以往，则后套灌溉田亩将日渐减少，故后套灌溉事业兴废，实视乌梁素海退水程度如何，“畅则兴，滞则废”。绥远省水利局局长王叔彬特约宁夏工程总队派测量队前往

① 《绥远之灌溉》，《黄河水利委员会编〈西北水利问题提要〉》，中国第二历史档案馆藏，1942 年，档案号：28－841。

② 陈耳东：《河套灌区水利简史》，水利电力出版社 1988 年版，第 135 页。

③ 《黄河上游工作之检讨与展望》，《黄委会上游工程局有关方面新闻稿二则与四年来工作概况及展望》，黄河档案馆藏，1944 年，档案号：MG6.1－38。

勘测，并谓现有之总退水渠坡度有限，势须另选新退水渠线，由乌梁素海经卧羊台导入三湖河为最宜。1946 年 8 月，黄委会指令宁夏工程总队协助绥远省测量善后急救工程。该队遂于 9 月派员前往，次月勘测完竣，拟就《绥远省乌梁素海总退水渠改线工程勘测报告书》。该报告书指出，绥远后套原有总退水渠归入黄河时，受坡度限制，其本身实难改善，必须另改新线以增多其泄入水量。同时，该队拟定了新的退水渠路线："由乌梁素海之东南边开口，正南穿过卧羊台再折向东南，几与公路成平行，紧靠西小庙、东小庙及王瘤子濠，至包头线之莫德不隆入三湖河。"此外，该队还另拟了一条参考路线：开口于西山嘴桥南总退水渠之东岸，由乌梁素海至开口处之一段现有总退水渠，稍加开宽，再施以裁弯取直，以增加其退水量，由开口处向东挖约六公里至王瘤子濠，再将王瘤子濠稍加整理，藉以至三岔口而归入三湖河。报告书还认为，"新计划渠线，情形最佳，收效最大。假如因工程艰巨，不易施工，则可采用上述较为省工之参考渠线"。虽然该参考渠线附近，因黄河漫水淹浸，当时未得尽测，不能估算其完成后之效益，但"可确定其较现在之总退水渠已改善多矣"。①

1947 年，水利委员会饬令黄委会宁绥工程总队赴绥远施测灌溉工程。宁绥工程总队于 1947 年 2 月底奉令由宁夏工程总队改组成立，迁包头后，改任阎树楠为总队长，孙致祜为副总队长。总队下仍设立三个分队，并调整成立设计组和测绘组，组长分别为董在华和李文镜。原在绥远之第十四、第十五两测量队亦归该总队指挥，先行办理绥远后套灌溉区域测量设计工作。后套灌溉区域施测范围除第十四、第十五两测量队于 1946 年年底以前已将临河一带地形 1400 平方公里测竣外，尚余约 8600 平方公里，需继续施测。为各项水利工程配合起见，区域内长约 240 公里的黄河河道，亦需同时施测，以作将来治河依据。

经过两年努力，宁绥工程总队完成了后套 10312.56 平方公里的灌溉区地形测量，并绘制成 1∶10000 地形图，同时测量黄河大断面 148 个，渠道断面 1106 个，并编拟《三湖河区灌溉工程计划》。总队长阎树楠 1948 年在编写的《宁绥之黄河水利》一书中，对绥远灌溉计划又作进一步补充发展，主张将后套及三湖河合并整理，应用同一进水口，开挖总干

① 《绥远省乌梁素海总退水渠改线工程勘测报告书》，黄河档案馆藏，1946 年，档案号：MG5.2－102。

渠，将旧有之干渠改作支渠，能利用的尽量利用。[①]

第二节　黄委会与黄河航运之发展

黄委会将整理黄河航道作为治河的一项重要任务，这项工作也是该会发展黄河水利的重要内容之一。20 世纪 30 年代，委员长李仪祉提出整理黄河航道的必要性及办法，并对该河进行初步考察，为黄委会此后的航运规划和航道整治提供参考。40 年代，为开发西北及支援抗战，国民政府加强黄河中上游航道的管理，由黄委会统一黄河测勘、规划与整治，沿河相关各省建设厅予以配合。这一时期，对黄河及其支流的测勘力度加大，河道整治也取得一定成就。但是由于经费限制，河道全面整治仍难以施行，计划实施的整治工程也多被减缩，加上战争影响，黄河中上游的长途贸易量在整体上反较战前下降，各省情况不尽相同。

一　整治黄河航道的必要性

在中国历史上，特别是汉唐时期，黄河曾是重要航道，因为古代中国的航道偏于政治。元、明、清三朝，中国以北京为首都，航运中心转移到运河。近代以来，由于海运兴起及铁路修建，内河航运衰落。加之黄河本身难治及入海口缺乏良好商港，其航运遂为国人所忽视，当时黄河"不过支节能通几只牛皮船及木船而已。用现代的交通眼光看起来，直可谓之不通航"。[②] 现代意义的通航，是以能通行机轮，有大批货物为前提。

尽管近代黄河航运已衰落，但是河道仍有整治的必要。首先，此为治河的需要。李仪祉认为，"以前的治河目的，可以讲完全是防洪水之患而已。此后的目的，当然仍以防洪为第一，整理航道为第二"。[③] 他说，"治黄工事，除下游防洪外，舍交通而又无属"。[④] 在李仪祉的领导和影响下，黄委会治河不再以防患为唯一目的，而是追求防患与兴利相结合。同时，整治河道，使航运通畅，便于运输治河工具和材料，对河防也大有裨益。

---

① 陈耳东：《河套灌区水利简史》，水利电力出版社 1988 年版，第 135 页。

② 《李仪祉水利论著选集》，水利水电出版社 1988 年版，第 40 页。

③ 《李仪祉全集》，中华丛书委员会 1956 年版，第 423 页。

④ 《航运》，《黄河治本计划概要》，中国第二历史档案馆藏，1943 年，档案号：2－9274。

李仪祉曾对根本防洪工程与整理航道工程所需的条件进行对比（表5－5），发现防洪和航道整治所需条件具有高度的一致性，他由此得出结论：黄河孟津到利津、潼关到禹门段治河工事，防洪与航道可以并筹兼顾；但是河套一段，性质稍有些不同，当另论之。

表5－5　　黄河防洪与治河所需条件对照表

根本防洪所需要的条件	航道所需要的条件
河床固定，岸不崩，河不徙	同左
河床刷深	足深水槽
洪水量有节制	同左
不要歧流泛滥	河槽划一
河床坡度要有规律	水面坡度要适宜
水势不可太弱	枯水时不要太浅
行凌要畅利	冰期要缩短
减除泥沙	同左

资料来源：本表根据李仪祉的《黄河治本的探讨》（《黄河水利月刊》第1卷第7期，1934年7月）相关内容编制。

其次，整治黄河是开发西北的需要。从自然条件讲，黄河流经九省，长达五千多公里，流域面积数十万平方公里，不用以发展交通，殊为可惜。从时政而言，由于日本发动“九·一八”事变，东北尽失，国民政府乃提倡西北开发。而西北开发的第一需要为交通。当时的开发事业，主要是振兴当地农业、开采矿业及利用当地原料发展加工制造业。但是生产农矿产品及工业品没有便宜的运输方式，则决不能行。当时，黄河水道所过之宁夏、绥远，“皆苦积谷太多而不能出，虽有平绥铁道不足以调剂”，而陕甘的药材、皮毛、骨革，神木之碱、延长之油、韩城之煤，又都是黄河沿岸的出品，须要运出，如何解决运输问题？李仪祉认为，“修一条铁路以沟通此等地域，固然于此时有些说不到，但沟通河道却是很可以为的事”。[①] 1934年，李仪祉在对黄河中上游考察后进一步指出，“交通与水利虽然二事，而在西北颇可融合为一，作一贯的计划”。他还认为，即使铁路修至西北，因运费昂贵，也不能与廉价的水运相比，“即令铁路通至腹地，然距海岸辽远，货运至津沪，不能与纽约、汉堡来者比廉，遑论大

① 《李仪祉水利论著选集》，水利水电出版社1988年版，第40页。

坂，神户。近陇海铁路始达长安，而渭北土产已不能运至铁路以与豫中来货相抗，遑能运至海滨乎？故西北将来尤须就所有较大之河道尽量整理，以求其至少限度，使下行货物便利，水脚便宜”。①

至40年代初，西北交通依旧不便，运输困难。甘宁青之运输工具，完全依赖人力与兽力，肩挑背负之外，即系借驴、骡马及骆驼，所以货物运输迟缓，运费又昂。公路建设虽有所发展，然而汽车、油类均属舶来品，来源不易，运费更高。铁路则以材料缺乏，一时未能兴办。抗战时期，西北之地位愈趋重要，便利后方交通，更为急不容缓之举，故“除陆路运输以修筑公路、发展车运驿运外，欲求运费之低廉，多量之运送，及辅助陆运所不及者，其惟开辟航运”一途。② 1944年，黄委会工务处所拟的《黄河治本计划概要》亦指出，欲言开发西北，则应以发展交通为先决问题。“以黄河干支流（流）经地域论，在交通上确属重要。黄河上至贵德，湟水上至西宁，洮河上至岷县，俾通航运，经兰州、中卫、宁夏、临河已达包头，接连平绥铁路，成为新、青、甘、宁与平津及东北诸省之交通干线……由包头至潼关之黄河段，为联络宁、绥、山、陕及黄河下游诸省之专道”。③ 可见，整理中上游黄河水道，是开发西北的必然要求。

黄河下游河道也有整治必要。因为潼关以东虽然有陇海铁路与黄河平行，但是兰封以东，却失了交通。由渭河运至潼关的许多粗重货物，如棉花、皮革等类，“仍是行黄河到郑州铁桥为止。郑州以下沿河出产的粮食、花生，以及巩县的石料，仍须黄河转运”④。黄委会工务处指出，郑州济南间黄河，适界（介）于平汉与津浦两纵行铁路之间，此段通航以后，可省却南绕陇海津浦之迂回。⑤ 如果能将山东省小清河口的海港整理好，并设法联络小清河与黄河，整个运河以及卫河航道都开通好，则黄河下游的货运将活跃起来。所以，在李仪祉看来，黄河下游航道，为国家经济计、为人民生活计，亦是必需整理的。

---

① 《西北航道之需要及其开辟之可能性》，《黄河航运资料》，黄河档案馆藏，1934年，档案号：MG6.5－24。

② 李祖宪：《甘宁青之水利建设》，《新西北》（甲刊）1942年第6卷1、2、3期合刊。

③ 《航运》，《黄河治本计划概要》中国第二历史档案馆藏，1943年，档案号：2－9274。

④ 李仪祉：《黄河治本的探讨》，《黄河水利月刊》第1卷第7期，1934年7月。

⑤ 《航运》，《黄河治本计划概要》，中国第二历史档案馆藏，1943年，档案号：2－9274。

二 提出发展黄河航运的办法

如何整理黄河航运？1933年，李仪祉提出其主张。主要内容有：黄河本身海口不设港（工程上也难实现）；利用小清河羊角沟为商港，而于济南附近使小清河与黄河相联络，最好不用船闸，而设起卸场坞；大洋轮船限制行于黄台桥以下或黄河起卸场下；由利津至郑州黄河铁桥以通行拖轮为度，于铁桥处设火车及民船转载场（由火车卸货于船）；潼关至郑州铁桥间，整理河床，令民船易行，不行拖轮，以免与陇海铁路相妨害；潼关上至禹门，以能通行拖轮，转运煤、盐、铁为度；由包头以下至禹门，暂以整理河床、令民船及木排能畅行为度；包头至兰州，以通行拖轮为度。[①] 如此整治航道的目的在于：①全部航道注重于下行货物畅顺，上行稍感不便，以阻洋货侵入。②凡有铁路或其他航道相联络之处，通行拖轮，以期转运便利，国货灵通。③下行之船应除去一切障碍。④下行之船到了目的地，即连船带货售脱，人由铁路或公路西返。⑤沿河培植森林，使黄河为西北输出木材孔道。李仪祉将黄河自上游兰州至入海口利津间分为数航段，并对其重要性做出判断（图5－1），设计在兰包段、禹潼段、荥利段行驶拖轮，在包禹段及潼荥段通行民船。“如此安排，则可得合乎目的之交通，而工费不至甚大。”[②]

李仪祉当时对兰州以上黄河航运情形还不清楚，所以在提出上述主张时，未能对此间黄河航运整理发表意见。为了解黄河上游灌溉和航运状况，1934年，他考察了青、甘、宁、绥四省黄河，认识到，在西北地区“黄河本身，欲治导之使行汽轮，其困难与耗费较之建筑铁路，更有过者”[③]，提出西北地区黄河通航宜先除障害。如西宁至中卫水道交通，“险滩重重，舟筏屡受其害，宜炸除之，使舟筏下行平易，西北货物易于运出”；“由绥远至包头，开掘运河至黄河，使成一由包头至宁夏中卫之水路，使千吨之轮船可以畅行无阻；修浚黄河，使自兰州至中卫间，200吨帆船可以直达”[④]，以替代该段黄河水运。

李仪祉发展黄河航运之主张基本为黄委会所采纳，并在以后的实践中

① 《李仪祉水利论著选集》，水利电力出版社1988年版，1988年，第41—42页。

② 李仪祉：《黄河治本的探讨》，《黄河水利月刊》第1卷第7期，1934年7月。

③ 《李仪祉水利论著选集》，水利电力出版社1988年版，第123页。

④ 黄河水利委员会编：《民国黄河大事记》，黄河水利出版社2004年版，第106页。

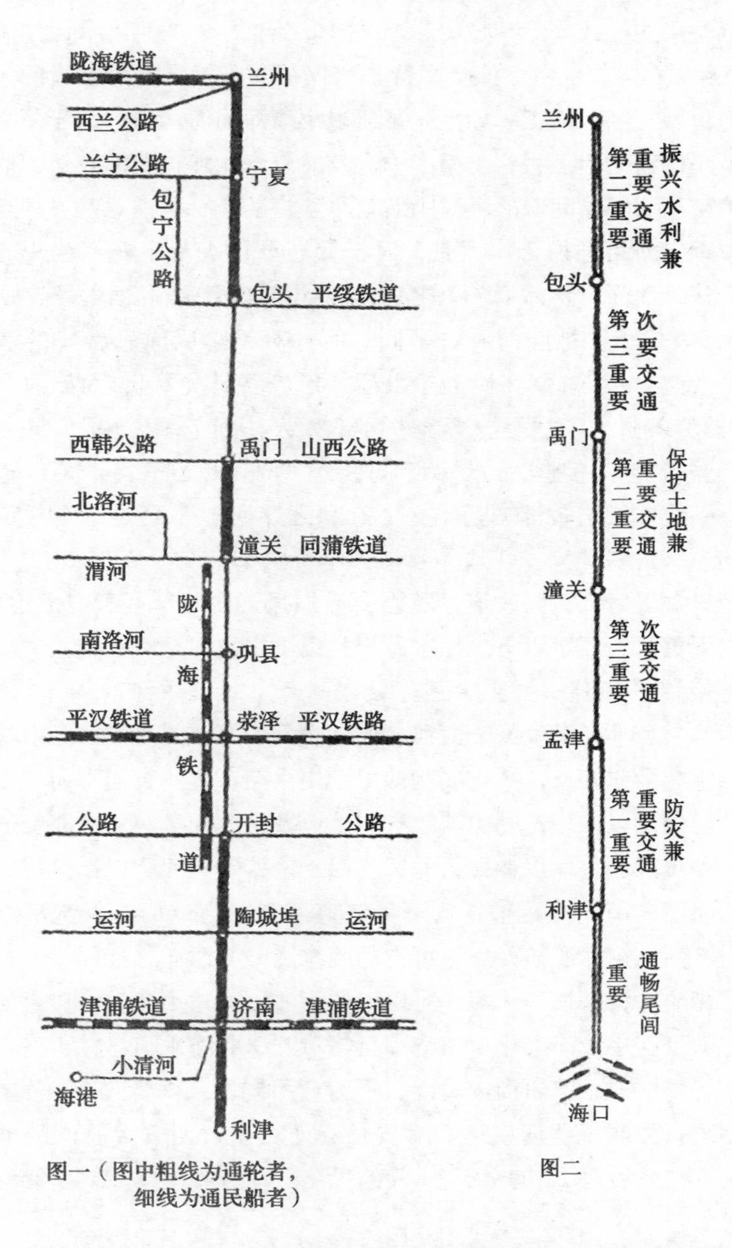

图 5－1　李仪祉关于黄河航道与他道之联络及各段治导重要性判断图

资料来源：《李仪祉水利论著选集》，水利水电出版社 1988 年版，第 43 页。

不断调整和完善。在《治理黄河工作纲要》中，该会提出要开辟黄河航运，“黄河上下游必整理之，俾便航行。凡比降过大，或礁石隔阻之处，可设闸以升降之，或炸除其障碍”。[1] 在1935年的《黄河治本计划概要叙目》（简称《叙目》）中，该会坚持了李仪祉关于发展黄河航运的大部分意见，但也做了部分修正。如主张黄河以小清河为海运口门，于济南附近作黄河及小清河联运工程，于南岸姜沟及北岸陶城埠作黄河及运河联运工程；在济南至陶城埠间，略事整理航道以容汽船航行，注意陶城埠至韩城间河槽整理，使可通航等。但是，对于韩城至包头及宁夏至兰州通航问题，该会认为此间“河水急行深谷中，不可航，航路工程艰巨，强为之不经济”，这与李仪祉此前看法不同。而且对于李氏原来看好的渭河航路，黄委会认为，“在陇海路通达以后，形势已属次要”，而雒河及沁河“可航之路线不长，不居重要形势，亦不列入计划范围之内”。同时，黄委会在《叙目》中还提及黄淮联运问题，“惟郑州或开封，可以远通淮蚌，宜择一线，联络黄淮交通，必为有利之计划”。[2] 这是该会对黄河航运理论的一个发展。

花园口掘堤后，黄河改道。黄委会遂加强了西北地区黄河航道整治，俾贵德以下黄河、西宁以下之湟水及岷县以下之洮河通航至包头，以与平绥铁路连接。40年代，黄委会工务处在其制定的《黄河治本计划概要》中复认为，“整理宝鸡潼关段渭河，通达黄河，实属要举”。因川陕路筑成后，以宝鸡为起卸点，川省实物即可利用水路，直达黄河下游，以至海口。若汾河能加以治理，则山陕二省间，以及山西与黄河之水路交通，亦可解决。郑州区域，辅以运渠，北通卫河，南接贾鲁河，以迄蚌埠，则由郑州东北向及东南向之运输，均可免绕道两铁路之迂回，以达平津与京沪。郑州济南间黄河通航以后，可省却南绕陇海、津浦之迂回，且在陶城埠与运河相交，将来整理运河，可以南通苏浙，北达平津。洛口至河口虽不通航，却可将小清河渠化，由济南至洛口开辟联络水道，并于洛口黄河大堤旁建置场坞，于羊角沟设海港，资为黄河尾段入海运渠。[3] 黄委会的航运计划重新强调了渭河航运的重要性，而对于黄河下游航道的整治办法，则延续与发展了20世纪30年代的思路。

---

① 《治理黄河工作纲要》，《黄河水利月刊》第2卷第2期，1934年2月。

② 《李仪祉水利论著选集》，水利水电出版社1988年版，第172页。

③ 《航运》，《黄河治本计划概要》，中国第二历史档案馆藏，1943年，档案号：2－9274。

三 对黄河干支流河道的勘测与整治

（一）黄委会对黄河河道的勘测

为开发黄河航运，必须对黄河河道进行整治，而整治的前提就是对其基本情况有所了解。黄委会在30年代，曾对黄河进行了几次大规模的实地勘查。1933年，该会工务处对黄河下游进行勘查，并撰写《勘查下游三省黄河报告》；1934年9—10月，黄委会委员长李仪祉考察黄河上游；1936年12月至次年1月，该会组成勘察修防设计团，对黄河两岸、沁河、临黄民埝及黄沁河堤防进行勘察，并编写了《黄河二十六年察勘修防设计团报告书》。这些综合性考察涉及多方面内容，为编制治理计划及从事治理活动提供了比较可靠的资料，也使黄委会初步了解了黄河河道情况。但这些考察以应对河患为目的，若将考察所得资料作为黄河整治的依据，显然是不够的。全面抗战爆发前，黄委会河道地形测量多限于黄河下游，对上游河道较少关注。

花园口掘堤时，黄河下游的河道地形基本测竣。此后，为配合国民政府的西北开发战略及支援抗战，黄委会将测勘队转移至黄河中上游。从1938年起，该会逐渐加大了黄河上游勘测力度。该年，为适应国民政府迁都重庆的需要，黄委会测量白龙江和洮河，并疏通两河河道。此后，该会对黄河上游河道及洮河和湟水等主要支流又进行了数次测勘。

1941年至1942年春，黄河上游工程处对黄河上游河道分段进行勘测，勘得兰州至青铜峡内急流险滩34处，河障11处。

1942年至次年8月，黄委会、甘肃水利林牧公司与全国资源委员会共同组织查勘队，勘测甘省境内黄河、洮河、大夏河流域20个县、市的航运、水力发电、航道等情况。

1943年秋，为改善湟水航道，黄委会指令上游修防林垦工程处勘测、设计湟水河道。同年，该会邀请行政院顾问、美国水利专家巴里特来华，由李崇德陪同，对黄河上中游河堤进行勘察。

1945年，黄河上游工程处奉黄委会之命，对洮河入黄河口至兰州段河道进行勘测设计。同年，黄委会第二十二查勘队奉令查勘青海黄河干流水利状况，并对该省黄河通航地段情况、皮筏及木排数量与种类、航运时日及险滩状况均做了记录。

这些测勘，使黄委会对黄河上游干支流的河道地形、水利及航运等情况有了进一步了解，为随后的航道整治提供了依据。

（二）黄委会对黄河上游河道的整治

黄委会成立之初，主要从事于测量、堵口等工作，对河道整治较少关注。花园口决堤后，特别是到40年代，黄委会加强了黄河上游河道整治工作，俾便开发西北、适应抗战需要。这一时期，“黄河上游航道勘探、测设、整治以及发展规划统一由黄委会统一管理和实施。青海、甘肃、宁夏和绥远建设厅根据黄委会的统一部署，对各自所辖河道的勘设、测量、整治以及规划作具体安排”。[①] 黄委会成立专门负责机构，组织和实施这项工作。1940年，该会在兰州成立黄河上游工程处，负责黄河中上游的河道勘察、设计与整治，“其中心工作为整理航道、办理灌溉、保持水土及其他各项水利工作”。[②] 以后，随着具体工程的开展，又相继成立一些施工机构，如1943年成立洮河水道工务所，1944年成立兰宁段水道工务所，1945年成立宁夏工程总队，次年将宁夏工程总队扩大为宁绥工程总队。这些工程队领导、组织了大小共十多处（项）河道整治工程，除对宁夏永宁县仁存渡口以下河道坐湾处实施裁弯取直工程外，还有几处规模较大的整治工程。

（1）洮河之整理　抗战时期，对于陆路运输不便的西北而言，水道交通不失为一种有益的补充与替代，因此，对黄河中上游及其支流进行整理以使之通航尤显重要。洮河为黄河上游一重要支流，该河河床比降虽陡，但岷县以下皮筏尚可畅通无阻。唯以牛鼻峡等处之阻碍，未能通航。1941年，兰州市区缺粮，急需从临洮转运，以补不足，但交通运输困难异常。“为解决运输问题，国民党（甘肃）省政府拨款整修了洮河牛鼻峡。”[③] 黄委会川甘水道第二设计测勘队于勘测全河之后，拟具简易之整理原则：枯水时期航行水深暂定1—2米；船载重量10—15吨，吃水最大不得过9分米；挑浚梗阻河段及滩溜，规定河宽为10米；河之右岸开辟纤路，俾便纤挽，使船上行，纤路宽1—5米，高出洪水位1米；九奠、牛鼻等峡壁高坡陡，工程艰巨，治理困难，拟就右岸山坡开凿石壁，辟宽4米之过峡车路，修筑石璇桥，以期坚固，衔接畅通。其他附属工程，如

① 黄河航运史编写委员会编：《黄河上游航运史》，人民交通出版社1999年版，第265页。

② 《黄河上游工作之检讨及展望》，《黄委会上游工程局有关方面新闻稿二则与四年来工作概况及展望》，黄河档案馆藏，1944年，档案号：MG6.1－38。

③ 黄河航运史编写委员会编：《黄河上游航运史》，人民交通出版社1999年版，第245页。

办公房舍之修建，泄水涵洞之增加，及航行标志之设立等，均于施工时依次择要分别实施。[①] 1942 年 1 月，甘肃省建设厅设立牛鼻峡炸礁事务所。

1942 年冬，甘肃省府将工程移交黄委会上游工程处办理，工程实施分两期进行。第一期为整理工程，1943 年 4 月投标施工，1944 年 6 月完成，“共整理险滩 38 处，开凿人行道约 7 公里，工费 4789048.52 元”。竣工后，经会同甘肃省政府派员先后试航 2 次，效果良好。本期共计完成炸石方、除礁石、筑坝 3 项工程量 9982.16 立方米，整修工程量 1038 立方米。第一期工程完成后，经试航，长 9 米、宽 3.5 米、重 4000 公斤可载重 8 吨之筏（筏夫 3 人），在临洮至兰州间往返一次为 10 天，运费仅及陆运的五分之一。[②] 唯因该峡湾陡流急，局部改善之后，又重拟改良计划，此为第二期工程，即对局部再加以改善，以期将来航运更加安全。改善工程后被补列于 1944 年度整理航道计划内，于 1945 年 3 月招商承揽。同年 4 月底完成，总计改善险滩十三处。后会同省政府代表及商会粮官暨皮筏两会作第三次试航，“用牛皮筏载运小麦，由该峡上口直驶兰州，二日内到达，结果圆满”。[③] 此为洮河黄水联运之初步成功，此后，洮河上游各县物资均可从水道直运兰州。

（2）黄河兰宁段之整理　西北边陲，关系国防，资源蕴藏，急待开发。而其先决问题，则赖交通。该地虽有公路交通，然运输力有限，且消耗汽油甚巨，运费亦昂。苟汽油来源缺乏，交通运输无法维持，影响国计至为重大。而水道运费低廉，可以大量运输，对于军运货运裨益至巨，并可与已成之公路相联系，使交通益行便利，共同发展。[④]

自兰州而下至宁夏境，为西北水路交通要道。该段长 400 余公里，大半行经山峡，流急滩险，每年运输上所受损失，为数至巨。若顺河势，妥为治导，则上起兰州，下迄宁夏，可开发的运输潜力甚大。如再与洮河、嘉陵江联航，则可达陪都重庆，交通更利便而迅速，西北蕴藏，亦因交通畅达得以大量开发。黄委会鉴于水道关系国防，为发展西北交通以裕国计

---

① 李祖宪：《甘宁青之水利建设》，1942 年《新西北》（甲刊）第 6 卷 1、2、3 期合刊。

② 黄河航运史编写委员会编：《黄河上游航运史》，人民交通出版社 1999 年版，第 246 页。

③ 《黄河上游工作之检讨及展望》，《黄委会上游工程局有关方面新闻稿二则与四年来工作概况及展望》，黄河档案馆藏，1944 年，档案号：MG6.1－38。

④ 《整理纲要》，《整理兰州至宁夏间黄河航道初步工程计划书》，黄河档案馆藏，1943 年，档案号：MG6.5－3。

民生、为整理上游河道以作初步治本之工作，于1940年组织了上游第一、第二两查勘队，次年由两队分两段实地勘查。西段自兰州溯流而上，经永济、循化而达贵德，计长250公里，由上游第二查勘队担任；东段自兰州循河而下，经靖远、中卫、金积至宁夏石嘴山，计长约680公里，由上游第一查勘队担任，总计全长约930公里。同年六月，两队将全段勘测完竣。

在了解河道概况后，黄委会为达迅赴事功、适合环境、标本兼治之效，经权衡轻重缓急，择要先行分期举办。同时，继续测量，通盘筹划，按期循序进行。兰州至靖远段黄河长40余公里，“全段航程大半经行山峡之中，峡内两山夹峙，病在礁石急流；峡外两岸宽衍，病在散漫生滩，均碍航行”，黄委会将之列入第一期实施工程，“以期上下先行船筏，运输先行畅通”。[①] 靖远至青铜峡一段，除青铜峡水势平稳，畅通无阻外，其余大致与上段相同，列入第二期实施工程。第三期实施工程为开凿兰州至青铜峡沿河纤道，修筑谷坊、护崖等工程，以期固定河槽，船筏通行顺利。1944年1月，黄委会饬令上游修防林垦工程处成立黄河兰宁段水道工务所，整理兰宁段航道。

（3）整理湟水航道工程　湟水溯源于青海省海晏县祁连山南麓，东南流经湟源至西宁，纳南北二川，出小峡、大峡，经乐都，过老鸦峡入民和县境之享堂，北汇大通河，东南流至甘肃永登县达家川，注于黄河，全长凡320余公里。上游一段，河窄流急，乏航运可言。下游自纳大通河后，水势乃大，可通皮筏。唯沿途滩险障阻，覆筏溺人，时有所闻，船夫视之为畏途。[②]

湟水为甘、青之主要水道，青海下行货物泰半经水道而东下。只因沿河滩险林立、巨浪汹涌，运输效率极为低微。抗战爆发，国民政府深感强国必先植边，植边必先由交通入手，故先建筑甘青公路，再令饬黄委会测勘湟水水道。尤以水运较陆运省费，以整理湟水为发展甘青交通之先决张本。[③] 1941年春，甘肃省政府为运送永登窑街水泥厂之水泥暨煤矿局所产

① 《整理纲要》，《整理兰州至宁夏间黄河航道初步工程计划书》，黄河档案馆藏，1943年，档案号：MG6.5－3。

② 《缘由》，《黄河上游工程处关于湟水航道的查勘与竣工报告施工细则和工程费预算报告书》，黄河档案馆藏，1945年，档案号：MG6.5－15。

③ 同上。

之煤，曾咨请黄委会派员测量由享堂至达家川一段航道。黄委会遂派第二查勘队，将该段河道施测完毕，并编拟初步整理计划。同年 12 月，上游工程处派员复勘试航，认为虎头崖以上河窄流急、滩险林立，施治非易；自虎头崖以下，河床比降较平，水量亦增，实有整理之必要。查勘队据此拟具复勘报告呈黄委会，该工程嗣后奉准列入西北建设事业之一，并令提前整理，于1943 年 5 月成立湟水水道工务所，办理一切施工事宜。

工程进行期间，因水文记载以及其他资料缺乏，中途多有一再变动之处。因计划改变，工具、炸药采购与运输困难，致工程滞延。该项工程计分三期进行：整理老虎口、马回子两滩为第一期，红柳台上下两滩及娃娃口滩等为第二期，虎头崖、上璇子、下璇子、马场原、马聚元、王家口闸等六滩为第三期。工程施工，分炸礁、筑坝及挑挖河底三种。

整理湟水倡议之初，“甘肃省政府及资源委员会原希望整理以后，期能通行木船，俾能运煤炭、水泥及窑器等至兰州”。后因预算工款费用过巨，乃依照核定工款，改编计划，因此工程标准降低，只求畅通皮筏而已。

各滩之整理之目的为改变流势、增加水深，减小坡降等。及至完工以后，经详细考察，认为实得效益，尚与原估效益吻合，而老虎口、马回子、红柳台、娃娃口诸滩，因工程较大，效益尤彰。如老虎口滩，其形如S，两岸有凸出礁石，激水成浪，为害颇巨，据筏夫估计，每年大水时期，覆筏之灾，恒达五六次之多。经将凸出之礁石炸除后，并于滩之下部凹岸水深处，填堆块石坝一道，以减缓弯度及回流，功效颇著，完工后，筏行竟无一出险者。又如上下璇子及马厂原滩，均系礁石为害，经分别炸除后，皮筏畅通无阻。再如娃娃口滩，为各滩之最险恶者，因河走左支，其顶冲处，适有巨礁一排，激水成浪，形成跌水。据当地居民统计，每年大水时，覆没之皮筏，当达十余次之多。此滩之设计与整理，颇费周折。其顶冲处之巨礁，固可炸除，而该礁下邻深潭，水流过急，仍成巨浪。载重较大之皮筏，通行故无关系，而较小者，仍有颠覆之虞。经多次勘测，乃决定由滩之上段弯曲顶冲处，另辟新槽，并于槽之上口，建挑坝一道，以增新槽水深。旧槽之巨礁，亦予以炸除，以便畅行巨筏。完工后，“轻筏经新槽直下，避去旧道之巨浪，重筏由旧道经过，亦无触礁之危险，群称便利……已无颠覆皮筏之事发生”。[①]

此次整理工程，上自虎头崖起，下至达家川止，长约50公里，施工时间自1943年7月起至1945年5月止，历时共1年又10个月。及至工程完竣后，由水利委员会和甘肃省政府派员进行了验收。经过整治，该段河势局部改善，皮筏畅通。这项工程共“炸除礁石险滩12处，炸石1827.8立方米，投资356.9万元。竣工后，西宁至兰州间可航行5吨排筏”。[②]

上述各项河道整治工程基本完成之后，从上游青海到宁夏及绥远的水道基本畅通，便利了黄河上游物资的运输。尽管有研究表明：从1939至1949年，“黄河上游航运由兴盛走向衰落”[③]，此间长途航运物资东运减少，但是从图5－2也可以看出，在抗战时期的大部分时间内，黄河上游

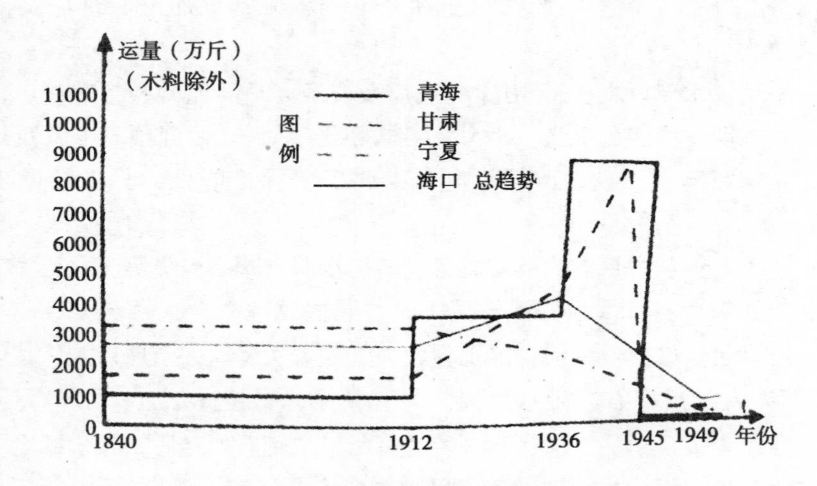

图5－2 近代航运量变动趋势图

资料来源：黄河上游航运史编写委员会编：《黄河上游航运史》，人民交通出版社1999年版，第230页。

① 《黄河水利委员会上游工程处湟水水道工务所整理湟水航道工程竣工总报告书》，《黄河上游工程处关于湟水航道的查勘与竣工报告施工细则和工程费预算报告书》，黄河档案馆藏，1945年，档案号：MG6.5－15。

② 黄河水利委员会编：《民国黄河大事记》，黄河水利出版社2004年版，第188页。

③ 黄河上游航运史编写委员会编：《黄河上游航运史》，人民交通出版社1999年版，第230页。

青海、甘肃两省的长途运输量却呈明显上升趋势，这主要得益于两省境内黄河及其主要支流河道整治工程的实施，使得航道顺畅。而且长途运输量的衰落，并非代表运输总量的衰落，各地间还有大量的短途运输没有统计在内。即便长途运输量里，也没有包括运量极大的木材，而黄河上游木料运输恰恰在此十年内有了极大发展。绥远与宁夏长途航运量出现下降，主要是其为战区或邻近战区，乃时局因素所致。

第三节　对黄河水力资源的勘测与开发设计

除了在黄河下游放淤、发展灌溉及航运事业外，黄委会还注重黄河水力的开发。该会在 1934 年的《治理黄河工作纲要》指出，“沿河可发展水力之地甚多，宜利用之”。[①] 次年，黄委会制定《黄河治本计划概要叙目》，对于发展黄河水电，给予了专门论述，“黄河干支各流水电之利源极富。惟水电事业须与工业及交通联络发展，始有成功之望。……为来日发展计，提议先于壶口、孟津及渭河宝鸡峡各建水电厂”。[②]

一　注重黄河水力开发之原因

开发西北之需要　20 世纪三四十年代，国民政府倡导和实施西北开发战略，然而西北交通不便，燃料缺乏，“一切工业之建设，势必赖水力发电。……是以不开发西北则已，若言开发西北，建设水库以利用水力发电，实为当务之急”。[③] 李仪祉认为，水力是制造业最廉价的工力，日本货物得以倾销于全世界，就是它数十年来努力发展水电的结果。他判断：西北之物产增加之后，制造必兴。而制造之条件，“一为原料之充美，二为工力之价廉”，二者兼之，庶足以得价廉物美之成品以向外推销。所以，李仪祉认为，“西北水力之需要，较之其他各地尤切……黄河本身亦可为大力之源，以供灌溉及制造之用”。[④]

黄委会在 1942 年编制的《西北水利问题提要》中，论述了发展黄河

① 《治理黄河工作纲要》，《黄河水利月刊》第 1 卷第 2 期，1934 年 2 月。

② 《李仪祉水利论著选集》，水利电力出版社 1988 年版，第 172 页。

③ 同上书，第 135 页。

④ 同上书，第 414 页。

水力对西部工业的重要性。西部陕、甘、青、宁各省，均感燃料缺乏，故将来发展工业，其原动力，舍水莫属[①]。该会上游工程处也认为“西北水力资源十分丰富，正可补偿其他燃料之不足，故建设西北重轻工业，首须研究动力之来源，以配合工矿业之需要”。[②]

开发黄河水电不仅对工业发展极其重要，而且对于农业开发也十分必要。例如，山西省河津一带高地，极适于种棉，只因雨水缺乏，未能充分利用。若“将来壶口水力发电计划实现后，可藉电力抽黄水灌溉，约可得良田一百五十万亩之谱”。[③] 李仪祉认为黄河上游苦于平旷之地少，主张该地灌溉事业，仍当求其动力于黄河本身。他建议在青海境内黄河上游多筑高堰，利用水电之力灌溉河流两岸台地，远较水轮为优，“水电若成功，则可以代替一切水轮，其所费也当甚低廉于水轮”。[④]

开发黄河水力是黄委会计划蓄水拦洪的必然结果　黄委会一些人士较早就认识到拦洪水库在治黄中具有重要作用。1933 年，李仪祉在其所著的《黄河治本的探讨》一文中，就提出“预备在中上游黄河支流山谷中设水库，停蓄过分的洪水量”的主张。[⑤] 该会测绘组主任安立森在谈到控制黄河洪水方法时，也主张利用水库，“如仅在下游平原研究防河方法，欲以控制洪水，迨不可能。故补救之法，应在上游或支流建筑若干拦洪水库，藉以调节水位。……对于节制水量更利用拦洪水库，则防洪之策得过半矣。”[⑥] 黄委会委员长孔祥榕与张含英都赞同这一主张，在“该会治黄纲要中，亦标举上游造林防沙，中游蓄水缓沙之法。……蓄水防沙，拟在陕县孟津间及渭河之天水宝鸡间建筑水库行之”。[⑦] 需要指出的是，李仪祉虽然在 1933 年把水电等作为治河旁支之事，“可为者为之，不能列入治

---

① 《黄河及各支流之水利》，《黄河水利委员会编〈西北水利问题提要〉》，中国第二历史档案馆藏，1942 年，档案号：28－841。

② 《水力资源》，《黄委会上游工程局有关方面新闻稿二则与四年来工作概况及展望》，黄河档案馆藏，1944 年，档案号：MG6. 1－38。

③ 《农田水利与水力发电》，《黄河治本计划概要》，中国第二历史档案馆藏，1943 年，档案号：2－9274。

④ 《青海之灌溉》，《黄河水利委员会编〈西北水利问题提要〉》，中国第二历史档案馆藏，1942 年，档案号：28－841。

⑤ 《李仪祉水利论著选集》，水利电力出版社 1988 年版，第 53 页。

⑥ 安立森：《黄河下游有堤河段之治理》，《黄河水利月刊》第 2 卷第 11 期，1935 年11 月。

⑦ 《考察西北水利报告》，《导淮委员会半年刊》第 6—7 期，1941 年 9 月。

河的主要目的”[①]，但他显然是将防洪、航运、放淤、灌溉及水电等一并加以考虑的，而且迅速改变成见，将发展黄河水电列入黄委会工作纲要中。1938年，他在临终口述遗嘱中交代：“切望后起同仁，对于江河治导，本余之素志，继续致力，以科学方法，逐步探讨，其他防灾、航运及水电等，尤应多予研究，次等实施。”[②] 实际上，防患与兴利结合，正是黄委会治黄的重要方针。所以，随着防洪水库的拟建，黄河水力开发自然成为其中之一部分。例如，黄委会拟订的渭河水库计划中，就有设水电厂发电的计划，“又在库旁建立水电厂，设5000瓦特机，需费170万元”。[③]

二　对黄河水力资源的勘测与开发设计

黄河流域蕴藏着丰富的水力资源，究竟何处可以建筑水库、蓄水发电？首先需要对此进行查勘。黄委会成立后，李仪祉曾派人对泾河及渭河上游进行调查，因为地质关系，“未找到适当地点建设水坝”。[④] 1935年，黄委会技士郑士彦“踏勘洛河三叠洑以上10公里至白水县马家船70公里中游下段河道，编写出《踏勘洛河水库报告》，提出在三叠洑上游500米修建石坝”。[⑤] 同年8—9月，安立森与黄委会工程技术人员对黄河孟津段进行查勘。通过对小浪底、八里胡同和三门峡三个地方的比较，他认为“就地势言之，三门峡诚为一优良库址”[⑥]，这是最早明确提出在三门峡修建水库的说法。该年，张含英谈及黄河治本计划时曾透露，黄委会对于“泾渭沁各河之拦洪水库地址勘测及设计，正在逐步进行”。[⑦] 1936年，黄委会向英商怡和洋行订购10马力机动钻探机一部，于11月11日至次年3月6日，在宝鸡峡拦河坝址进行钻探，“共钻探4孔，孔径2.5—7.6厘米，孔深分别为1.17米、5.80米、9.87米和11.21米”[⑧]，这是黄河上最早的一部机动地质钻探。

---

① 《李仪祉水利论著选集》，水利电力出版社1988年版，第39页。

② 中国人民政治协商会议陕西省咸阳市委员会、杨陵区委员会文史资料委员会编：《后稷传人》（第一辑），三秦出版社1996年版，第40页。

③ 《建筑中之拦洪水库》，《申报》1937年6月9日第4版。

④ 《李仪祉水利论著选集》，水利电力出版社1988年版，第135页。

⑤ 渭南市水利志编纂委员会编：《渭南市水利志》，三秦出版社2002年版，第376页。

⑥ 《查勘河南孟津至陕州间拦洪水库》，《黄河水利月刊》第2卷第11期，1935年11月。

⑦ 《张含英谈“治黄标本计划”》，《申报》1935年3月28日第8版。

⑧ 黄河水利委员会编：《民国黄河大事记》，黄河水利出版社2004年版，第116页。

抗战爆发后，黄河水力发电因为技术、财力及器材上之困难，未能举。此间，黄委会继续在黄河中上游调查干支流水力可资利用之处。经查勘，该会发现，黄河晋陕交界之宜川县属之壶口峡，宽仅20余米，枯水时期，跌水12米，平均低水流量姑以300秒立方米计算，则可得45000马力。该会认为，此处如再筑坝蓄水，并以抬高水位，则其力益大，若设厂发电，附近工业及高原灌溉，均可赖之以兴。至于龙门水力，亦可与壶口相埒，且龙门以下，并有舟楫便利，以资运输。但是，两处均因冰期较长及泥沙淤淀问题，在技术上尚有待研究。支流水力方面，黄委会认为渭河宝鸡之太寅峡可以建坝蓄水。若筑坝高80米，所发电力，可达90000马力。其他如洛河之洑头，水力可达10000马力；洮河入黄处，有牛鼻峡，宽20余米，岩基优良，如筑高坝，可达10万马力；洮河上游岷县之曹家浪，开渠引水，可得有效水头30米，最小流量以28秒立方米计算，水力可达10000马力；湟水及大通河汇流处之享堂峡，两岸皆山，河底为坚石，宜于筑坝，流量以100秒立方米计算，如筑坝高50米，所发电力可达65000马力。此外，还有利用山涧及灌溉渠之水力者。西北各省，水流纵横，“民间向有利用山峪之水，安设水磨、水车及水轮，以代人力及兽力者”。水渠所经，亦有在各跌水设置小型工厂者，“惟多简陋，机动不灵或滥行引水，消耗过甚。若能加以指导改良，并予以资本上之扶助，不难立收宏效”。[①]

黄委会上游工程处成立后，曾奉令查勘西北水力资源。因各种原因，截至1944年，该处仅查勘了甘、青两省，并查得两省动力稍大者，有甘肃之刘家峡，可发电50万匹马力，大通河之享堂峡可发电8万匹马力，湟水之老鸦峡可发电2万匹马力。其余西石峡、小峡等处，可发电2万匹马力左右。这些水能，“诚属至为宝贵之动力资源，亦即可（作为）开发西北建设国防之基础”。[②]

在勘测和钻探的基础上，黄委会对拟建之水库进行了设计。1937年，黄委会曾拟就渭河水库设计计划。[③] 1943年5月，该会拟订《陕州拦洪水

① 《黄河水利委员会编〈西北水利问题提要〉》，中国第二历史档案馆藏，1942年，档案号：28－841。

② 《水力资源》，《黄委会上游工程局有关方面新闻稿二则与四年来工作概况及展望》，黄河档案馆藏，1944年，档案号：MG6.1－38。

③ 《建筑中之拦洪水库》，《申报》1937年6月9日第4版。

库初步计划》(以下简称《计划》)。该会认为，无论从地质条件，还是与小浪底、八里胡同相比较而言，三门峡诚为一优良坝址。该计划拟于此修筑混凝土重力坝，用5年建成。《计划》设计“坝顶高程319.70米，拦洪容积13亿余立方米，最大洪水泄量12000立方米每秒，损失村庄30个，耕地30万亩，需投资国币9500万元”。据此计划，三门峡水库回水将仅至灵宝县城以上，不到阌乡，更不至潼关。《计划》还指出，陕州拦洪水库工程效益巨大，“为治黄大计首要工程之一，不但能平抑洪流，有湖泊之益，兼可调节沙量，无湖泊之弊，工程易为，见效极速”。建成后，洪水将“从此就范，下游堤防也会获得保障，修守所省，何止万万。灾患既息，水利代兴，泽润农田，电化工业，交通东西货品，活泼国家命脉，前途正未可限量也!”①

遗憾的是，黄委会拟订的这些兴筑水库以防洪发电之计划，在抗战时难以实现。抗战结束不久，又爆发了国共内战，这些计划只得再次被束之高阁。但是，该会为发展黄河水力进行的相关勘测及设计工作，为后世留下了一份宝贵的历史遗产，为中华人民共和国成立后的黄河治理及开发提供了经验和借鉴。

综上所述，黄委会在治理河患的同时，还致力于开发黄河水利事业，既是治黄本身之所需，也是为配合国民政府西北开发战略及支援抗战。该会不仅关注与支持黄河下游的虹吸放淤工程，而且积极发展西北灌溉事业。同时勘测黄河上游及其主要支流，并对局部河道实施重点整治，以改善其通航条件。此外，该会还勘查黄河及其支流的水力资源，并拟订一些发展黄河水电之计划，虽然未能付诸实施，却为此后的相关工作奠定了基础。黄委会开发黄河水利的各项探索，开辟了近代治黄的新趋向，将治黄事业推进到一个新阶段。

---

① 黄河水利委员会编:《民国黄河大事记》，黄河水利出版社2004版，第171—172页。

第六章

黄委会与抗战

抗战时期，黄委会被纳入战时体制，成为国民党军方对敌斗争的工具。该会在花园口掘堤及筑堤阻敌、以黄制敌等方面发挥了重要作用。抗战胜利后，在花园口堵口活动中，该会又是国共工程博弈的主要角色之一，在双方围绕堵口复堤的激烈角力中将花园口决口堵塞。

第一节　黄委会与花园口事件

在震惊中外的花园口掘堤事件中，作为水利机构的黄委会扮演了重要角色。虽然它不是掘堤事件的主要决策者，但其不仅参与了掘口位置的选择，而且指导了决堤行动。

一　被纳入战时体制

20 世纪 30 年代中后期，随着日本侵华步伐的加快，黄委会治黄工作日益受到影响，逐步趋向军事化，并在全面抗战爆发后不久，被纳入战时体制。

（一）黄委会工作日益军事化

华北事变后，中日关系日形紧张，对黄委会工作产生了重要影响。由于黄河下游险工林立，堤岸埽坝如果遭到日军炸毁，黄河将溃决漫溢，造成灾害。有鉴于此，1936 年 5—10 月，黄委会呈请中央，与军委会联合，组织防空干部训练所，分批训练河工人员 150 名。“学员学习期满，返回原职后，即分任训练兵夫及筹备防空工作。”[1] 此举虽不能尽防空之能事，

① 黄河水利委员会编：《民国黄河大事记》，黄河水利出版社 2004 年版，第 114 页。

“然黄河之防空基础于此确定”。[①]

1936年12月，政府军在河南河务局东沁、西沁两河务分局所属沁河堤段上建筑碉堡22处，并植林以掩护。碉堡占据堤面，影响交通及修防工作。黄委会对此不仅不能反对，反须大力协助。就连该会所修河工，在抗战军兴后，也难逃被军工化的命运。如黄委会1936年应地方之请修筑的孟津县铁谢至白鹤间护岸工程。该工程计修大堤一段，石坝10道，护岸4.8公里。抗战爆发后，军方所修工事，以上列工程为凭借，铁谢工程遂被列为军工。

1937年“七七”事变后，因时局严峻，为应对预期到来的轰炸，黄委会于7月19日密令河南修防处注意布置河上防空简要设备：（1）多积浮土；（2）减少目标；（3）灯火管制；（4）添筑地窖。[②] 30日，该会又严饬险要工段尤须多备土牛及伪装设置以资掩护，并多置麻袋，分储于适当地点以备不时之需。根据该会的要求，河南修防处遂制定《豫省南岸大堤最险堤段防空计划》，划定了豫河南岸大堤最险要工段：（1）广武县所属之荥泽汛，长约五华里；（2）郑县所属之郑上汛，长约五华里；（3）中牟县之中牟中汛，长约七华里；（4）开封县属之黑岗口，长约六华里。以上各段堤工，“均极单薄，奸人盗决，固可由本处所属各段员兵，日夜巡守，惟遇敌机轰炸，实无善法阻止”。鉴于此，该计划拟于上述各处堤面“堆积土牛，储备麻袋、秸料、蛮石等料物，以备随时抢险之用，并搭盖隐蔽工棚以为兵夫巡查、看守暨避难之所”。此外，计划还对土牛、秸料、石料及麻袋、隐蔽工棚设置等方面做了比较详细的安排。例如秸料方面，要“堆垛，长九公尺，上宽二公尺四，下宽三公尺，高二公尺，外需以土成土牛形，以避敌机投掷燃烧弹”。再如石料及麻袋，“移用各段旧口存，并请由黄委会指拨，……麻袋为防止霜晒及避免敌机投掷燃烧弹起见，均应分别堆储于各隐蔽工棚内”。[③] 对于黄河北岸大堤防空计划，黄委会指示河南修防处，“武陟暂无设防必要，陈桥计划，亦应择最险要工段设防”。河南修防处遵令重拟了《豫河北岸大堤最险堤段防空计划》，

---

① 秦孝仪主编：《革命文献》第82辑，《抗战前国家建设史料——水利建设（二）》，台北中央文物供应社1980年版，第537页。

② 《黄委会快邮代电》（第1488号），《河南修防处民国二十六年抗战非常时期组织民工防汛队并防空防特等》，黄河档案馆藏，1937年，档案号：MG2.4－59。

③ 《豫河南岸大堤最险堤段防空计划》，黄河档案馆藏，1937年，档案号：MG2.2－184。

“将陈桥择最险要之六华里设防”。[①] 该计划还对所需各项工料、款项作出估算，对设防方法也做了安排。

全面抗战爆发前后，为了加强黄河防线，军方在黄河大堤上修筑了不少掩体。其中，五十九号机枪掩体，位于东双铺黄河第二道月堤上。该堤堤面宽约五米，北面堤脚业崩溃甚多，距离该掩体前面仅余80厘米。南面因掩体位于堤边之故，亦无保护之基，如再经崩溃，则前后皆有倾倒之虞。掩体左方约30米以内，堤身裂痕丛生，两岸崩溃甚多。其原因，在于掩体前面之堤身系新补之土，易于破坏。一经虹吸管放水或天雨池内水涨、逼近堤脚，再经北风激荡冲洗，不但掩体本身危险，堤之本身亦有被冲倒之虞。河南绥署及第12师派员查勘后，拟修理办法如下：（1）在该掩体左右10公里以内前后堤身加宽五米以坚固基础；（2）将加宽部之两侧岸加铺30厘米厚之水泥胶沙、灌浆块石以资防护及免水之冲洗；（3）已有裂痕及崩溃之堤身，亦应从速照旧堤修理，以保堤之安全而防危险。豫皖绥靖公署认为工事与河堤均关系军事与地方安全，至为密切，自应从速修理以策万全。除令第十二师照所拟办法修理外，并令河南修防处会同该师办理。[②] 该处则令派南二段总段长刘宗沛代表河南修防处主任陈汝珍会同第12师妥为修理。复据报：马庄之机枪掩体，如不从速筑堤防范，工事亦将不保，有崩溃之虞。豫皖绥靖公署乃指示：“马庄机枪掩体附近倒塌之黄河河岸，仍仰该主任协同第12师速即察勘办理。除分饬外，理合令仰该主任遵照。”[③] 河南修防处主任陈汝珍复令饬南二总段段长刘宗沛，将黑岗口东双铺崩溃河堤及马庄机枪掩体附近倒塌之黄河河岸并案办理。

南二总段遵即奉河南修防处令，于8月底和9月上中旬两次派员前往查勘，并拟估修复办法及工款。同时，黄委会亦指令河南修防处：南二段遵令估拟修复月堤机枪掩体计划，案关国防，支款办法，“由该处本年防

① 《豫河北岸大堤最险堤段防空计划》，黄河档案馆藏，1937年，档案号：MG2.2－185。

② 《豫皖绥靖公署密令》（参字第3702号），《河南修防处民国二十六年（1937）有关南二段遵绥署令在黑岗口堤坝修复机枪掩体工程》，黄河档案馆藏，1937年，档案号：MG2.2－214。

③ 《豫皖绥靖公署密令》（参字第3734号），《河南修防处民国二十六年（1937）有关南二段遵绥署令在黑岗口堤坝修复机枪掩体工程》，黄河档案馆藏，1937年，档案号：MG2.2－214。

汛预备费项下动支”[①]。

1937年，河南修防处已是黄委会的直属单位，不再隶属于河南省政府，而豫皖绥靖主任公署却一再令饬该处修复黑岗口机枪掩体。不仅河南修防处遵令行事，而且黄委会还命令修防费由河南修防处防汛预备费项下开支。这至少表明，此时的黄委会直属机构已经开始接受军方的命令。“七七·事变”前后，随着中日关系的日益紧张并走向战争，黄委会的工作越来越呈现军事化特征，它正在为日益逼近的中日战争而准备着，被部分纳入战时体制。

（二）黄委会被正式纳入战时体制

“七七·事变”后，日本侵占华北，并在华东发动进攻。1938年上半年，为沟通华北和华东战场，两地日军沿津浦铁路南北对进，企图打通该路，将两大战场联系起来，国民政府遂以第五战区为主，并由第一战区策应，组织了徐州会战，战火烧到黄河中下游地区。

在战时环境下，黄河河防与军事关系密切，历史上黄河曾被多次用作以水代兵的工具。1938年，当战事推进到黄河中下游一带时，5月9日，第一战区司令长官程潜密电军委会委员长蒋介石，“查今岁河防即为国防，……今沿河已成战区，守河部队绵亘数百里，而沿河工事栉比，关系相连，环境所趋，绝非河防与军事分工所能应付”。故此程潜建议，设立战区临时河防委员会，直接督促河防机关，俾军事、河工兼筹并顾，既不误该会治本治河之工作，仍可收临时河防之便利。他还主张，暂将黄委会河防部分职权归战区河防委员会掌管。战区河防委员会以第一战区司令长官为主席，豫、鲁、冀三省主席、建设厅长及黄委会委员长，河南、山东修防处主任及河北河务局长为当然委员；战区河防委员会对河防行政及技术一切事项得全权处理之，并对黄委会、河防处、河务局有直接监督、指挥、调遣之权。而该会经费除由经济部直接领支，原黄委会河务处修防豫黄经费之外，不敷之数，由军事费项下补助，并对该会现有之修防材料、工具等，遇需要时，得随时借用。程潜强调，组织战区河防委员会系临时办法，“俟险期过后，即行呈请撤销，恢复固有组织”。[②]

---

① 《黄河水利委员会指令》（第1375号）《河南修防处民国二十六年（1937）有关南二段遵绥署令在黑岗口堤坝修复机枪掩体工程》，黄河档案馆藏，1937年，档案号：MG2.2－214。

② 《程潜冬战密电》，中国人民政治协商会议河南省郑州市委员会文史资料研究会编：《郑州文史资料》第2辑1986年版，第45页。

程潜的建议，受到军委会的高度重视。奉蒋介石之命，1938 年 5 月 15 日，军委会召集有关机关讨论河防实施办法，军委办公厅、经济部、黄委会等单位出席。会议主席贺耀祖开宗明义：黄河河防素为中国一大问题，而目下河防与国防更发生密切关系，因是讨论河防必兼顾国防。会议讨论了第一战区司令长官程潜提出的建议，对该建议基本给予肯定，但同时认为，设立战区临时河防委员会，组织需时，缓不济急。故会议决定，为应付目前情况，仍应由黄委会负责办理战时河防，但为适合军事需要，黄委会并归第一战区司令长官之指挥监督，一俟战争告一段落，当再行召集会议，缜密商讨，俾河防问题，得根本之解决。①

根据此项决议，蒋介石当日即电告行政院、第一战区司令长官部、经济部及黄委会："现值河防紧急，黄河水利委员会除受经济部直辖外，兼受第一战区司令长官指挥监督，务期河工与军事密切配合，以适应目前抗战需要。"② 自此，黄委会被正式纳入战时体制，为其配合军方实施"以黄制敌"奠定了组织基础。

二　花园口决堤前之战场形势

日军占据南京后，图谋打通津浦路，以期兵力运用灵活，故以徐州为目标，进行南北夹击。在 1938 年 3—5 月的徐州会战中，中国军队曾取得台儿庄大捷，歼敌近两万，全国上下备受鼓舞。蒋介石希图借此良机，利用高涨的士气民心，扭转抗战以来对日作战的不利局面，遂调集 60 万大军集结于徐州地区，准备与日军决战。

敌人在台儿庄战败之后，意识到徐州地区集结有大批中国军队，即转移各战场之兵力于津浦线南北两段，以图包围徐州，歼灭中国军队主力于该地区。日军六路包围徐州，特别要求切断陇海铁路，阻绝第五战区中国军队后路，并切断第五战区与第一战区的联系，阻挡第一战区增援部队东进。为避免被敌聚歼，保存实力，蒋介石遂决定放弃徐州，命第五战区军队主力向苏北、皖北、豫东安全地带突围。19 日，日军攻占徐州，继续出动机械化部队西追中国军队，前锋直指豫东地区。

---

① 《军事委员会召集有关机关讨论河防实施办法会议纪录》，中国人民政治协商会议河南省郑州市委员会文史资料研究会编：《郑州文史资料》第 2 辑 1986 年版，第 46—47 页。

② 《国民政府军事委员会快邮代电 3338 号》，中国人民政治协商会议河南省郑州市委员会文史资料研究会编：《郑州文史资料》第 2 辑 1986 年版，第 47 页。

当日军包围徐州时，华北日军第十四师团于5月12日从濮县南强渡黄河成功，并于14日占领菏泽。20日，该部全部窜集至内黄及其东北地区。当时日军十四师团有两万多人，配有几百辆装甲车、卡车以及炮兵牵引车等先进装备。该师团孤军深入，切断陇海铁路，包抄第五战区中国军队后路。中国军事当局曾调集20余万人的军队，发动兰封战役，围歼土肥原第十四师团。21日，中国军队攻击该敌，并一度进展顺利。但是由于黄杰第8军无视薛岳命令放弃归德（今商丘），日军第十四师团得到徐州之敌援助，豫东战局形势急转直下。敌人“由商丘方面，沿铁道及其以南地区向民权、宁陵，及由亳县方面，向鹿邑、柘城急进，既图救援土肥原，且将出许昌、郑州，犯我平汉线”。[①] 6月初，中国军队奉令向平汉路沿线及以西地区撤退。

华北方面日军发现中国军队主力有开始向京汉线以西撤退迹象时，不顾其大本营的决定，于6月2日将原属第一军的第十四师团配属给第二军，并下达向兰封以西追击的命令。决定首先向中牟、尉氏方向追击中国军队，令一部迅速进犯并切断京汉铁路线。于是日军第十四师团向陇海线北面地区追击，于6日占领开封，7日占领了中牟，8日又将前锋推进到距离郑州不到50里的白沙镇。

郑州与开封近在咫尺，郑州若失，中原势必沦陷，战时政治中心武汉也难保，西北、西南大后方的危险性将随之增大，中国军事当局对此有十分清晰的认识。形势的严重性正如第一战区参谋长晏勋甫所言，“敌人不久即将继续西进，这是必然的。如果我军此后不能确保自黄河南岸起经郑州至许昌之线，不惟平汉铁路郑汉段的运输和联络线将被敌遮断，而且此后敌人南进可以威胁武汉，西来亦可进逼洛阳和西安，最后由西安略取汉中，进而窥伺我西南大后方。似此，对我此后整个抗战局势，是极端不利的，这就是我们当时对敌情的判断”。[②] 面对如此局面，该如何应付，必须迅速决策。国民政府军委会遂采纳了各方提出的掘开黄河大堤，以水代兵，阻挡日军进攻的建议。

---

① 薛岳：《兰封会战》，陈家珍、薛岳等：《中原抗战：原国民党将领抗日战争亲历记》，中国文史出版社2010年版，第37页。

② 晏勋甫：《记豫东战役及黄河决堤》，陈家珍、薛岳等：《中原抗战：原国民党将领抗日战争亲历记》，中国文史出版社2010年版，第147页。

三 黄委会参与并指导了花园口掘堤

（一）黄河决堤决策的最终决定

军委会虽是在情急之下命令掘开赵口与花园口黄河大堤，但这项“以水代兵”的策略却经过了长期的酝酿与权衡。决堤决策是由中国最高军事当局做出的，黄委会参与和指导了黄河决堤行动。

早在1935年华北事变时，对于日本的步步紧逼，国民政府军事当局深感“今后对日再无迁就之必要”，[①] 遂着手进行备战准备。8月20日，受聘于国民政府的德国军事顾问团总顾问法肯豪森将军就抗日问题曾向蒋介石提出了应付时局的建议，其中就有决黄河大堤以求自卫的建议。他主张中国应奋起抗日，在战略上先取守势，把主要兵力集结于徐州—郑州—武汉—南昌—南京之间，以此全力对付日军的南下西进。为了确保陇海交通大动脉，中国最初的战线必须推进至河北的沧州至保定一线，而黄河则为“最后的战线……，宜作有计划之人工泛滥，以增厚其防御力”。此建议是抗战期间中国决黄河大堤以水代兵谋略的滥觞。由于其身份特殊，法肯豪森的建议不可能不对中国政府产生影响，就在其建议书的中文译稿上，对于“最后的战线为黄河，宜作有计划之人工泛滥”一段，蒋介石作了“最后抵抗线”[②] 的五字眉批。1936年7月，日本再次提出广田三原则，而中国依然寄希望于外交努力时，“法肯豪森由抗战大势出发，尤其感佩于黄河的伟大障碍力和破坏力，于是第二次向国民政府提出决开黄河大堤阻止敌人的建议”。[③] 法肯豪森建议书的绝大部分内容为国民政府所采纳，并运用于后来的抗战实践。从《国民政府1937年度作战计划（甲案)》，可以清楚地看到它们彼此之间的承继关系。若从后来中国抗战的实际情况来看，接受它并加以落实的痕迹也非常明显。[④]

---

① 秦孝仪：《中华民国重要史料初编——对日抗战时期续编》（1)，中国国民党中央委员会党史委员会1981年版，第688页。

② 中国第二历史档案馆：《德国总顾问法肯豪森关于中国抗日战备之两份建议书》，《民国档案》1991年第2期。

③ 渠长根：《千秋功罪——花园口决堤研究》，博士学位论文，华东师范大学，2003年，第30页。

④ 中国第二历史档案馆整理：《国民政府1937年度作战计划（甲案)》，《民国档案》1987年第4期。

另据晏勋甫回忆，1935 年，他在武汉行营任职时，曾经拟过两个腹案：一、必要时，将郑州完全付之一炬，使敌人到郑后无可利用；二、挖掘黄河堤。[①] 可见，决黄河大堤阻敌，已成为中外一些军事家们的共识。

全面抗战爆发后，当战事进行到黄河流域时，黄河的战略地位再次引起人们的关注。1938 年，台儿庄大捷后，蒋介石集结重兵于徐州一隅，国民党要人陈果夫对此就十分担忧，他上呈蒋介石曰："台儿庄大捷举国欢腾，抗战前途或可从此转入佳境。惟黄河南岸千余里颇不易守，大汛时且恐敌以决堤制我。我如能取得武陟等县死守，则随时皆可以水反攻制敌。盖沁河口附近黄河北岸地势低下，敌在下游南岸任何地点决堤，只须将沁河口附近北岸决开，全部黄水即可北趋漳、卫，则我之大厄可解，而敌反居危地。敌人惨酷不仁，似宜预防其出此也。"蒋介石对此呈虽批示第一战区司令长官程潜"核办"，并批注"随时可以决口反攻"[②] 的语句，但又用笔以横线划去。应该说，蒋介石当时对此没有表示明确意见。

4 月 30 日，徐州会战正酣之际，武汉军官训练团办公厅副主任刘献捷向武汉卫戍司令陈诚提出了"预防敌人破坏黄河南岸河堤造成大泛滥区办法"，由陈诚转呈蒋介石。刘献捷担心日军俟河水高涨时，破坏黄河南岸大堤，以淹毙国军。他指出，敌人确有行此鄙劣手段的可能，严加预防乃为当务之急。蒋介石对此颇为重视，谕示经委会办公厅主任贺耀祖："此事颇关重要，著交经济部、军令部、军政部、政治部会同核议。"[③] 5 月 21 日，军委会办公厅副主任姚琼十分鲜明地提出在险工之地刘庄及朱口决开黄河大堤的建议。26 日，军令部高级参谋、陆军大学教官何成璞也提出了乘桃汛决堤制敌的建议。此外，黄新吾提请在开封黑岗口决堤，罗仁卿建议在铜瓦厢决堤，豫西师管区司令部的刘仲元、谢承杰致电蒋介石，提请以破釜沉舟之势陆沉敌军，等等。[④] 除上述有案可查的决堤建议

---

① 晏勋甫：《记豫东战役及黄河决堤》，陈家珍、薛岳等：《中原抗战：原国民党将领抗日战争新历记》，中国文史出版社 2010 年版，第 84 页。

② 《以水代兵的建议》，中国人民政治协商会议河南省郑州市委员会文史资料研究会编：《郑州文史资料》第 2 辑 1986 年版，第 2 页。

③ 《国民政府军事委员会办公厅公函》，中国第二历史档案馆藏，1938 年，档案号：787－3489。

④ 以上各建议见《以水代兵的建议》，中国人民政治协商会议河南省郑州市委员会文史资料研究会编：《郑州文史资料》第 2 辑 1986 年版，第 2—8 页。

外，还有来自全国不同方面的决堤要求。

这些建议一定程度上促成了决堤决策的产生。而兰封会战失败后严峻的军情使前此提出的黄河决堤“预案”成为军事当局不愿却又不得不接受的选择。

最终的决堤决策是何时作出的，尽管缺乏明确的档案记载，但是渠长根通过综合各方面资料，分析认为，“决堤的最终决策是在5月31日夜，在位居前线的第一战区司令长官司令部、驻开封的黄河水利委员会与武汉中央军事统帅部之间，通过电话秘密进行的。最初的命令是以电话的形式下达的”。[①] 渠长根关于作出最终决堤决策时间的说法有一定道理，时任黄委会河南修防处主任的陈汝珍的回忆也可以印证这种说法。据陈汝珍记载：当兰封、考城相继沦陷后，“开封人心大乱，省直机关连夜向南阳转移，黄委会留守开封人员亦均迁避汉口。程潜派建设厅长龚浩通知我不要走，必要时同他一块撤退。商震为要侦查黄河北岸日寇有无在陈桥以西强渡黄河的企图，命令我利用北岸河工组织与河工电话专线，每天早晚向他汇报日寇行动。因此，在程潜和商震没有撤退以前，我亦不得离开”。但是“五月三十一日夜间，日寇逼近开封郊区，程潜忽以电话通知我撤退，并约定次日（六月一日）到郑州第一战区长官司令部见面”。程潜于5月31日通知其撤退，很可能就是中国军方高层已作出决堤阻敌决策的结果。次日的约见中，程潜明确告知，“蒋委员长命掘开黄河大堤，放出河水阻挡日寇”。[②] 若陈汝珍的记载不错，最终的决堤决策时间不会晚于5月31日夜。再考虑到战时军情决策的时效性，很可能当日就为决堤的最终决策时间。

6月1日，在武汉举行了中国最高军事会议，蒋介石主持了这次会议。讨论“策定豫东大军向豫西山地作战略上之转进，同时决定黄河决口，企图作成大规模之泛滥，阻敌西进”[③]，决堤的任务由第一战区司令长官负责实施。

（二）赵口掘堤

第一战区受命后，先决定委派胡宗南担任决堤的监督指挥工作，后因

---

① 渠长根：《千秋功罪——花园口决堤研究》，华东师范大学2003年博士论文，第42页。

② 陈慰儒：《黄河花园口掘堤经过》，中国人民政治协商会议河南省委员会文史资料研究委员会编：《河南文史资料选辑》第4辑，河南人民出版社1980年版，第168—169页。

③ 《第20集团军参谋长魏汝霖呈报黄河决口经过》，中国第二历史档案馆藏，1938年，档案号：787－3496。

胡部调往陕西，改由第二十集团军司令商震负责。商震乃命令第39军军长刘和鼎统管具体的决堤工作。

6月1日下午，黄委会河南修防处主任陈慰儒（即陈汝珍）和黄委会总务处处长朱墉，来到第一战区司令长官部见程潜。他们是昨夜接到程潜电话，应约从开封赶来郑州的。程潜告知他们上峰的决堤决定，作为河工专家的陈汝珍遂陈述了自己的看法，"按照河工经验，五月（旧历）晒河底，说明现在正是河南枯水季节，流量很小。就是掘开黄河大堤，流量小，水流分散，也阻挡不了敌人。但是大堤掘开以后，口门逐渐扩大，难以即堵。汛期洪水到来，将给豫、苏、皖三省人民带来无穷灾难。……现在掘堤，黄河水小，既不能阻挡敌人，有助于国家抗战大计，又肯定给千百万人民带来不可避免的巨大灾难，这是很不合算的"。因为决堤决策已定，程潜只好表示曰："好啦，等转报蒋委员长以后再做决定。"当日，陈汝珍、朱墉及第一战区司令长官司令部参谋长晏勋甫及工兵科长王果夫等还一起研究了决堤的具体方案，"当经议定在中牟赵口掘堤，预计河水将沿贾鲁河道漫流，经过中牟、尉氏、扶沟、西华等县，十天左右到达周家口，会合沙河东流入淮"。[①] 这条线是1843年黄河决堤后，黄河水所流经的旧道，而且赵口一带地势较低，容易出水，是比较理想的掘堤之所。更主要的是，当时日军大部盘踞在预计黄水流经的这条水道一带。一旦黄水涌出，将把日军滞留在这片土地上。

当天，晏勋甫派工兵科长王和甫带兵赶到工地，并要求黄委会的陈汝珍、朱墉前往协助。

2日，程潜又传见陈汝珍和朱墉，告以蒋介石说：只要敌人知道黄河大堤开了口，就不敢前进。水小也要掘，并令即派河兵动手。陈汝珍告之曰："河兵都是沿岸农民，深知黄河掘堤的严重性，他们世代守堤，是不会动手掘堤的。"程潜随即说："那么，我派军队去掘，请你们去指导。"陈汝珍请程潜先发迁移费，让堤下居民搬家。程潜即批发万元，交郑州专员罗震发放。之后，陈汝珍与朱墉、苏冠军等赶赴赵口。那时，王果夫所带工兵已经按照朱墉所绘草图开始挖堤。

4日，53军一个团在赵口开始掘堤。部队在相隔40米以内的地方分

---

① 中国人民政治协商会议河南省委员会文史资料研究委员会编：《河南文史资料选辑》第4辑，河南人民出版社1980年版，第170页。

别挖掘两处口门，以期两处豁口都掘开后，大水可把中间的土冲走。由于对黄河的水势估计过大及对黄河堤质估计过松，“又兼决口经始过窄，愈掘向下，愈形窄狭，尚未及底，一人通过亦感困难，因此参加工作之官兵，颇感英雄无用武之地，结果河水亦无法流出”。[①] 5日，继续开挖，但是放水仍然失败。于是又加派39军一个团协助，并悬赏千元，以期当夜完成任务。晚上20时许，用炸药炸开堤内斜面石基，水流仅丈余，即因决口内斜面过于陡峻而导致倾颓，水道阻塞不通。6日，仍未能将已塌陷之口门掘通，复在其以东30米处，作第二道决口。次日晚7时，第二道决口完成。但因黄河主流逐渐北移，决口内面河身出现沙洲，阻塞口门，决口仍以失败告终。

（三）花园口决堤

赵口掘堤屡经失败，而日军已于6日攻入开封城内，形势十分危急。商震以为参加掘堤人员不足，乃命令所部新编第八师加派步兵一团前往协助。师长蒋在珍携参谋蒋先煜乘车驰往赵口视察，发现决口失败并非人员不敷，而为计划欠当，“宽不过30余米的大堤上已是人满为患”。[②] 于是，他建议在中牟以西自己的防区内另辟一个地方决堤。经商震同意，报请蒋介石获批后当夜就开始实施。

究竟应该选在什么地方更为合适？蒋在珍与熊先煜在从郑州返回师部所在地京水镇的途中反复商讨，熊先煜认为东边的马渡口和西边的花园口皆可以。但是，马渡口与赵口相距太近，敌易接近，而花园口与赵口相距有26公里，掘堤时间更为充裕一些（图6－1）。于是，他们商定就在花园口掘堤，并将此告诉商震。

当时适逢陈汝珍和朱墉向商震汇报协助清除赵口第一道决口口门经过及预计放水时间，陈、朱二人并请示准备离开。商震要他们等等再走，告之要在花园口掘堤的消息。为保证花园口掘堤成功，商震要陈汝珍等前往蒋在珍师部，把赵口掘堤经验告诉蒋在珍，使他注意不要再被堤沙堵住，陈汝珍遵令而行。[③]

---

① 熊先煜：《黄河花园口选址及挖掘纪实》，《档案管理》2005年第5期。

② 梅桑榆：《血战与洪祸：1938年黄河花园口掘堤纪实》，中国城市出版社2009年版，第142页。

③ 中国人民政治协商会议河南省委员会文史资料研究委员会编：《河南文史资料选辑》第4辑，河南人民出版社1980年版，第169—170页。

虽已确定在花园口附近掘堤，但具体选在什么地点，还需要到现场考察。6日当晚，蒋在珍等与前来视察工作的参谋处长魏汝霖商议，决定由熊先煜来主持此事。子夜时分，熊先煜同黄委会河南修防处南一总段段长苏冠军①等人，乘车前往花园口侦察决口位置。月光暗淡，水位莫辨。他们虽带手电筒四只，但电光微弱，灯泡还先后烧坏。在这种艰难环境下，他们摸索到次日凌晨两点左右，仍难以下定结论。鉴于此事关系重大，必须慎重，他们决定宿于汽车内，天亮后继续侦察、确认。

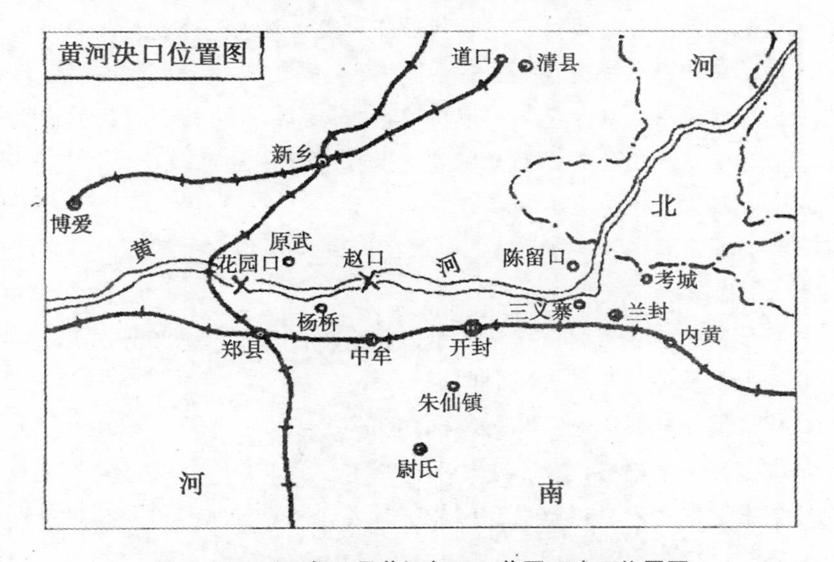

图6-1　1938年6月黄河赵口、花园口决口位置图

资料来源：军事科学院军事历史研究部：《中国抗日战争史》（中），解放军出版社1994年版，第170页。

7日黎明，熊先煜率同第二团中校团附唐嘉蔚、马连长、张段长②由花园口沿河上觅侦察，最后选定于关帝庙西决堤，因为此处是黄河弯曲部，“易于放水，且可流入贾鲁河，向东南行，经中牟、尉氏、扶沟、华西、周家口各县境而注入淮河，利用贾鲁河道以防漫延，当可减少人民之损害”。③

① 熊说不是苏冠军而是张国宏，他为此还有一个专门的解释（《民国档案》1997年第2期）。当时，河南黄河南部堤防分为南一、南二两修防段，南二总段段长为刘宗沛，苏是河南修防处南一总段段长，花园口决堤地点是在他的管辖范围内。故参与侦察花园口掘堤地点的应当是苏冠军而非张国宏。

② 张国宏，贵州都匀人，1933年任中牟县黄河河务局督工员。

③ 熊先煜：《黄河花园口选址及挖掘纪实》，《档案管理》2005年第5期。

据熊先煜讲述当时的情况：

……大约过了一个钟头后，我选定在关帝庙以西约300米处决堤。我看中这里是因为此处为黄河的弯曲部，河水汹汹而来，到脚下突然受阻，压力较之直线处为大，容易冲垮河堤。而且从地图上看，待河水从花园口一带涌出，漫过已被日寇占领的开封、中牟、封氏、通许、扶沟、西华等县境后，便可注入贾鲁河，向东南而行，流入淮河。贾鲁河道，可成为一道天然屏阵，阻止河水无边漫延，当可减少人民必然所受之损失。

当我说出我的意见后，用树枝指着铺在地上的地图，询问随同各员有何意见，如没有不同意见就这么定下了。这时，众人神色庄严，泪光朦胧，皆不能言。

我问张国宏："张段长，你是我们请的专家，你要表态，定在这里，行，还是不行?"

张国宏答非所问，目光呆滞，像个热昏病人似的连连嚷道："要死多少人……要死多少人呐!"

我提高声调说道："死人是肯定的，在这里决堤，死的人会大大减少。你必须表态，行，还是不行?"

张国宏这才意识到自己的责任，认真地看着地图，表态同意我的选择。①

地址确定后，他们开始商量掘堤方案。由于陈汝珍已经告知赵口掘堤失败的教训，熊先煜也目睹过赵口掘堤现场，故他们对这次掘堤的方法做了一些改进：将堤顶挖掘宽度扩大为50米，这样即使掘至河底，仍然可以保持10米左右的宽度，且缺口斜面徐缓，放水时不致颓塌堵塞；大堤之中央部位暂时留下3米宽，待最后再掘，以便维持东西来往交通。方案确定后，命令率先赶来的部队开始掘堤，由张段长召集附近居民协助，并给其指示掘堤方法。等后续部队开到后，分别从堤之南北两面同时动工，并各向东西两边掘土、运土，以提高工作效率。

但是，这里的大堤乃小石结成，堤质非常坚硬，掘时颇为吃力。下挖

① 熊先煜：《炸黄河铁桥扒花园口大堤真相》，《文史精华》2001年第11期。

越深，距离堤面越远，往上扔土越困难，施工进度越慢。“苏冠军建议先在大堤内侧挖出10个台阶，每一个台阶约3米，然后层层往上扔土，每层相互接应。这样一来，工程进度果然大大加快。”①

经过两昼夜的努力，至9日上午8时，花园口决口开始放水。放水之初，“流速甚小，至午后一时许，水势骤猛，似万马奔腾。决口亦因水势之急而溃大”。②

时黄河已届汛期，河水不断上涨，决口口门越撕越大，滚滚洪流倾泻而出，向东南奔腾而去。截至7月7日，花园口决口扩至200米，赵口决口已扩至300米，两决口之水于6月13晚会流于前后段庄，越陇海铁路汇贾鲁河，经朱仙镇入尉氏、鄢陵、扶沟、太康、西华、商水至淮阳，汇沙河、南桃河、蔡河旁，流入沈邱、鹿邑、项城等县泛滥，至安徽境内，汇淝河、茨河、颍河，夺淮而下，各处被淹面积及泛水深度，因地势关系互有不同，宽十余里至数十里，深约二三尺至丈余不等，③ 形成了一个面积广大的黄泛区（如图6－2），使侵入这一带地区的日军陷入浊流泥沼中。

据不完全统计，此次花园口掘堤“使日军损失兵员7452人，日军被中国军队缴获及被洪水毁坏的轻重装备不计其数”。④ 日本军事专家桑田悦评论说：6月12日⑤，中国军队破坏黄河南岸堤坝，引起特大洪水，彻底遏制了日军的前进。⑥ 而美国历史学家费正清在其主编的《剑桥中华民国史》中写道：“1938年6月初，日军在开封附近受到另一次重大挫折。就在他们沿陇海铁路西进的时候，中国军队突然决开黄河大堤。……这项战略卓越地发挥了作用。侵略者暂时被遏制住了，武汉战役被延长了大约

---

① 渠长根：《功罪千秋——花园口事件研究》，兰州大学出版社2003年版，第96页。

② 中国第二历史档案馆编：《中华民国史档案资料汇编》第五辑第二编，《政治》（5），江苏古籍出版社1998年版，第423页。

③ 《王郁骏关于赵口花园口被炸决口泛滥情形》，中国第二历史档案馆编：《中华民国史档案资料汇编》第五辑第二编，《政治》（5），江苏古籍出版社1998年版，第433页。

④ 侯全亮主编：《民国黄河史》，黄河水利出版社，第177页。

⑤ 花园口掘堤放水的时间为6月9日，日本人是12日发现花园口决口的。

⑥ ［日］桑田悦：《简明日本战史》，军事科学院外国军事研究部译，军事科学出版社1989年版，第75页。

三个月，被推迟了三个月。”① 这是全面抗战以来日军在中国战场首遭全面溃败，日本大本营感叹道：华北派遣军从此丧失全面进攻能力。

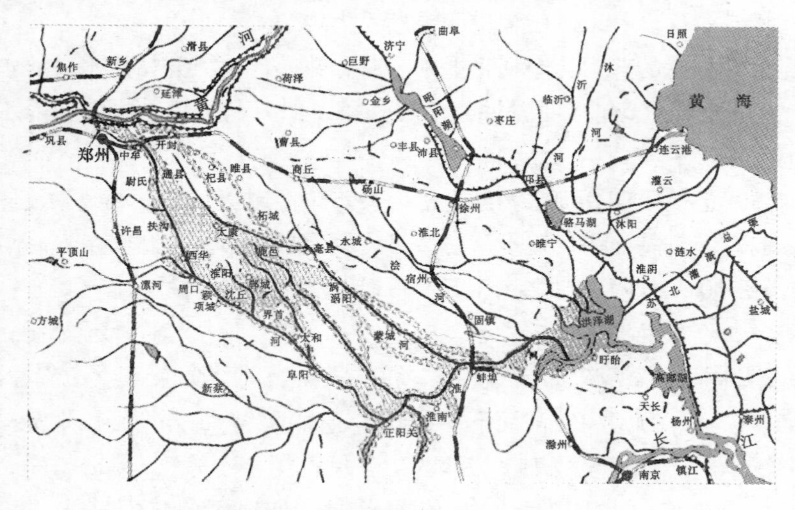

图 6－2　1938 年花园口掘口后黄河泛区图

资料来源：侯全亮主编：《民国黄河史》，黄河水利出版社 2009 年版，第 178 页。

综上，黄委会不仅参与了黄河掘堤阻敌之决策过程，而且参加了赵口及花园口掘堤地点的选定，并提供了掘堤的技术指导，为快速完成掘堤任务做出了重要贡献。

第二节　继续开展“以黄制敌”的斗争

花园口掘堤后，黄河改道入淮，中日两国军队隔河对峙，新黄河成了双方的军事分界线。黄委会继续会同军方贯彻“以黄制敌”的策略，在泛区西岸修筑了防泛新堤（也称防泛西堤）和其他一系列军工，利用新黄河阻敌制敌，给日军制造威胁。日军被迫改变原来沿铁路线西进南下的战略，改为沿江淮水路西进围攻武汉。从 1938 年花园口决堤至 1944 年豫

① ［美］费正清：《剑桥中华民国史》（下册），中国社会科学出版社 2006 年版，第 551 页。

湘桂大溃败这段时间内，日军很难从正面跨越新黄河。[①]

一　筑堤坝阻敌

花园口掘堤，虽然暂时阻滞了日军的进攻，但是也导致黄河夺淮改道，形成一个面积广大的黄泛区，给这些地区民众带来巨大灾难。

蒋介石深知掘堤行为将要受到的道德谴责和需要担当的政治风险，他不愿承担这份罪责，而将之推卸给日本人。1938 年 6 月 11 日，蒋介石在给第一战区司令长官兼河南省政府主席程潜的电文中指示：在进行宣传时，“（1）须向民众宣传敌飞机炸毁黄河堤。（2）须详察泛滥景况，依为第一线阵地障碍，并改善我之部署及防线。（3）第一线各部须与民众合作筑堤，导水向东南流入淮河，以确保平汉线交通”。[②] 为了防止泛水向西泛滥并利用泛区阻敌，6 月 22 日，他电示第一战区，可以“沿黄河溃水西流（沿），赶筑南北长堤一道，加以军事防御，以期防水防敌”。[③] 此后，黄委会会同中国军政当局，不断修筑大型堤坝束水导水，并根据军情需要，修理、疏导黄泛区的一些河沟水道，以充分发挥黄水的地障作用，牵制和打击日军。

在蒋介石的要求下，国民党军政当局责成河南省政府会同黄委会，赶速沿泛区西涯，组织民工，以工代赈，修筑南北长堤，以资防范。黄委会河防处长赵录仁明确指示：“豫省居抗战最前线，敌我仅一河之隔。凭河作战，国防河防关系并重，必须修防与军事配合工作，始能收抗战阻敌、防水保民之效”。[④] 1938 年 7 月，黄委会会同河南省政府及其他部门，组

---

① 也有学者认为防泛西堤的军事作用有限，见曾磊磊的《黄泛区的政治、环境与民生研究》（1938—1947）（博士学位论文，南京大学，2013 年）。该作者认为：1940 年第一战区司令长官卫立煌要求行政院拨巨款培修西堤，“恰恰反映了西堤没有起到军事作用”。但笔者认为这正反映了西堤有重要的军事作用，所以卫立煌才急于请款修培。另外，也不应因为 1944 年豫湘桂大溃败而将西堤此前的阻敌作用全部否定。

② 《蒋介石关于黄河决堤后指示须向民众宣传敌飞机炸毁黄河堤等情密电》（1938 年 6 月 11），中国人民政治协商会议河南省郑州市委员会文史资料研究会编：《郑州文史资料》第 2 辑 1986 年版，第 25 页。

③ 《程潜致汉口行政院电》（1938 年 8 月），《行政院关于修筑黄河防泛新堤的函件》，中国第二历史档案馆藏，1938 年，档案号：2－2－3042。

④ 《抄本会河防处代理处长赵录仁等签呈》，《黄河水利委员会针对日伪破坏河堤研拟对策及实施办法》，中国第二历史档案馆藏，1941 年，档案号：2－2－2716。

织了防泛新堤工赈委员会，修筑防泛新堤。因时值大汛期间，加以工款不济，当年只修了花园口以下到郑县唐庄长34公里的堤段，即告停工。这段堤虽不长，却束水阻断了陇海铁路，使日军无法沿该路向西推进。

为了完成筑堤计划，1939年5—7月，黄委会、河南省政府及其他有关部门组成河南省续修黄河防泛新堤工赈委员会，由河南省政府委员郭仲隗为主任委员，会址设在许昌。5月间，征集民工动工筑堤。自郑州唐庄起，沿泛区西涯，经中牟、开封、尉氏、扶沟、西华、周口镇、淮阳、项城、沈丘至安徽界首县为止，该段堤长282余公里。加之上年已修34公里的堤段，共修防泛新堤316公里。新堤顶宽4—5米，高出地面1.5—3米，临河边坡1∶1.5，背河边坡1∶2.5。防泛新堤的修成，使泛区西涯四处漫溢的黄水得以被规束起来。

防泛新堤筑成后，即成为抗战时期的国防线。1939年9月，该堤经验收以后，移交给黄委会河南修防处接管。之后，军事形势紧张，河南省政府和黄委会西迁，由第一战区长官司令部及豫鲁苏皖边区总司令部指挥，沿堤布置军队，常年驻工进行防卫。防泛新堤的筑成，既可守土救民，也可维持军民交通，利于抗战。

防泛新堤由河南修防处接管后，成立第一、第二、第三共三个修防段负责管理。第一修防段：自广武县李西河起，越索须河，经郑县东赵、金家堤沿贾鲁河左岸杲村止，又至贾鲁河西岸起，经杓园、河村、贾岗经贾寨、河沟至唐庄以下入中牟境，经蒋冲、毕虎、小潘庄、古城至胡辛庄入开封境；经高庙、后曹、牤牛庄入尉氏县境；经水黄、七里头、寺前张、北曹、荣村、马立厢至小岗杨止。该修防段长117公里，历经郑县、中牟、开封、尉氏四县，指挥部设在尉氏寺前张。第二修防段：自尉氏县小岗杨东，入扶沟县境；经寒寺营、寺院庄、白潭，沿贾鲁河右岸至吕潭，南越贾鲁河，经坡谢至道陵岗入西华县境；经刘干城、徐楼、胡楼复沿贾鲁河左岸至毕口入淮阳境；再经李方口、下炉、八里棚与周口护寨堤相连。这段新堤共长98公里，历经扶沟、西华、淮阳三县境。指挥部设在扶沟吕潭。第三段：自周口南寨淮阳县境沿沙河右岸，经康湾、牛滩入商水县境；经李埠口、苑楼又入淮阳境；经苑寨、郭埠口、水寨至苏庄入项城县境；经槐店南关，陈口至孙营入沈丘县境；经戴寨、卜楼至豫皖交界之界首。这段新堤长约100公里，历经商水、淮阳、项城、沈丘四县，指挥部设在淮阳水寨。[1]

上述三个修防段，各设段长1人，下有文书、工程、会计三室。各段依工段长短分设3—5个汛，每汛设汛长、文书、汛目各1人，汛兵15人。每段还有一个40—50人的工程队（队长为副段长），常年驻工，机动修守。抗战期间，黄委会及河南修防处经常迁移，河南省沿河各段处于国防第一线，为了加强工作联系，每个修防段均设有电台一部，随时通报情况，联系工作。直至黄河归故，新堤修防机构才全部撤销。

除了兴筑防泛新堤外，黄委会还修筑了花京堤及京水军工。日军占据花园口东坝后，对西岸沿河村庄频施炮击，冀遂其渡河企图。河西一片平坦，无所掩蔽，难以扼守。在军方要求下，1939年4月，黄委会成立花京大堤工程处，修筑花京军工堤。该堤起自花园口口门西核桃园，经京水镇至小辛庄，长8公里有余。修成以后，因无泄水设备，且取土多近堤脚，形成顺堤水沟。当年6—7月，阴雨成灾，山洪暴发，该堤不胜雨水冲刷，大部分塌蛰残缺，损毁不堪。其时，日军曾试图在花园口渡河，昼夜不断在花京一带炮击机轰，复频以机关枪向西岸扫射。黄委会遂奉命会同第一战区查勘并修筑花京堤工，以保卫京水及郑州重要军事据点。花京堤及其附属工程于1939年9月初兴工，至10月修培完竣。经各有关机关会同验收后，交由第三集团军总司令部接管防守。该堤顶宽4米，高出地面2—3米，内外坡1∶2，自小辛庄向南延伸到贾鲁河岸，共长9.784公里，另外修筑掩蔽室32座、泄水口6处、挑水坝8座，并加修各种埽工数十段。

京水军工坝于1940年3月21日兴工，至5月6日，全部告竣，由长官部会同各有关机关验收。该工筑成后，“对于保卫京水重要据点、维护花京堤工，以及屏障该段防泛新堤及郑州军事据点，均获有显著奇效”。军委会派人实地视察，认为“工程尚坚，如更储备料物，随时抢修，汛期当可无虞。不惟京水镇可保，黄泛亦不致改道”。[2] 唯该工逼近花园口门，溜势顶冲新堤工，亟须随时加强维护，后由黄委会奉令呈行政院核准拨款办理，将埽工改为砖柳坝工。

---

① 徐福龄：《抗战时期豫省黄河防洪》，载《中国近代水利史论文集》，河海大学出版社1992年版，第67页。

② 《抄本会河防处代理处长赵录仁等签呈》，《黄河水利委员会针对日伪破坏河堤研拟对策及实施办法》，中国第二历史档案馆藏，1941年，档案号：2－2－2716。

防泛新堤及花京堤工完成后，不仅能阻挡泛水西流，而且堤上还修筑有军工掩体，成为国民政府军事上之重要防线。新堤修成后，如何利用新黄河开展对敌斗争？1939 年 7 月 7 日，黄委会委员长孔祥榕向中国军方提出贯彻“以黄制敌”的三项原则：“（1）不使溃水方面水流干涸，保留必要之相当水量以阻敌前进。（2）使分水一部分归入老河，破坏敌之企图。（3）保持溃口水流需要之深度，兼及导溜分散泥泞成滩，阻敌重兵器西进运输发生困难。”[①] 中国军事领导机关采纳这一建议，提出“河防即是国防，治河即是卫国”的口号，把防泛西提作为国防前线阵地，要求严加防守。蒋介石亦于次年 1 月指示：“保障黄泛原碍加强阻敌西侵力量”。[②] 2 月 7 日，他指示黄委会处理黄泛区办法：“（1）查黄泛所以阻敌西侵、屏蔽宛洛，而大河北岸数十万国军之后防补给及陪都外围翼侧之安全，胥赖此保障，故依军事第一，胜利第一之原则，不能以民生关系分疏黄泛归槽，减少阻敌力量；（2）且黄水泛滥就现有形势已将三载，沿泛居民或已迁徙，或已习于沿泛围筑堤垛保护田亩，无复当年痛苦，如使黄水再改流，反使人民重遭流离之苦……对豫、皖黄泛应维持现有形势。”[③]

然而，防泛西堤在修筑的时候，正值抗战艰难时期。由于运输困难，又缺乏石料，工程多是就地取材、因陋就简。加之“由于赶工抢修，堤身窄矮，又未兴硪，质量很差”。[④] 因此，该堤修成后，堤决事件非常频繁。每逢大汛，防泛新堤往往“一经大水冲刷，无处无工，无工不险”[⑤]，修筑第一年即溃决 50 多处。[⑥] 一些地方甚至到了“河水一临堤根，即漏

---

① 《黄河水利委员会快邮代电》，《黄河水利委员会针对日伪破坏河堤研拟对策及实施办法》，中国第二历史档案馆藏，1941 年，档案号：2－2－2716。

② 《蒋中正致孔祥熙电》（1941 年 1 月 18 日），《行政院拨款修筑豫省黄河各堤及组织河南黄河防范新堤工赈会的函件》，中国第二历史档案馆藏，1941 年，档案号：2－1－9280。

③ 中国人民政治协商会议河南省郑州市委员会文史资料研究会编：《郑州文史资料》第 2 辑 1986 年版，第 50 页。

④ 徐福龄：《抗战时期豫省黄河防洪》，载《中国近代水利史论文集》，河海大学出版社 1992 年版，第 66 页。

⑤ 《河南省政府呈文》，《关于拨款修筑豫省黄河各堤及组织河南黄河防汛新堤工赈会的函件》，中国第二历史档案馆藏，1940 年，档案号：2－1－9279。

⑥ 《培修黄堤增固国防以利抗战而维民生案》，《国民党七中全会关于培修黄河堤工程的提案》，中国第二历史档案馆藏，1940 年，档案号：2－8211。

洞百出，不堪守护"[①] 的地步。

毕竟"黄泛阻敌，功在国家，黄堤阻敌，利归民生"[②]，为了继续执行以黄泛阻敌的既定方针，巩固黄河国防，兼顾民生，新黄河堤防必须维修和加固。1940 年，第一战区司令长官卫立煌就要求行政院拨巨款培修西堤，因其"关系军事、河防与赈济，极重要"。[③] 嗣行政院拨款 300 万元，并应黄委会的要求，由该会与第一战区会同领取，通力合作，交河南修防处负责办理。培修工程于次年 4 月开工，7 月完工，当年虽经"黄汛水涨，新旧堤段均甚稳固，虽在敌大举修筑堤坝、逼溜西移之严重形势下，未出险工，实属此次培修之力"。[④]

1942 年 12 月，鲁豫苏皖边区总司令汤恩伯召集黄委会及鲁、苏、豫、皖四省的代表在安徽临泉开会，研究河防问题。会议决定成立黄河视察团，以边区总司令部高参钟定军为团长，防泛新堤第三段段长徐福龄代表黄委会参加该团视察。视察团调查研究了河南尉氏至安徽颍上间的泛区河势，沿河堤防工程情况，提出《黄泛视察团总报告书》。报告书强调"豫省工程浩大，如不及时加培堤防，势必泛流改道，国防民生将两受其害；为保持原有泛区，巩固抗战国防，兼顾民生计"，[⑤] 建议加培河南境内堤防，以工代赈，争取于次年 4 月以前完成。

1943 年 1 月，汤恩伯在漯河召开第一次整修黄泛工程会议。黄委会委员长张含英、黄河各修防段段长及沿河各县县长均参加会议。会议决定组织工程总处，以鲁豫苏皖边区副总司令何柱国为总处长，负责指挥复堤工程，以军工为主。至 5 月中旬，大部工程即将完成，因遇台风暴雨而停工。6 月，汤恩伯在周口召开第二次整修堤防会议，除上次与会人员参加外，水利部王鹤亭工程师亦参加会议。会议决定：未堵塞的口门，继续堵筑；修筑贾鲁河及鄢陵双洎河堤防工程；加修周口以西至逍遥镇的沙河北

---

① 《黄委会河南修防处抢堵新堤第一尉氏荣村口门完工报告书》，《黄河水利委员会河南修防处各项工程完成情况报告书》，中国第二历史档案馆藏，1943 年，档案号：377－860。

② 李鸣钟：《为黄泛堵口复堤告各县书》，《行政院水利委员会月刊》1944 年第 1 卷第3 期。

③ 《卫立煌致行政院电》，《行政院拨款修筑豫省黄河各堤及组织河南黄河防汛新堤工赈会的函电》，中国第二历史档案馆藏，1940 年，档案号：2－1－9280。

④ 《修培黄河新旧堤防工程》，《黄河水利委员会针对日伪破坏河堤研拟对策及实施办法》，中国第二历史档案馆藏，1941 年，档案号：2－2－2716。

⑤ 徐福龄：《抗战时期河南省黄河防洪》，载中国人民政治协商会议河南省委员会文史资料研究委员会编：《河南文史资料》第 37 辑，河南人民出版社 1991 年版，第 29 页。

堤；重点加固周口以东沙河南堤，以防泛水越过沙河。7月，又在临泉开会，决定由河南省政府、黄委会及边区驻军合组河南整修黄泛临时工程委员会，由汤恩伯、何柱国、张含英领衔电请军委会及行政院拨款3000万元，以便进行堵口复堤和防汛。8月间张含英辞职，赵守钰接任黄委会委员长。按照以上决议，于该年11月在许昌成立了整修豫境黄泛临时工程委员会，由赵守钰任主任委员，赶速进行尉氏荣村等口门的堵口及各堤段的复堤工程，到1944年麦前基本完成了这次堵口复堤任务。

防泛西堤的修筑和维修，起到了应有的军事作用。从花园口掘堤，至1944年日军发动打通大陆交通线战役为止，在六年时间里，日军仅有一次渡过黄泛区，即在1941年10月，由中牟县琵琶陈偷渡黄河，攻占郑县。① 若没有防泛新堤和新黄河的存在，这种情况应当是不可能出现的。

二　黄委会对敌伪处置黄泛办法之反制

在修筑堤坝，阻敌御水的同时，黄委会针对日伪之黄泛处置办法采取一些反制措施，继续进行“以黄制敌”的斗争。

花园口掘堤后不久，黄委会从军方获悉了敌伪对于黄泛之策划，得知敌之主要用意在于：不使黄河仍走故道，免致破坏其汴新铁路联线计划及下游所在日军受害；引导黄河主流仍由溃口分泄南注，由中牟集中归槽，形成一新黄河，当水大时可以泛滥，冲淹豫皖苏三省，水小时，河身可以缩小，便于将来易于西渡；预防河水盛涨时由赵口分流冲向开封，奔注危及各据点及铁路线。并且敌方当时已知花园口缺口宽仅300米，若黄河水涨超过3000立方米每秒，则不能容纳黄河主流南下。据此，黄委会推断敌之处置方法必有下列各点：（1）加强及防护其在河身部分之新汴铁路，得以阻止黄河大水向东顶冲；（2）扩大花园口口门，用人工挖掘东坝头或将来乘河水盛涨之时用飞机轰炸西坝头一带及在下游一公里处再开一口，以分主流之势；（3）堵塞赵口，以免水势向开封泛滥或冲断敌方铁路交通。②

依据敌方策划，黄委会遂会同第一战区谋划己方处置办法，提出三项

① 黄河水利委员会编：《民国黄河大事记》，黄河水利出版社2004年版，第157页。

② 《抄孔祥榕智代电乙件（附对策及实施办法）》，《黄委会与第一战区共同研究的以黄制敌对策议决事项实施办法本处拟制的挑溜大坝计划书及挑溜情形的报告》，黄河档案馆藏，1939年，档案号：MG4.1－37。

对策加以应付，以阻敌西侵，断其联络，即“保存花园口溃水相当流量，万不可使其断流或集中成槽，致资敌军西侵之便”；“除花园口溃口外，水量之一小部分不妨使其向东坝下游分散奔流，构成广大之东南浅滩以碍敌军重器之行动”；“加强花园口溃口之西坝头，在可能范围伸长西坝头，并在适宜地点利用盛涨洪流相机修筑挑坝，迫水归入故道，破坏其汴新铁路之企图”。①

当时，花园口口门以下正河新淤高度为91.00米（大沽水位），如水位涨至91.00米以上，河水仍可循故道东注。若河水盛涨到5000立方米每秒以上，可根据水势工情相机挑溜。水溜一经被挑，其流向所趋，回转不及，必顺势东注，而敌人所建之汴新铁路离花园口仅60公里，其虽坚固，亦难免被破坏之可能，故黄委会遂提出应付方法六项。

（1）除将花园口溃口之西坝头加抛柳石裹固外，多备石料、柳料、铅丝、麻绳，随时尽量延长，压迫口门东移。因有此项工程使水溜时常激荡，溃口过水自可维持。

（2）敌军在花园口下游一公里添掘一口，实无影响于洪水盛涨时东注之大势，适足增加国方分流成滩计划，故可听其自然。

（3）预先于花园口西坝及以上一带工段尽量购运及堆存石料、铅丝、柳枝、麻袋、麻绳及选定大中小三号枝叶茂盛的树株（以柳为宜），以备洪水盛涨时相机抛筑挑坝及各项挑溜工程，以夺溜他移。因黄河水性于盛涨时如来源充足，接续保持或增加水量，在此时水势已经挑拨，水头趋向即行转移，极难返，故势必澎湃直趋下注，可资利用。

（4）拟在陇海铁路中牟站附近被水冲断之处利用路基，酌筑挑水坝，迫水向开封方面移动，破坏其根据地。

（5）防泛西岸新堤，由黄委会及豫省政府会同分别督饬河南修防处暨沿堤有关之专员、县长共同负责，严加防守，并于临近洪水顶冲之处均斟酌地势工情，培高堤身或筑子埝，加修护沿或筑挑坝，以期巩固而免扩大灾区。

（6）沿堤驻军及河南修防处员工暨黄委会工程队会同加意防守西坝

① 《黄委会与第一战区共同研究的以黄制敌对策议决事项实施办法本处拟制的挑溜大坝计划书及挑溜情形的报告》，黄河档案馆藏，1940年，档案号：MG4.1－37。

头，如能酌备高射机关枪数挺，掩藏附近，以防其飞机时来低飞破坏则更佳。[①]

这些对策原则与办法成为抗战时期黄委会及军方贯彻“以黄制敌”策略的基本依据。1939年伏汛期内，黄委会即按照此对策办法处置黄泛。9月20日，陕州水文站黄河流量涨至每秒7700立方米时，花园口流量分溜入老河者有七成之多，于黄河故道冲毁敌方汴新铁路所设炮台。次年桃汛期间，黄委会委员长孔祥榕亲临花园口履勘，认为花园口水位流量涨达相当高度，筑坝挑溜工程，仍有相机施筑之必要，经密饬黄委会河防处拟具计划书，转送第一战区司令长官司令部，请予转呈军委会请款办理。7月12日，据报陕州水位增至295.91米，流量涨达每秒11000立方米，由督工队长王尚德及督查王庆林选派精干队员，亲自督率，驰赴花园口西坝头，动用存石，察酌河势，就西坝头抢筑拖溜顺水石坝一道，共长约6米、宽9米，挑溜分注老河的3/10。唯因该处料物未奉拨款，故未购备，旧有石料有限，不能照原计划施工。这次西坝头筑坝制敌行动，虽未达到冲毁新汴铁路之目的，但也给敌人制造了很大麻烦。

黄委会与第一战区研拟的“以黄制敌”策略与办法不断得到运用。1940年7月，黄泛区主流东移，东岸太康境内王盘一带民埝冲决（在泛区东岸，不在黄委会修防范围内），河水漫向东南，流入涡河。其后，决口增加，加大了过水流量，涡河一带走水约占全泛区水量80%，老泛区仅占20%左右，西泛区有干涸可能。9月间，黄委会奉第一战区司令长官电：“泛东王盘等处决口，水势汹涌，黄泛大部流入涡河。原来阻敌主流有干涸可能，凌期顾虑更大。嘱派员查勘设计，将王盘附近各决口阻塞或堵塞，以保持河防原来障碍力，而满足军事上急切需求。”[②] 军委会亦通过经济部电令黄委会赶办，但第一战区高层内部对堵塞王盘工程存在分歧，使该事曾一度拖延。[③] 11月，由黄委会与第一战区高层商谈，决定枯

① 《黄河水利委员会导拟敌军现对黄泛处置实施办法及对策》，《黄河水利委员会针对日伪破坏河堤研拟对策及实施办法》，中国第二历史档案馆藏，1941年，档案号：2-2-2716。

② 《泛东王盘阻塞军工》，《黄河水利委员会针对日伪破坏河堤研拟对策及实施办法》，中国第二历史档案馆藏，1941年，档案号：2-2-2716。

③ 曾磊磊：《黄泛区的政治、环境与民生研究（1938—1947）》，博士学位论文，南京大学，2013年，第17页。

水时堵塞王盘决口，大水时仍其流入涡河。[①] 复经卫立煌以“阻塞王盘乃为保障黄泛区原保障力，加强阻敌西侵力量，亟应赶工阻塞，不可停工，事关国防至巨，恳饬主管机关迅将工款拨发，以免影响工程进度”为由，行知行政院。黄委会亦以工情紧急、时机迫切各缘由，请示行政院，遂奉核准办理。同时，黄委会奉到行政院转蒋电令饬办。此项工程自1940年11月兴工，截至次年1月14日，将王盘附近10口门先后阻塞或堵塞竣事。主流水量增至60%，阻敌西侵之效大著。当年清明节后，河水一再增长，溜势逐渐变化，黄泛又复大部入涡。黄委会电饬河南修防处在适宜地点添筑迎水、挑水各工，亟图补救。迎挑各坝告成后，东泛入涡量减至4/10，中泓仍入主流，阻敌力量复大显功效。河南修防处以后继续奉遵“黄泛区应维持现有形势”之原则，加强巩固，随时备料防护，使已成各工得以维持黄泛主流具相当水量，阻敌西侵，屏蔽宛洛，而保障陪都外围侧翼之安全。

在堵塞王盘决口的同时，黄委会又堵塞了沙河北岸串沟。豫境沙河自周口至界首一段，河身整齐，为豫、皖间军需重要航道。但其北岸有串沟十一道，大汛时，黄泛溢水量骤增，宣泄不及，即有漫溢成灾之虞。低水时，黄泛水量几全部由各串沟分注入沙，泛区干涸，障碍极小，而敌我两军仍相持于黄泛两岸，驻军乃拟请堵截各串沟。为防止黄河串沟之水进入沙河，逼水仍入泛区以阻止日军进攻，黄委会奉军委会电令，派员测勘，拟具堵沟及筑堤计划。1940年10月，黄委会在周口组设整理豫境沙河工程委员会，由河防处长陶履敦兼任主任，主持办理。[②] 工程于1940年12月兴工，次年1月间受豫南战事影响，一度停工。秩序恢复后，立即复工。堵沟部分，先后堵塞者有郭埠口西沟、两截沟、西葵河、牛口沟、倒栽槐沟、郭埠口东沟、水牛庄沟、王口沟、白马沟等九道，保留两道（蔡河沟、常胜沟）不堵，“既不使泛水大量入沙，又不使淮阳以南泛水断流，起到阻敌作用”。[③] 周口附近之万砦一带距淮阳敌人据点仅十余公里，前以泛水日趋干涸，曾局部断流。自将白马、牛口等沟堵塞完竣后，

---

① 《黄委会1940年11月份工作报告》，《黄委会1940年工作报告及有关文书》，中国第二历史档案馆藏，1941年，档案号：161－383。

② 黄河水利委员会编：《民国黄河大事记》，黄河水利出版社2004年版，第148—149页。

③ 徐福龄：《抗战时期河南省黄河防洪》，载中国人民政治协商会议河南省委员会文史资料委员会编：《河南文史资料》第37辑，1991年版，第27页。

"万砦一带河幅展宽深度、流速均已增加，入沙水量大部挽回泛区，增加阻敌力量，获明显成效"。[①] 至筑堤部分，修筑了周口至济桥一段，约39公里，围护良田2000余倾，村庄300余座。如此，既适合军事上之需要，防止黄水南泛，消弭灾祲，维持沙河通航而利军运，又兼及了民生，可谓一举两得。完工后，该工程交防泛新堤第三段修守。

1943年3月，为防止豫省沈丘县东蔡河以下泛区干涸而失去阻敌障碍，第一战区第十五集团军与黄委会乃计划修筑东蔡河节流横堤工程。该堤自单庄经打鱼王、孙庄、后于凹、大李庄、王草楼、李庄至孟店桥。堤之两端，与民埝相接，顶部宽6米，两边坡度均为1∶2，高2—7米不等。4月15日开工兴筑，嗣因泛水大涨，料物不济，至7月底，只完成大王庄至宋庄之间的单排编柳工程2000米，护岸1200米，横堤工程未能全部完成。尽管如此，该工程仍发挥了显著的阻敌作用。

黄委会根据敌伪对黄泛处置之策划，会同军方研商对策及办法，并在以后的对敌斗争中加以贯彻执行，有力地支持和配合了军方的军事行动，既起到了抗日阻敌作用，也在一定程度上兼顾了民生。

三　以水代兵的继续

花园口掘堤，中国军队以水代兵，给日军以重创。花园口决堤后，黄委会配合中国军队，继续多次实行以水攻敌的战法，以打击日伪。

1941年春，日伪沿防泛东堤大举修筑堤坝，并在通许姚皂附近修建挑水坝，企图逼溜西侵，突破防泛西堤堤防。黄委会、军委会西安办事处及第一战区长官司令部会同研究，由黄委会拟具反制措施，交河南修防处实施，利用水涨时灌注通许底阁一带交通。当年4月16日动工，8月底竣工，河南修防处在扶沟县等地修筑军工坝37道、埽2段，以挑溜东移，冲淹泛东地区。同年10月，日军由中牟县琶琶陈偷渡黄河，占领郑县。后虽经政府军克服郑县，但黄河南岸邙山头及中牟县城仍为敌人所占据。邙山头距郑州不过数十华里，并无险要可资防守，是以郑州以及荥阳汜水一带仍在敌人威胁之中，国民政府无充分之飞机、大炮、坦克车等重要军械足资反攻，则只好研究防御对策。奉军委会令，第一战区司令长官卫立

---

① 《抄本会河防处代理处长赵录仁等签呈》，《黄河水利委员会针对日伪破坏河堤研拟对策及实施办法》，中国第二历史档案馆藏，1941年，档案号：2-2-2716。

煌在洛阳召集黄委会河南修防处有关人员开会，研究引黄南泛、水淹敌军计划，欲由邙山头以上至汜水一带择其地势低洼之处，导使黄河泛水直达郑州以东或至中牟以下复入黄河，俾邙山头以及中牟县城改处于黄河北岸，如此则黄河仍可为天险，保障河西南。敌人如再占据郑州，可使郑州一带泛滥，使之不能为敌人据点。河南修防处派人踏勘、侦察及详细测量，相关人员根据所得资料研究得出结论：导泛无论自汜水口、宋沟、荥泽口及李西河四个地点中任何一个开始，“其导至郑州时之水面，即在大水时亦必低于郑州市平地十公尺左右以至十公尺以上。似此情形，实难造成郑州一带之泛滥，何况并无尾闾足资宣泄。如果开挖亦必不久即行淤塞。至于最深点须挖深至五十公尺以上，其工程上之困难尚不计焉”。但如果“自宋沟起，导泛经邙山麓迤南广武县以北入枯河，顺枯河河道……导泛自属可能。惟所得之结果只可能将邙山头改于黄河北岸，不能造成郑州市之泛滥”。[①] 军委会虽想再来一次花园口掘堤，无奈条件不具备，引黄南泛计划只得作罢。

1942 年 2 月 3 日，河南修防处奉令加修防泛西堤军工挑水坝，在尉氏县南至马立厢加修 5 道，扶沟县坡谢至西华县道陵岗加修 7 道，逼水东移，冲淹日伪。1943 年 5 月，日伪在开封史家岗一带筑堤，阻泛东流。为粉碎日伪阴谋，在汤恩伯的命令下，河南修防处遂在尉氏县里穆张修筑军工挑水坝一座。6 月 23 日兴工，7 月 25 日完工。工程完竣后，正值黄河秋汛，黄水受大坝顶托，水位抬高，“对岸河水漫滩横流，通许底阁一带一片汪洋”。[②] 实际上，这种做法与当年的花园口掘堤如出一辙，是以水代兵之继续。

以水代兵的具体方式是多种多样的，除了直接掘堤放水以淹灌敌军外，整理大小不等的水沟，扩大水泛面积，也是一种行之有效的方式。1941 年 11 月，应第一战区第 3 集团军的要求，河南修防处派员赴最前线之小潘庄一带查勘，研究恢复中牟城南泛区阻敌计划，确定在暂不改变泛区而能阻中牟残敌原则之下，将小潘庄南现有串沟一道与主流接通以增加

---

① 《本队参加特别军工测量报告书》，《本局与河南修防处等机关关于汜、广、荥、郑等县导泛阻敌军工侦察情形的来往文书》，黄河档案馆藏，1940 年，档案号：MG4 · 1 – 168。

② 《黄委会河南修防处修筑尉氏里穆张军工挑水坝竣工报告书》，《黄河水利委员会河南修防处各项工程完成情况报告书》，中国第二历史档案馆藏，1943 年，档案号：377 – 860。

串沟流量，造成阻敌形势。[①] 次年元月，召集郑县、中牟、尉氏、新郑四县民夫将之彻夜赶挖完工，“使地面障碍幅面得以扩大，保证了中牟县城东南泛区水不断流，阻止了日军过河西进的企图”。[②]

这种“以水代兵”之术是弱势的中国对强敌侵略而采取的一种无奈选择，是焦土抗战政策的继续。它在阻击和消灭敌人方面起过重要作用，同时也给无辜百姓带来巨大灾难和损失。所以在花园口掘堤后，中方在使用这种办法时，就格外慎重。如上述1941年，在黄委会拟具的灌注敌在通许底阁一带的交通计划中，就特别强调其前提条件是“应维持现有形势，不使黄水再泛滥，致人民遭受流离之苦”。行政院也强调“有关民生应格外慎重，非万不得已，不得实施”。[③] 可见，政府及黄委会也并非为了军事而完全不顾民生。

四　侦查新黄河两岸敌情，搜集提供相关情报

花园口掘堤后，黄河改道入淮，新黄河成为敌我双方重要的军事分界线。政府军沿防泛西堤布防，与日军隔岸相对峙。但是黄河素以难治闻名，河性善变，暴虐无常，加之敌伪的破坏，稍不小心，政府军及军事设施都有可能会被黄水所伤及。1941年2月，第一战区司令长官卫立煌就曾指出，“黄河泛区地形、土质特殊，主流迁徙无定，防堵皆无把握，影响军事民生异常重大”，[④] 而政府军责在军事，对防堵工程，既无专门机关，亦无专门人才。黄委会正可以承担此方面的任务，作为黄河水利的管理机关，对于黄河工程，黄委会本负有通盘筹划之责，且该会河防处处长常驻豫境，对于黄泛全部状况及其变迁情形，自然彻底明了。自1938年，该会被纳入战时体系后，其兼受第一战区司令长官指挥监督，可随时秉承军方之意办理水利军工。

花园口掘堤后，除了配合军方，商讨与实施利用新黄河的对敌方策及

---

① 《黄委会委员长张含英戌沁电》，载中国人民政治协商会议河南省郑州市委员会文史资料研究会编：《郑州文史资料》第2辑，1986年版，第49页。

② 渠长根：《功罪千秋——花园口事件研究》，兰州大学出版社2003年版，第180页。

③ 《黄委会1941年4月份工作报告》，《黄委会工作报告》，中国第二历史档案馆藏，1941年，档案号：161－426。

④ 《卫立煌电》（1941年6月26日），《治理黄河机构之设置与撤销》，中国第二历史档案馆藏，1941年，档案号：2－8193。

完成一些水利军工外，黄委会还适时为政府军提供一些重要的水文情报，尤其是汛期黄河中上游水位、流量的变化，而黄委会河南修防处也密切关注泛区的水文水情，将每月调制的“黄泛变迁图”寄送军方一份，[①] 为政府军调整布防及发动水攻提供参考依据。

侦查泛东敌伪方的水势工情，以便采取适当的对策，也是黄委会参与对敌斗争的重要内容。1940 年，敌伪在黄泛区东涯修筑防泛东堤，该会即不断派员过河侦查。3 月 3 日，由督工队指派分队队员田利员由京水镇过河实地勘查，侦查日伪修堤、筑路及征夫情况，以为黄委会及军方采取对敌宣传、破坏及袭击措施之依据。是年冬，该会又派人勘查泛东敌人筑堤及泛水入涡情形。发现敌伪在泛东各县境诱民众修堤，借兹筑成坚固堡垒工事，封锁中方军民出入。这项计划失败后，又利用已拨发伪钞改修开封至淮阳、通许、商丘、鹿邑、杞县、太康各公路联络网，专为调动迅速、交通便利。该敌此项计划如能成功，对于中国军队推动亦大有障碍，建议令饬前方各部队加以破坏。他们侦知了寒寺营至常营间黄泛水势状况、黄泛入涡地点及路线，并提出导泛入涡初步计划，认为欲在吕潭东北将泛水全部导入涡河，事实上恐不可能。而若在寒寺营西北角筑一挑水坝，使流向吕潭之一股泛水改流东北亭城方向后则可收多重之利：寒寺营至吕潭间黄泛大堤可免溃决危险，扶沟、鄢陵、西华等县之耕田亦无被淹顾虑；袁岗、李集岗等处的游击队根据地与后方交通联络因吕潭支流干涸可取得绝对便利；丁村口至丰仓间广大干滩可变作良好耕田；可借黄泛东侵以粉碎敌人在泛水东岸筑堤筑路之阴谋。[②] 这些情报，为黄委会实施导泛入涡计划提供了重要参考。

1941 年，据各方报告，日伪在泛东各县修堤筑坝及挑挖河沟，意图威胁防泛西堤，影响中方国、河两防甚大。河南修防处奉黄委会之令，多次派员渡河到黄河北岸，侦查日伪征工挑挖长沟情况。4 月河南修防处急

---

① 《鲁苏皖豫边区总司令部快邮代电》（边参字第7737 号），《河南修防处民国33 年派刘宗沛左起彭赴临泉汤总司令部汇报河防军事情形》，中国第二历史档案馆藏，1944 年，档案号：2－8193。

② 《勘查泛东敌人筑堤暨泛水入涡情形报告书》，《本处勘查泛东敌人筑堤及泛水入涡情形报告书关于派员侦察日伪修堤情形与黄委会、第三集团军司令部的往来文书》，黄河档案馆藏，1940 年，档案号 MG：4.1－49。

电黄委会，认为“敌挖长沟有引黄河东流或入故道使豫东泛区断流的企图。”[①] 军方对此也高度关注，经军委会及第一战区司令长官司令部详加研究，行政院核准，决定：为明了敌伪对于黄泛企图，以便随时防止或破坏计，沿黄驻军及黄委会应合组侦察班，分派至开封、中牟、太康、淮阳等处敌军后方，对敌军事及技术动向加以绵密侦察与监视，随时报告国军，俾便对于敌情而有适时适当处置。黄委会命令河南修防处负责与第三集团军商洽合组侦察班事宜。嗣第一战区专员公署亦请求并获准会同组织侦察班，随时切实侦查敌人修筑河防工事之动态及意向暨黄泛区域之水势变化，以备中方作适当措置。

联合侦察班于4月15日奉令成立。该班置班长[②]1人，由第三集团军总司令部调派，副班长2人，由第一区行政督察专员公署、河南修防处各派1人担任，负领导指挥各组侦查之责。联合侦察班共设六组，泛东四组，河北二组，每组置组长1人，秉承正副班长之命指挥各组员办理侦察事务。各组有固定的侦查区域，任务明确。联合侦察班以侦查敌在泛区对岸修筑有碍中方国河两防各种工事及其动态意向以及黄泛变迁形势为主体，成绩颇著。[③] 该班一度增加人员，扩大组织。后来因主要合作方——第29军西调灵宝，该联合侦察班于1943年12月31日撤销。

1943年，日伪举办引黄入卫工程。黄委会认为，敌伪挑挖渠道所经地带全系古黄河旧道，敌人居心难测。如放水后引动主流，对于中方军事以及将来整理黄河关系甚重。军委会、行政院及水利委员会亦屡次饬令黄委会侦探敌之引黄入卫动向，随时具报。1945年5月25日，由黄委会委员刘宗沛携带汛长、汛兵、勤务，化妆启程，途径周口、尉氏、中牟、郑州等地，历多日，查勘了敌伪引黄入卫渠闸工程。据其调查，敌伪引黄入卫渠闸工程“为增加卫河水量，便利军事运输兼作灌溉事业，原无他途”。[④] 同时，他们还调查了黄泛现状，所获情报，均可资参考。水利委

① 刘照渊编：《河南水利大事记》，方志出版社2005年版，第201页。

② 为提高联合侦察班之地位以便于交涉，后按黄委会之意，班长改为主任。

③ 《郑州警察局公函》（总字第71号），《联合侦察班组织规程会议记录名册及组织撤销》，黄河档案馆藏，1943年，档案号：MG8－354。

④ 《行政院水利委员会代电》（1945年5月），《黄河水利委员会对于日寇阴谋导黄入卫问题研究对策（附1939年黄河水灾区域图）》，中国第二历史档案馆藏，1945年，档案号：2－2－2717。

员会据此指示黄委会详加考察研究引黄入卫渠道对于黄、卫水势的利害影响，防患未然。

抗战期间，黄委会对敌伪在泛东地区水势工情的侦查及情报搜集，对军方及该会开展对敌斗争，尤其是以水制敌斗争具有重要作用。

黄委会开展的抗日斗争有以下一些特点：（1）主要是配合军方行事。1938 年，该会被纳入战时体制，受第一战区司令长官司令部指挥监督，成为配合军方对敌斗争的工具。当然，该会在对敌斗争中也并非完全奉命行事，如孔祥榕在 1939 年未奉上级命令之前，就向军方提出以黄制敌三项原则，并为军方采纳。（2）花园口掘堤后，河南东成为黄泛区的中心。河南省黄河位于国河两防之前线，黄委会西迁后，配合军方行动的主要任务多由黄委会河南修防处承担。这一时期，河南修防处人员增多，就是这种情况的反映。（3）黄委会开展对敌斗争的手段是多种多样的，包括侦查和搜集敌方情报、修堤阻敌、以水代兵等，该会发挥了水利机关的优势，利用水利军工来阻敌制敌。

黄委会本来负责黄河防患与兴利事宜，但在抗战期间却屡次配合军方对敌发动水攻，一定程度上又成为黄河水利的破坏者。这是该会为服从抗战大局而被迫做出的艰难无奈的选择，为了维护国家与民族整体利益，只能牺牲沿黄地区部分民众的局部利益。应该说，是抗日战争把黄委会推到了抗战前线，把一个水利机关变成了对敌斗争的工具。当然，该会在配合军方行动时，也会顾及民生，并非为了胜利而完全不择手段。

第三节　黄委会与黄河花园口堵口

花园口堵口是抗战遗留下来的一项艰巨工程，不仅是一个技术问题，也是一个复杂的政治社会问题。黄委会一边从事堵口工作，一边承担着和中共谈判的任务，并在国共关于堵口复堤的激烈博弈中，历经艰难，将花园口决口堵塞，使黄河回归故道。

一　花园口堵口问题的提出与准备

花园口掘堤，国民政府将责任诿过于日本人。在中外记者要求赴现场调查采访的情况下，为掩人耳目，蒋介石指使相关军事机关伪造爆炸现场，并由地方军政当局调集数千居民，进行抢堵决口的表演，制造堵口场景，以让记者们信以为真。[①] 国民政府此举意在试图以堵口之实际行动证明花园口决堤乃日军所为，而自己才是关心民生之政府。1938 年 6 月，行政院长孔祥熙曾下令经济部转饬黄委会设法堵口。[②] 同时，国民政府为了让更多的人相信其对黄泛区民瘼之体恤及对堵口的诚意，还向国际社会表达了堵口的意愿。7 月，经济部邀请国联专家帮助中国修堵决口，[③] 并且通知中国驻国联代表“堵筑计划在草拟中”，让其在国联讨论会中做好准备。[④] 一些报刊也配合国民政府，宣扬其极力堵口的德政，“现在政府在抢修决口，虽然猛兽们对我抢修的人员，有时隔水扫射，有时以兽机轰炸，以种种方法，希图阻止我们的堵口工程”。[⑤]

但是，如前文所述，国民政府掘开花园口的目的，就是要以水代兵，制造黄泛地障以阻挡日军机械化部队的前进。花园口掘堤不久，蒋介石就表示，要以黄泛为“第一线阵地障碍，改善我之部署及防线”，“导水向东南流入淮河，以确保平汉线交通”[⑥]，他还指示，可以“沿黄河溃水西流（沿），赶筑长堤一道，加以军事防御，以期防水御敌”。[⑦] 可见，此时国民政府的堵口宣传和命令仅仅是一种姿态，以黄泛阻敌才是真实目的。况且堵口需要大量的人力、物力和财力，在战争环境下，要完成此项任务是不可能的，就像时任黄委会代委员长的王郁骏所说：“在敌军侵袭之下，事实上，能否允许堵口，是另一个问题。”[⑧]

1939 年，防泛西堤修成，国民政府维持黄泛阻敌的政策已昭然若揭。

---

① 朱振民：《爆破黄河铁桥及花园口决堤纪行》，载《中华文史资料文库》第 4 卷，中国文史出版社 1996 年版，第 410 页。

② 《救济黄河水灾，行政院昨日会商》，《大公报》1938 年 6 月 16 日第 2 版。

③ 《翁文灏致外交部函》（1938 年 7 月 12 日），《外交部为请国联派遣水利工程人员来华修堵黄河决堤与驻国联代表办事处及经济部的来往文件》，中国第二历史档案馆藏，1938 年，档案号：18－1352。

④ 《电知黄河溃决情形请查照由》，《经济部公报》1938 年第 1 卷第 14 期。

⑤ 《黄灾纪惨》，《闽政与公馀非常时期合刊》1938 年第 29—31 期。

⑥ 《蒋介石关于黄河决堤后指示须向民众宣传敌飞机炸毁黄河堤等情密电》（1938 年 6 月 11 日），中国人民政治协商会议河南省郑州市委员会文史资料研究会编：《郑州文史资料》第 2 辑，1986 年版，第 25 页。

⑦ 《程潜致汉口行政院电》（1938 年 8 月），《行政院关于赶筑黄河防范新堤的函件》，中国第二历史档案馆藏，1938 年，档案号：2－2－3042。

⑧ 《王郁骏谈黄河堵口》，《大公报》1938 年 7 月 2 日第 2 版。

次年1月，蒋介石明确指示，要“保障黄泛原碍，加强阻敌西侵力量”。[①]行政院及军令部也指示，“维持泛区现有形势，分流入涡、颍，并泛滥于涡颍河之间，不得束水归槽致减少阻敌力量”。[②]此后至1944年豫湘桂大溃败以前，国民政府一直维持这种政策。

但是，在此期间，国民政府始终面临堵口压力，因为“国民政府维持泛区的军事政策与泛区的民生形成强烈的冲突”。[③]此外，泛水夺淮入江，打乱了原有水系，有淤塞长江的可能，故军方高层也认为，“原则上应将花园口堵塞，复故道”。[④]日伪也不断从舆论上抨击国民政府的掘堤行为，以争取泛区的民心，进而打击国民政府。他们还在1940年成立了筹堵黄河中牟决口委员会，负责堵塞花园口决口。该会成立后，虽然只进行了一些测量工作，终因意见分歧，未能动工堵口，却在政治上给国民政府造成很大的压力。

为安抚民众及地方，消解日伪宣传“堵口”造成的不良影响，国民政府在维持黄泛政策的同时，不得不对堵口问题作出一些回应和承诺。1940年，当安徽十县水利会议要求堵口时，经济部答复：“善后堵复工程以恢复原水道为原则”，“一俟抗战胜利，自当立于堵筑”[⑤]决口。1941年，行政院水利委员会从技术层面探讨了堵口问题。1942年8月，根据水利委员会的命令，黄委会编制了花园口堵口复堤工程计划，提出两种堵口方案，并将堵口时间限定为战后第一年。[⑥]其第一种方案是立堵法，即在决口两坝头相向捆下大埽，在埽的背水一面跟筑戗土，使口门逐渐缩小，合龙后截断渗流，加培后戗，筑成大堤。历史上，黄河堵口多用两坝

---

① 《蒋中正致孔祥熙电》（1941年1月18日），《行政院拨款修筑豫省黄河各堤及组织河南黄河防范新堤工赈会的函件》，中国第二历史档案馆藏，1941年，档案号：2－2－3042。

② 《黄委会孔祥榕呈》（1941年5月7日），《黄河水利委员会淮域工程会议纪录》，中国第二历史档案馆藏，1941年，档案号：2－2－2715。

③ 曾磊磊：《黄泛区的政治、环境与民生研究（1938—1947）》，博士学位论文，南京大学，2013年，第73页。

④ 国民政府军事委员会办公厅编：《关于黄灾工赈及修防办法案会商结果三项拟即呈复委座尊意为何祈赐示由》（1939年3月6日），《黄委会代电请拨款加修豫皖苏三省黄水泛滥区域大堤的函件》，中国第二历史档案馆藏，1939年，档案号：2－9284。

⑤ 《经济部公函》（1940年3月16日），《豫鲁皖三省地方当局关于培修黄河堤工程的建议》，中国第二历史档案馆藏，1940年，档案号：2－1－8210。

⑥ 《战后五年建设计划》（1942年8月），黄河档案馆藏，1942年，档案号MG1.2－55。

捆厢进占法，其弊端在于口门收窄到某种宽度后，河底开始刷深，此后进占逐渐困难，口门越窄，水流越急，河底淘刷越甚，占工越费工料，危险也越多。最后束全河之水或大部分水流于20—30米宽度的金门，每每失败。第二种方案是抛石平堵法。计划在浅滩部分仍用立堵法，而在深水部分打桩架桥，上铺钢轨，用小火车运大块石料抛到桥下，逐步堆石至露出水面，建成石坝，完成堵口，使水流回故道。

平堵法在20世纪20年代的山东宫家坝堵口中有过成功运用的先例，但那里是黏土河底，与花园口的流沙河底不同，而且那次堵口时，抬高水位约2米，尚不及花园口所需抬高水位的一半。黄委会的堵口方案虽建议采用加垫褥铺底以应对流沙河底之办法，但是对于采用平堵方法能否成功，当时并无把握。为稳妥起见，水利委员会遂饬中央水利实验处进行堵口模型试验。

1942年8月，中央水利实验处派水利专家谭宝泰等人赴花园口决口处查勘，取得了一些实测数据。他们在随后编写的查勘报告中，第一次提出了模型试验计划。通过对黄委会提出的两种堵口方案的分析，他们倾向于采用平堵法进行模型试验。之后，他们在重庆大学及中央大学的磐溪水工试验室举办了口门冲刷等项试验，并撰写了《花园口堵口初步试验报告》。

虽然进行了堵口技术和方案方面的准备，但当时战事还未结束，国民政府依然需要利用黄泛阻敌，况且堵口所需的巨大财力物力战时也难筹备，所以，“在抗战最后胜利之前，根本治黄尚非其时，只能维持现状”。[①] 现实情况决定了国民政府对于堵口只能采取消极应对的策略。

1944年后，国民政府对堵口的态度变得积极起来。该年，国统区发生了豫湘桂大溃败，黄泛阻敌的作用基本丧失。另外，泛区数百万难民战后需要安置，而堵塞花园口决口不仅可以解决大量的难民安置问题，还能复兴泛区的农业生产。更重要的是，1944年9月，联合国善后救济总署（以下简称“联总”）接受了中国的善后救济计划，愿意为花园口堵口提供器材和工粮，堵口所需要的物质条件具备了。

1945年8月抗战结束，堵塞花园口的条件基本成熟。在此情况下，

① 《豫东南黄泛主流应遵委座指示之原则维持现状以利抗战案》，《黄河水利委员会淮域工程会议纪录（附机密图件）》，中国第二历史档案馆藏，1941年，档案号：2－2－2715。

黄泛区内豫、皖、苏各省要求堵口的呼声高涨。10 月，安徽太和县临时参议会请求堵口，“免灾黎流离之苦”①。阜阳临时参议会也宣称，“豫东、皖北、苏北等县年年泛滥，同遭风波，受祸惨烈，无泪可挥”，请求蒋介石“俯仰民众疾苦，迅予设计，以全民生”。② 江苏旅渝同乡会吴稚晖等上书蒋介石，提出“……值此深秋水落，实为施工迫切之时机”。③ 11 月，河南周口党部要求将“黄水改归故道”，使“难民早还乡”④。当时的情况，正如河南省参议会所言，“花园口决口利在国家，祸在地方，胜利以后，全国上下，莫不以堵口复堤改归故道为词”⑤。

不仅泛区机关及民众要求堵口，军方也有此议，1945 年 10 月，第五战区绥靖会议要求政府“务必于明年六月前导归故道”。⑥ 陆军总司令何应钦也曾致电蒋介石，“（黄泛区）受灾地区甚广，据各地士绅纷言灾区人民痛苦不堪，各地交通亦影响甚巨。职意黄河似应引入故道，并直接着手，于明年春末完成”。⑦ 当然，何应钦的建议有军事因素的考量。因为 1945 年的黄河大水，曾将陇海铁路冲断，影响军队的调度，而堵口对于利用铁路输送军队来说又十分重要。蒋介石赞同何应钦的建议，认为有立即堵口的必要。当月，行政院院长宋子文也致电蒋介石称：“黄河堵口复道，关系国脉民命，为复原期中最急之务，迭据豫皖苏等省电恳迅办，以

---

① 《太和县临时参议会电请堵塞黄河以免黄灾再现等情电饬鉴核转饬办理》（1945 年 10 月），《安徽山东等省民意机关、团体及个人整修黄河的建议》，中国第二历史档案馆藏，1945 年，档案号：2－8208。

② 《为呈请堵塞黄河决口疏导故道引水归槽以全民生而免遭灾害由》（1945 年 10 月），《安徽山东等省民意机关、团体及个人整修黄河的建议》，中国第二历史档案馆藏，1945 年，档案号：2－8208。

③ 《为黄河复决，苏北受灾惨重，期派员主持修复由》（1945 年 10 月），《安徽山东等省民意机关、团体及个人整修黄河的建议》，中国第二历史档案馆藏，1945 年，档案号：2－8208。

④ 《电请转令修复黄河旧堤，引水入故道由》（1945 年 11 月），《豫皖苏三省地方当局关于培修黄河堤工程的建议》，中国第二历史档案馆藏，1945 年，档案号：2－1－8210。

⑤ 《豫省参议会第三届第四次大会议案》，黄河档案馆藏，1945 年，档案号：MG2.1－39。

⑥ 《水利委员会对于第五战区“绥靖”会议建议中牟黄河决口治标治本办法研拟意见》（1945 年 10 月），中国第二历史档案馆藏，1945 年，档案号：2－8213。

⑦ 《国民政府电行政院》（1945 年 10 月 29 日），《安徽山东等省民意机关、团体及个人整修黄河的建议》，中国第二历史档案馆藏，1945 年，档案号：2－8208。

拯救泛区数千万生灵，国民参政会亦有建议，足征各方对此事之关切。”①可见，随着抗战的结束，国民政府高层认识到堵塞花园口决口已势在必行了。

其实，早在1945年春，黄委会即派后来担任黄河堵口复堤工程局（以下简称“堵复局”）副局长的潘镒芬等人参加位于四川长寿县龙溪河边的花园口堵口巨型试验。试验主要研究了“堵口、开挖引河、口门泄水量、河底冲刷、抛柳辊筑坝、平堵时的水力冲刷、口门壅水及冲深计算”② 等内容。依据黄委会报告，该试验所得结果为：春冬两季黄河流量常在每秒2000立方米以下，按每秒2000立方米流量试验，两坝可用捆厢进占法，把口门收到200米宽，河底不至于刷深；最后200米宽的口门，改用抛石平堵法，用碎石平铺河底，改用大块片石或柳梱加高，筑成透水堤，高出水面，可以堵截6米高的水，毫无危险；在春季施工，为防桃汛异涨，平堵部分可留宽400米，使在每秒4000立方米的流量下，不致发生意外。③

抗战胜利后，国民政府“列黄河堵口复堤为战后建设首要急务，饬由黄河水利委员会积极筹办”。④ 行政院善后救济总署（以下简称“行总”）也表示，“一俟联总补助物资运到，自当会同有关机关分别办理”⑤堵口复堤工程。但联总的物资迟迟未能运到，直到1945年11月中旬，“所需国外工具器材尚未运到，国内工价未奉核定”⑥，堵口问题一拖再拖。但是，此时堵口呼声甚高，国民政府必须有所回应。11月20日，水利委员会提出花园口堵口计划。该计划将黄河堵复工程分为两年完成，第一年修复下游重要堤防，并准备料物，第二年完成全部复堤工程，大汛前

① 《行政院回复主席交据何总司令敬之电》（1945年10月30日），《安徽山东等省民意机关、团体及个人整修黄河的建议》，中国第二历史档案馆藏，1945年，档案号：2－8208。

② 侯全亮主编：《民国黄河史》，黄河水利出版社2009年版，第219页。

③ 《黄河花园口堵口工程进展状况及汛后施工方法之商榷》，《黄河堵口复堤工程局月刊》1946年第4期。

④ 《黄河堵口复堤工程计划概要》，《黄河下游堵复工程总局组织规程草案工程计划概要及有关文件》，黄河档案馆藏，1946年，档案号：MG3.3－8。

⑤ 行政院秘书处编：《六全大会》（1945年8月20日），《整治黄河及泛区救济计划》，中国第二历史档案馆藏，1945年，档案号：21－2－8208。

⑥ 《水委会致电行政院秘书处》（1945年11月20日），《安徽山东等省民意机关、团体及个人整修黄河的建议》，中国第二历史档案馆藏，1945年，档案号：2－8208。

将花园口决口堵塞。[1] 12月，行政院通过黄河堵口案。[2] 同时，黄委会成立花园口堵口工程处，筹备堵复花园口决口，该会委员长赵守钰兼处长。次年2月5日，行政院第732次例会，通过了《黄河堵口复堤工程局组织规程案》，国民政府遂将花园口堵口工程处撤销，在郑县花园口成立了堵复局，由黄委会委员长赵守钰兼任局长，李鸣钟、潘镒芬任副局长，陶述曾为总工程师，着手施工准备。

二　关于黄河归故的谈判及第一次堵口的失败

（一）《开封协定》与《菏泽协定》

花园口堵口不同于以往，这次堵口并非将决口堵住了事，与堵口工程同等重要的还有复堤和整理险工。花园口掘堤后，黄河主流奔向东南，部分水量仍由故道下泄。由于水浅流缓，大量泥沙淤淀于口门下游50公里左右的老河床内。1938年11月20日，故道淤塞断流。此后，由于战火的破坏，以及风雨侵蚀等因素作用，故道堤防损坏在3/10以上。河床内沙丘起伏，部分河床被垦为农田，不少地方还建有村庄，数十万农民耕作生息于此。花园口一旦堵塞，黄河归故，势必要危及故道内居民的生命财产安全。所以，黄委会在工程设计时，是将堵口和下游复堤一并加以考虑的，“黄河堵口复堤施工程序按照黄河水利委员会呈奉中央核定之原则，系堵口复堤同时并进，并须俟下游堤防修复坚固以后，再行堵合口门，挽水复归故道以免下游再酿灾变”。[3]

但是，抗战胜利后，黄河故道大部分为中共所控制，堵口复堤需与其协商，征得中共同意。所以，花园口堵口不仅仅是一个技术问题，也是一个政治问题。

早在1945年，国民政府曾就堵口问题征询中共意见。中共重庆代表团表示，“在不使下游发生水患的条件下”[4]，同意堵口。当时国内要求堵口呼声甚高，国共正在和谈，中共不便反对。但是次年1月，当联总顾问

---

① 《黄河堵口复堤，水利委员会分两年办理》，《中央日报》1945年12月7日第3版。

② 《黄河堵口复堤案》（1945年12月），《安徽山东等省民意机关、团体及个人整修黄河的建议》，中国第二历史档案馆藏，1945年，档案号：2－8208。

③ 《黄河堵口复堤工程计划概要》，《黄河下游堵复工程总局组织规程草案、工程计划概要及有关文件》，黄河档案馆藏，1946年，档案号：MG3.3－8。

④ 《黄河史料（关于归故的谈判）》，1949年，档案号：MG3.2－2。

塔德（兼黄委会顾问）及黄委会人员来到位于故道的冀鲁豫解放区，要求对黄河下游故道进行勘测时，遭到冀鲁豫解放区的回绝。

勘测黄河下游遭拒后，国民政府与中共就黄河问题进行过沟通。[①] 在沟通无效的情况下，黄委会决定先行堵口，此举迫使中共做出反应。1946年3月1日，花园口堵口工程正式开工。此事引起中共不满，周恩来遂向来华调停的美国特使马歇尔反映。3月3日，国民政府委派黄委会委员长赵守钰赴新乡会晤三人军事调停小组。马歇尔认为事关重要，将此事转告周恩来，由此开始了国共关于黄河堵口复堤问题的商谈。

3月23日，中共派代表赴开封与黄委会进行谈判，双方于4月7日签署了《开封协议》。主要内容有：堵口、复堤同时进行，但花园口合龙日期须俟会勘下游河道和堤防淤淀、破坏情形及估修堤工程大小而定；直接主办堵口复堤工程之施工机构，应本统一合作原则，由双方参加人员办理，具体办法为：（1）仍维持原有堵口复堤工程局系统。（2）中共区域工段，得由中共方面维持，推荐人员办理。（3）河床内居民迁移救济问题，原则上自属必要，应一面由黄委会拟具整个河床内居民迁移费预算专案，呈请中央核拨，一面分向行总、联总申请救济，其在中共统辖区内河段，并由中共代表转知当地政府筹拟救济，所有具体办法仍俟实地履堪后视必要情形再行商定之。[②]

《开封协议》是一个有利于黄委会而不利于中共的方案。堵口复堤同时进行的规定，使黄委会可以继续进行其已经开始的堵口工作，而没有达到中共先复堤后堵口的最初要求；“视下游河道和堤防的淤淀、破坏情况及估修复堤工程大小而定”之条文，解释起来回旋余地很大。中共虽负责自己辖区内的复堤，可以推荐人才参加该项工作，但推荐人员的要求条件为：技术人员要大学或专科学校土木或水利系毕业，富有河工经验者；事务人员以有河工经验、服务热心者为标准。中共解放区内很难找到这样的人才。故道居民的迁移救济只是“原则上”属于必要，能否救济，没有充分保障。迁移费需国民政府核拨，救济需向联总及行总申请，救济物资也未明确解放区部分应由解放区直接发放。中共对此协议很不满意，认

---

① 如水利委员会曾通过报纸向各方呼吁，希图堵口工作能够进行，参见《治河计划工程浩大，救济署水利委员会决全力以赴，黄河等堤灾情严重》，《中央日报》1946年2月28日第3版。

② 《开封会议纪录》，载王传忠、丁龙嘉编《黄河归故斗争资料选》，山东大学出版社1987年版，第46—47页。

为自己在堵口复堤中处于配角与从属地位，指责己方签约者“犯了投降主义错误”[①]，所以，冀鲁豫行署要寻机改定协定。

4月8日，黄委会赵守钰、孔令瑢、陶述曾和顾问塔德等人在中共代表陪同下，对解放区黄河下游故道进行了勘察。此行从菏泽直到河口，历时8天，行经17个县。勘察过程中，国方人员目睹了下游堤防的残破状况，所到之处，他们又不断遭遇中共组织的民众抗议和请愿，要求政府先复堤后堵口，并救济故道居民。于是，15日，返回菏泽后，国方代表遂与共方再次举行会谈。参加会谈的，国方有赵守钰、陶述曾、左起彭、孔令瑢、许瑞鳌；共方有冀鲁豫行署主任段君毅、副主任贾心斋等人。经过会谈，国共双方代表达成以下协议：（1）复堤、浚河、裁弯取直、整理险工等工程完竣后再行合龙放水。（2）新建村由黄委会呈请行政院每人发给10万元（法币）迁移费。救济问题由黄委会代请联总、行总救济。（3）冀、鲁两省修防处设正副主任，正主任由黄委会派，副主任由解放区派，由双方电呈请示后再确定，所有测绘施工工作先行推行。[②]

中共对《菏泽协议》非常满意，认为该协议推翻了此前签署的《开封协议》，“对我们完全有利，国民党失败了”。[③] 因为在中共看来，国方放弃了此前坚持的“堵口复堤同时进行”的原则。事实并非如此，这是由于国共双方对“堵口”一词理解歧异而造成的不同解读。共方将“合龙放水”等同于堵口，而国方所说的堵口则包括了打桩抛石及合龙放水。所以，“复堤、浚河、裁弯取直、整理险工等工程完竣后再行合龙放水”的条款，在共方看来，即是先复堤后堵口，而在国方看来，此款并没有限制打桩抛石，只是大汛前暂不合龙。双方理解的不同，导致了后来的纠纷和冲突。这种理解上的偏差，应当是由于国方参与谈判的多是水利专家，而共方主要为政府行政人员造成的。

在河道居民救济方面，共方确实比从《开封协议》中得到的要多。不仅每人可以得到10万元的迁移费，而且还可得到联总与行总额外的救济。此外，共方还可参加国方的治黄机构。但在施工机构上，黄委会还是维持了统一。

总之，通过黄委会的努力，国共双方就黄河堵口复堤问题先后签署了

① 《黄河史料（归故问题的谈判）》，1949年，档案号MG3.2-2。

② 《黄河史料（归故问题的谈判）》，1949年，档案号MG3.2-2。

③ 同上。

《开封协议》和《菏泽协议》，初步解决了花园口堵口中的施工程序和时间问题，为堵口创造了一个良好的外部条件。但是，由于联总顾问塔德没有参加菏泽会谈，而他对堵口的时间主张又与堵复局不同，这对严重依赖联总援助的花园口堵口工程而言是一个不祥之兆。

（二）第一次堵口的失败

花园口堵口及下游复堤工程，水利委员会原计划预定于 1945 年 10 月开工，至次年大汛前赶办完成。1945 年 11 月，行政院决定黄河堵口工程为两年，第一年复堤、准备料物，并进行局部堵口，第二年大汛前将花园口堵塞。该计划当时被理解为 1945 年准备，1946 年堵口。因堵口呼声高涨，水利委员会委员长薛笃弼也曾于 1946 年 2 月表示要汛前堵口。但是由于联总物资运送迟缓，加之中共因素的影响，3 月 1 日，堵口工程才开始，并且进展缓慢。随着大汛时间的逐步临近，黄委会开始对汛前完成堵口任务有所担忧。4 月 19 日，黄委会委员长兼堵复局局长赵守钰在郑州与塔德及技术人员研讨当年汛前能否将堵口工程赶办完竣。经讨论后，他们提出了汛前堵口必须如期克速办理的“九项先决条件”。①

---

① “（一）国外器材（由联总负责）木桩、打桩机及附件，轻便铁轨交通工具、铅线、测量仪器、燃料等急要物品，必须于五月十日前全部运达工地，其他物质五月底前运达工地。（二）石料（铁路局负责拨车）自五月一日起至六月二十日止，每月必须有六列车轮流装卸，三机车轮流运送，其数量每日至少一千公方，截止六月二十日必须运足五万公方。（三）稭柳木桩（河南省招工购料委员会负责）自四月二十一日起，八十日内每日须有大车一千辆运到工地，每车装六百斤（以平均每四日往返一次计算，须有大车四千辆轮流装运），截至七月十日，须运足稭料二千万市斤、柳枝三千万市斤，一至三公尺木桩四十万根。（四）堵口用麻（本局材料处运输处负责）自四月二十一日起，六十日内每日至少须购运到八千市斤，截至二月二十日，须购运足六十万市斤。（五）复堤工程（豫境复堤处、山东、河北两修防处及有关地方政府负责）全部土工及险工地段之扫工至迟必须于五月二十日开工，六月三十日全部完工。（六）复堤组织及测量（豫境复堤处及山东、河北两修防处负责）至迟必须于五月五日组织完善，测量工作至迟必须于五月十日开始。（七）工粮（行总负责）河南境内共需工粮四千五百吨：山东境内共需工粮七千吨（鲁西四千五百吨、鲁东二千五百吨）；河北境内共需一千吨，至迟必须自五月十日起开始陆续运送，六月二十日全部运齐。（八）河床内居民之迁移（呈请中央核定救济办法后办理）河床内新建村庄全部居民必须于六月十日前全部迁移完竣。（九）工款（呈请中央核拨）按本年汛前完成复堤，急要部分及堵口工程切实撙节，估计至少需款二三五亿元，除已领二八亿元，至迟五月十日前应再领一三八亿元，六月十日前再领六九亿元。综上九项，如有一项不能如期如数办到，本年汛前即不能将堵口工作赶办完成，以免发生意外，特此注明。”见中国第二历史档案馆编：《中华民国史档案资料汇编》第五辑第三编，《政治》（二），档案出版社 1999 年版，第 569—570 页。

4月20日，黄委会等与中共代表商讨花园口汛前堵口复堤问题。座谈会上，关于复堤工程，中共代表赵明甫、山东修防处主任孔令瑢及河南复堤处处长王力仁皆认为时间过于促迫，决不能办到；关于稭柳木桩，招购委员会李鸣钟委员表示，如其他问题均有把握，省政府方面竭尽全力办理，促早成功，秸料缺乏，应另商补救办法。根据上述情形，会议决定，"堵口复堤，整个工作推进程序应另行拟定"，对于堵口部分，经会商同意决定以下四项原则："1. 本年汛前注意加倍（培）已成之西坝；2. 汛期内注意守护已成工程；3. 霜青后开始打桩，凌汛前合龙；4. 明年春暖后办理加修防护工程。"①

堵口复堤工程浩大，必须进行充分的准备，才能确保成功。黄委会根据当时的实际情况作出大汛后堵口的决定是适当的。比如，仅就堵口所需石料一项来说，由于石场在平汉铁路黄河桥以北的潞王坟车站附近，"用火车运输受黄河铁桥的行车限制，每天至多只能运一千二百公方到达工地，（堵口所需）全部石料须运半年"②。而秸料和柳枝方面，由于1945年敌人盘踞中原时，为防青纱帐，禁止人民种高粱，导致该年度农村没有充足秸料，大量收购必须等到1946年秋收。所以，只有将堵口延迟至秋汛后，才能有足够的时间备齐料物，这是堵口成功的必要条件之一。

但是，黄委会延迟堵口的决定遭到了该会顾问塔德的反对。早在1946年2月，塔德就来到堵复局，并催促联总赶运堵口物资，希望在大汛前堵口。③ 3月，《开封协议》签署后，由于中共的协助，塔德与黄委会人员对黄河下游故道进行了勘测。他当时很满意，认为可以在7月大汛前实施堵口。获悉黄委会延迟堵口的决定后，塔德"旋飞上海见蒋廷黻及薛笃弼，赵守钰被召到沪，大体确立了两个月的堵口计划"。④ 根据上述中共代表赵明甫的汇报，可以初步判断：是塔德的上海之行，推翻了黄

---

① 中国第二历史档案馆编：《中华民国史档案资料汇编》第五辑第三编，《政治》（2），档案出版社1999年版，第568页。

② 陶述曾：《黄河花园口是怎样堵塞的》，载黄河水利委员会黄河志总编辑室编《历代治黄文选》（下册），河南人民出版社1989年版，第255页。

③ 《黄河堵口复堤工程局编〈黄河堵口复堤计划工程概要〉》，中国第二历史档案馆藏，1946年，档案号：2－9291。

④ 中共冀鲁豫边区党史工作组办公室编：《中共冀鲁豫边区党史资料选编》第三辑，《文献部分》（上册），山东大学出版社1989年版，第84页。

委会的汛后堵口之决定。水利委员会1946年给行政院的呈文也可以证明此点。该呈文明确指出，“嗣据塔德之建议，认为该项堵复工程仍应设法于本年大汛前赶办完成，并愿尽力协助”。[①] 另据赵明甫透露，塔德赴上海后，与联总、行总商谈堵口事宜，蒋廷黻亦坚持两月内堵口，塔德遂向报界宣布两月内堵口。[②] 应该是塔德在得到联总和行总支持后，才对外公布汛前堵口消息的。总之，塔德在推翻汛后堵口决定中起了关键作用。

获悉延迟堵口的消息后，4月30日[③]，行政院院长宋子文向薛笃弼发出仍应汛前堵口之指示：

> 黄河花园口工程前经决定于本年枯水时期修复，兹闻黄河水利委员会据鲁豫两省河工局报告，以下游工程未能赶筑，已决定堵口工程缓至秋季后举办。查此事关系重要，未宜遽定缓修，且国际视听所系，仍应积极兴修。电饬交通部迅速修筑未完工之铁路，准备列车，赶运潞王坟之石方至工地。希速饬依照原定计划，积极提前堵口，如有实际不能完成堵口时，届时可再延缓，此时未宜遽定延缓也。[④]

宋子文坚持汛前堵口，应当是受到联总的影响。联总对堵口非常热心，在是否汛前堵口问题上，它曾表示“万一桩工冲毁，亦不过牺牲少数木桩，与救济灾区数百万生灵，数千万亩耕地相较，其价值不堪比拟”。[⑤] 因为联总认为，黄河工程将会提供给中国4/5的食物[⑥]，早日堵口

---

① 《黄河堵口复堤工程节略》，载中国人民政治协商会议河南省郑州市委员会文史资料研究委员会编《郑州文史资料》第2辑1986年版，第100页。

② 《赵明甫氏发表在开封谈判治河经过，反对国民党当局两月堵口计划》（《冀鲁豫日报》1946年5月3日），载王传忠、丁龙嘉编《黄河归故斗争资料选》，山东大学出版社1987年版，第157—159页。

③ 《民国黄河大事记》（黄河水利出版社2004年版）认为宋电为5月2日发出，有学者认为值得商榷，其考证见曾磊磊《黄泛区的政治、环境与民生》，博士学位论文，南京大学，2013年，第118—119页。笔者根据相关史料记载，赞同4月30之说。

④ 《宋院长致薛主任委员电》，《黄河堵口复堤工程局月刊》创刊号，1946年7月。

⑤ 《黄河花园口堵口复堤工程局35年度工程进展报告书》，《黄河复堤报告》，中国第二历史档案馆藏，1946年，档案号：21－2－303。

⑥ Ruth E. Pardee，“First Aid for China”，Pacific Affairs，Vol. 19，No. 1（Mar.，1946），p. 81.；“For Immediate Release”，《黄河工赈计划及报告》，中国第二历史档案馆藏，1946年，档案号：21－2－3079。

成功，也能减轻战后世界粮食危机的压力。由于战后联总受美国控制，马歇尔本人也曾过问黄河堵口一事，宋子文估计是担心延迟堵口会影响联总的援助及中国与美国的关系，所以才指示汛前继续堵口。不过，从电文最后一句话看，他对汛前堵口能否成功没有把握。

薛笃弼“四月底……率同高级技术人员，亲往工地视察，并于花园口邀集中外专家，详细商讨施工问题”。5月1日，举行花园口堵复座谈会，决议：“1. 堵口复堤仍应同时积极推进；2. 堵口工程拟在五月间打桩抛石，逐渐堵筑，于洪水后合龙闭气，下游复堤亦应同时配合推进，但初步复堤工程，须于7月1日前完成；3. 下游复堤工程在中共区域内者，拟交中共负责办理，由塔德顾问代表督导推进；4. 河床内居民迁移应从速办理，其费用呈院核办。”[①] 该决议是对黄委会汛后堵口与原定汛前堵口的一个折中方案，将打桩抛石提至汛前，这说明黄委会及堵复局认识到汛前合龙根本是不可能的，而且汛前打桩抛石与中共签署的《菏泽协议》也不矛盾，至少在黄委会看来是如此。堵复局为什么在短短11天内就改变原来“霜清后打桩，凌汛前合龙”的决定？何况这样还可能引起与中共的纠纷。笔者推测是薛笃弼带去了宋子文汛前堵口的指示后，堵复局认为汛前堵口合龙根本无法实现后作出的变通之策，从时间上看，这是完全有可能的。宋电是4月30日发出的，5月1日，薛笃弼就在郑州花园口，是能够收到宋子文的电报的，他不会不跟堵复局传达宋子文的指示。所以，堵复局关于汛前打桩抛石的决定，应是在塔德和行政院的影响下提出的，不是堵复局“希望早日完成堵口，这样才有立功受赏的机会”。[②]

堵复局部分堵口（即汛前打桩抛石）的决定，并没有违背宋子文汛前堵口的电令，况且宋的命令也是有弹性的，并非死令。塔德的主张也是变化的，1946年5月，他改变完全堵口的主张，认为汛前打桩抛石，将75%—85%的河水引入故道即可。[③]

但是，不论是部分堵口还是完全堵口，堵口工程进度无疑要加快了。

---

① 《黄河堵口复堤工程节略》，中国人民政治协商会议河南省郑州市委员会文史资料研究委员会编：《郑州文史资料》第2辑1986年版，第100页。

② 曾磊磊：《黄泛区的政治、环境与民生》，博士学位论文，南京大学，2013年，第118页。

③ “Report on the Meeting for Discussion the Working Procedure on the Yellow River Project”，《黄河堵口复堤工程会谈纪要》，中国第二历史档案馆藏，1946年，档案号：21-2-302。

3月1日堵口开工，10天后，仅到1826人。而5月初，参加花园口堵复工程的职工和民工达到11000多人，使用物资包括全副桥梁材料、木船、汽车、推土机，开山机、钢轨、斗车和修理机械等。堵堤局专负施工责任，行总发放面粉，组织卫生队办理环境卫生和医务，交通部彰洛段工程处建筑从平汉路广武车站通到花园口的铁路，河南省政府组织招工购料委员会，代招民工，购运秸料柳枝和木桩，各机构各司其职，分工负责。到5月中旬，"口门浅水部分的埽占做完三百丈，后戗培成了十二丈宽的大堤，临水一面做成了护堤丁坝十道，铁路已经铺到了西坝头"①。

国民政府坚持汛前堵口，激起中共的强烈反对，认为其违背了《菏泽协议》。冀鲁豫行署决定在黄河下游故道修堤筑坝，阻止堵口，并发动其辖区内民众集会进行抗议，通电反对。中共中央发言人也发表谈话，表示赞同堵口，但反对水淹解放区的"恶毒计划"。此外，中共还秘密布置袭击潞王坟石场，以行动拖延堵口。但是，公然反对和破坏堵口，无疑会冒很大的政治风险。为解决问题，中共派出代表在南京与联总、行总、水委会及堵复局代表进行谈判，于5月18日达成如下协议：（1）下游复堤急要工程所需器材及公粮由联总、行总尽速供给，所需工款由水利会充分筹拨，复堤工作争取于6月5日前开工；（2）国民政府尽快核拨下游河床居民迁移救济款；（3）堵口工程继续进行，以不使下游发生水害为原则。中共还提出三条保留意见：大汛前口门抛石以不超过河底2米为限，且不受军事政治影响；汴新铁路不拆除、不挖引河；由中共派员驻花园口密切联系。② 通过该协议，中共将获得钱粮物资，并可派人监督堵口，也限制了花园口抛石高度，而国民政府则可以继续堵口，只是抛石高度被限制。

由于和中共在堵口问题上暂时达成一致，联总堵口器材也运到，堵口工程遂加速进行。5月20日，口门深水部分打桩，23日开始抛石。虽然中共反对抛石堵口，仅许护桩，并警告堵复局，"如因抛石而发生恶果，应由堵复局负责"③。但是，堵口工作仍然进行。至6月21日全部栈桥完

---

① 陶述曾：《花园口是怎样堵塞的》，载黄河水利委员会黄河志总编辑室编《历代治黄文选》（下册），河南人民出版社1989年版，第257页。

② 《商讨黄河堵口复堤施工问题，第二次谈话会纪录》，载王传忠、丁龙嘉《黄河归故斗争资料选》，山东大学出版社1987年版，第51—52页。

③ 《黄河堵口复堤工程纪实》，《黄河堵口复堤工程月刊》创刊号，1946年7月。

成，共计打桩119排，全桥总长450米。不料6月26日，洪水早到，大溜顶冲桥桩。次日因溜势益猛，遂有4排桩被水冲去，桥身冲断。到7月中旬，东部长达180米的45排桥桩全被冲走。至此，花园口第一次堵口失败。监察院遂对赵守钰提出弹劾，赵守钰提请辞去堵复局局长兼职。7月30日，行政院批准赵守钰的辞职，任命朱光彩为堵复局局长。

第一次堵口失败的原因是多方面的。最主要原因在于施工中改变原来计划，加快工程进度，造成堵口料物尤其是石料准备不足。其次是国共冲突的影响，局部战事的频发，导致该地工人躲避，不敢工作[①]，使花园口堵口所需石料供应不足。最后，技术因素。花园口堵口施工中，塔德负责桥桩。为了赶进度，他让将长木截去一段后打桩，从而造成木桩楔入河底深度不够[②]，这也是导致日后桥桩被冲毁的重要原因之一。此外，黄河汛期的提前到来，使抛石护桩来不及充分实施，也是造成桥桩被冲的原因之一。

三　花园口合龙

（一）复工与平堵的再次失败

国民政府汛前堵口，引起中共的不满，而中共也没有认真履行《南京协议》。第一次堵口失败后，国共双方就堵口复堤问题再次磋商，于7月22日签署了《上海协定》，就中共获得粮款物资问题达成协议。该协议还有塔德从工程技术角度提出的一个附件，规定：大汛前维护花园口已做工程，大汛后，从1946年9月中旬开始堵口，预测12月份完成。[③] 据此，1946年8月，堵复局拟具了黄河堵口复堤计划概要，规定“堵口以凌汛前完成合龙为主，复堤以伏汛前恢复战前原状为原则”。[④]

10月5日，花园口堵口工程复工。23日，水利委员会副委员长沈百

---

① 《薛笃弼致周恩来函》，载王传忠、丁龙嘉《黄河归故斗争资料选》，山东大学出版社1987年版，第100页。

② 《调查员韩公佛、刘荣裕报告一件》，《监察院派员查办黄河堵口复堤工程局腐败无能误工殃民案》，中国第二历史档案馆藏，1946年，档案号：8－1708（2）。

③ 《协定备忘录》，载王传忠、丁龙嘉《黄河归故斗争资料选》，山东大学出版社1987年版，第56、57页。

④ 《黄河堵口复堤工程计划概要》，《黄河下游堵复工程总局组织规程草案、工程计划概要及有关文件》，黄河档案馆藏，1946年，档案号：MG3.3－8。

先赶至花园口督工，限50天内完工。29日，蒋介石密电水利委员会，“希督饬所属昼夜赶工，并将实际情形具报”①，且严令交通部宁停军运，不妨碍堵口运石。

但是，复工后，堵口工作仍面临诸多困难。由于东部口门原来所打桥桩已被洪水冲走，需要补打桥桩。补打桥桩的地段长180米，全河水量集中流过，最大流速达每秒钟4.67米，水深最少8米，最深处18.3米。最深处一段长达80米，水深流急，打桩十分困难。到10月底，45排桥桩只从西向东补打了12排，东坝头顶冲太急，一排也不能打。此外，筑坝石料要20多万立方米，而铁路每天只能运1200米，仅运送石料就要半年时间。水利委员会给堵复局堵塞花园口的限期是12月底，任务根本无法完成。

由于在旧口门处打桩困难，沈百先曾指示放弃这一条桥线，在口门以南350处另建新桥，抛筑石坝堵口。但是由于料物准备不足，时间上也来不及，堵复局决定仍然在旧线上施工。他们“从东坝桥码头的上下首向西做透水柳坝，想逼大溜移到西边桥孔底下，不能成功；从东坝头硬向西补打桥桩，只打了三排，便被急流冲断了一排；从东坝用柳枝捆厢进占，一占（也）没做成，被急流冲走了；搭浮桥，水急又不能下锚，在上游打系船桩，桩被冲走，打桩船也冲翻了”。②

11月底，桥桩最东的二十几排还没有补打完成。堵复局决定用柳枝包石捆枕，把口门东部最深一段填平，然后进行平堵。其所用柳枕，每一个直径约1米，长12米，用24道细麻绳捆紧，再用1条至3条粗麻缆或铅丝缆缠绕，拴在上游岸边所钉的木桩上，推下水去，堆出水面，再向前进，从东坝桥码头的上首起，向西推进。到12月15日，终于将80米最深的一段河槽填平。

同时，桥上的五条平行轨道也已铺好，遂开始抛石平堵。随着石坝增高，桥前水位上升，流速增大。12月17日，部分桥桩在水流冲击下开始倾斜。因存石不足，未能及时抛石抢护。20日，4排桥桩被冲倒，栈桥被冲断。27日，引河放水。河底虽稍见刷深，但河岸冻结，没有刷宽，分

① 中共冀鲁豫边区党史办公室编：《黄河归故斗争概述》，载王传忠、丁龙嘉编《黄河归故斗争资料选》，山东大学出版社1987年版，第10页。

② 黄河水利委员会黄河志总编辑室编：《历代治黄文选》，（下册），河南人民出版社1989年版，第268—269页。

流不及全河的1/10，拦河石坝所受水的压力没有减少。

次年1月2日，蒋介石指令堵口工作必须于1月5日完成。紧急情况下，水利委员会派堵复局前局长、黄委会委员长赵守钰亲赴工地督导。但时届凌汛，黄河开始淌凌。大量冰凌拥塞桥前，造成部分新打桥桩出现倾斜。11日，黄河流量涨到每秒1310立方米，石坝坝身下蛰，只得赶紧抛大铁丝石笼，加高坝顶。从11日到15日，昼夜抢抛，但坝顶平均高度不见增高，反而减低。15日半夜，石坝中部忽然有一小段陡然下陷4米，全河的水集中于这一缺口，桥桩被冲断一排，全桥动摇。因天寒地冻，抢护不及，邻近桥桩相继折断，3天共毁8排，石坝缺口扩大，宽达32米，深12米。平堵再次受挫。

（二）花园口合龙

为加快工程进度，并解决工程施工中的问题，1947年1月28日，水利委员会主任薛笃弼亲赴花园口工地，督工赶进。他连续召集会议，组织有关人员分析堵口工程接连出事的原因，决定“在平堵的基础上采用立堵的方法，并配合加强拦河石坝，增挖引河、加筑挑水坝、盘固坝头等措施”，日夜加紧赶工。[①]

针对平堵时拦河石坝在上游水面抬高时发生冲滚、下蛰、淘坑的险情，堵复局决定在石坝上游一边用柳枝帮宽10米，层柳层石，压入泥面以下，防止水淘上游坡脚；坝顶也用层柳层石办法加高，比故道河床高2米，使水不能漫顶，以防冲滚和淘坑的发生。此外，堵复局还在石坝下游20米处，加修10米宽的下边坝，中间填土夯实。如此，整个坝面宽达50米，石坝遂不再下蛰，成为全坝的骨干，比旧法完全用秸料捆厢进占坚实可靠。坝顶既不浸水，坝身又不透水，为花园口合龙提供了坚实的基础。

1946年9、10月所挖两条引河太小，分流不足，也是此前平堵失败的一个重要原因。有鉴于此，堵复局在原有的两条引河之外另开了四条，以使河水在合龙的过程中大部流回故道，形成分流，减少口门流量。同时，为使大溜离开口门，直趋故道，还在西坝头以西加筑挑水坝两道。

立堵合龙中，两端进占最后剩下的缺口叫“金门”，其两边的拦河坝坝头叫“金门占”。因为金门占所受水流冲击最急，而且两边还会产生强烈的回溜，所以，合龙时金门占必须十分稳固。为此，堵复局用柳枝和大

① 侯全亮主编：《民国黄河史》，黄河水利出版社2009年版，第239页。

铁丝笼将坝头进行了专门加固。

当上述准备工作全部完成后，3 月 8 日，花园口合龙正式开始。

此次是采用柳枕合龙，从两金门占相对推下柳枕，预计七天可以合龙。合龙初期，为确保金门占不致下蛰和柳枕坝之稳固，采用三道柳枕坝同时并进（如 6 - 3 图），互相配合，以上下两道各抬一半水头为原则，稳步推进。

四道新引河在 3 月 7 日就已经挖好。8 日下午，西南风大作。堵口工程经一天一夜抛枕，水面抬高到引河底以上 1.8 米，趁着风势把所有的引河头留着的拦水土埂挖断，数尺高的水头借着风力下冲，分流了全河水量的一半，口门施工的压力大减。

3 月 12 日晨 7 时，西坝上下口和东坝下口系枕缆绳突然折断，西一、三坝和东三坝吊蛰入水，此时形势非常险恶。所幸所有下蛰的柳枕都沉在水面以下，并没被冲走。为防西金门占再出现此类险情，第一道坝改抛 5 米长大铁丝石笼。铁丝石笼的优点是体重而透水，容易占住，可以赶快进展；第二、第三两道坝改推 25 米长的大柳石枕，这比原来的办法更稳当。

随着铁丝笼和大柳枕日夜在金门里抛下，引河的流量继续增加。到 14 日夜晚，金门处水面抬到差不多和故道河床齐平，各引河底岸都见冲刷，金门里的水势已经大大减弱了。15 日上午 3 时，第一道坝铁丝笼合龙，6 时，大柳枕合龙。至此，花园口堵口成功，改道 7 年的黄河终于回归故道。

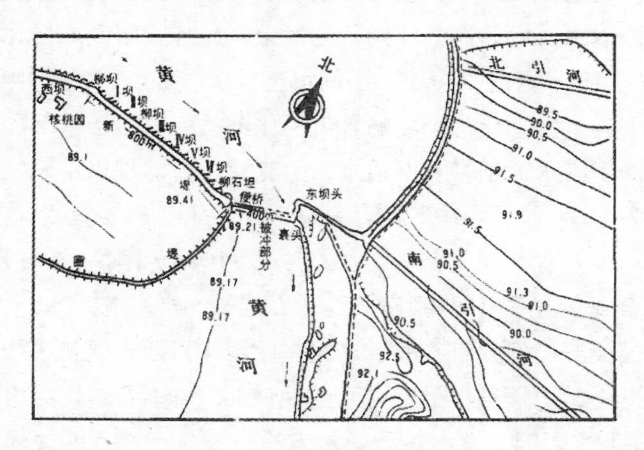

图 6 - 3　花园口堵口示意图

资料来源：黄河防洪志编撰委员会、黄河志总编辑室编：《黄河防洪志》，河南人民出版社 1991 年版，第 335 页。

总之，黄委会作为水利机构，为抗战事业做出了重要贡献。华北事变后，随着中日关系日益紧张并最终走向战争，黄委会的工作逐步呈现军事化特征。至1938年5月，该会被正式纳入战时体制，受第一战区司令长官司令部的指挥。此后，黄委会不仅参与和指导了花园口掘堤，而且与军政当局合作，修筑防泛新堤，继续贯彻以黄制敌方针，配合军方打击敌人。抗战胜利后，该会参与国共堵口复堤的谈判，并在堵口复堤的激烈博弈中，历经波折，终将花园口决口堵塞。

结　语

清末以来，黄河下游河防由合治走向分治。由于各省各自为政，遂加剧了黄河河患的发生。其间，统一河政的呼声虽高，但因受到时局的制约，这一要求未能实现。直到南京国民政府成立，国家统一，建立统一治黄机构的条件具备了。

黄河委员会从 1933 年正式建立到 1947 年改组为黄河水利工程局，前后只有 14 年时间。此间，随着治黄事业的发展和时局变化，该会组织不断扩大，结构也日趋合理，并建立了较为完善的日常工作、人事及财务制度，这为其良性运作提供了条件。作为中央水利机构，黄委会在上层人事和财务方面，受到中央的控制；作为流域性水利机构，该会和地方关系密切，其委员构成及会址选择都受到地方政府与社会的重要影响。该会将黄河下游三省河务局收回自管，但是在防汛及发展黄河水利方面，又与地方政府有着良好合作。此外，黄委会与黄灾会、华北水利委员会及导淮委员会也有密切的联系。处理好与上述各方的关系，有利于该会治黄工作的开展。黄委会坚持标本兼治的治黄方针，在治理河患的同时，积极开发黄河水利，在发展黄河灌溉、航运、水电方面均有建树。抗战时期，该会被纳入战时体制，参与并指导了花园口掘堤，之后继续配合军方，开展筑堤阻敌、以黄制敌的斗争，为抗战做出了重要贡献。抗战胜利后，黄委会一面承担堵塞花园口决口的任务，一面和中共进行堵口复堤的谈判，并在国共关于堵复工程的激烈政治博弈中，将花园口决口堵塞，将抗战遗留任务完成。

通过对黄委会成立背景、组织管理、治黄活动、与各方面的关系的研究，笔者得到以下一些认识。

一　作为新式水利机构，黄委会推进了黄河治理的现代性

黄委会是黄河上建立的第一个流域性水利机构，也是一个新式水利机

构。该会不仅采用新的治河手段，而且在组织结构与运行机制方面也不同于以往治河机构。

首先，在权力结构方面，该会采用的是委员会制，而不是以往治黄机构的行政首长制。黄委会的最高决策权力并不是掌握在该会委员长一人手里，而是掌握在多人组成的委员会手中。委员会拥有该会最高决策权，委员长只是委员会中的一员，只有部分决策权。但是，委员长拥有决策执行权，即黄委会的行政权力，他负责召集和主持黄委会委员大会，并管理黄委会日常工作，监督指挥所属职员，负责执行委员会作出的决策，对外代表黄委会。尽管如此，由于他不拥有完全决策权，故黄委会不是首长制，而是委员会制和首长制相结合的一种权力结构体制。这种结合既能发挥委员会的集思广益作用，可以借助委员会集体的智慧解决治黄中遇到的难题，又能防止议而不决的弊端。

其次，黄委会采用科层制的组织结构。委员会下设处（或室），处下设科（或组或课或段），有些机构如各省修防处，在段下再设汛。中央通过制定和公布黄委会组织法，将该会及其下属总务处、工务处的机关设置、职掌、人员编制、职级等都规定清楚。黄委会再制定组织规程，对下属各处（室）构成、各组（或科或段或课）的职责、人员职别及数量等，做出明确的规定，以便各层级做到有法可依，有章可循，分工明确，各司其职，以提高工作效率。科层制的组织结构，一定程度上可以使黄委会减少职责不清、推诿扯皮等现象。

黄委会不仅是一个近代水利机构，而且开辟了现代治黄的新趋向。清代以前，治黄者仅将治黄目光局限于黄河下游，而忽视黄河中上游的治理，诚如李仪祉所言，“历代治河皆注重下游，而中上游曾无人过问者。实则洪水之源，源于中上游；泥沙之源，源于中上游”。[1] 正是由于古人治黄只着眼于黄河下游，未能找到黄河为患之根源，或者虽然认识到黄河泥沙的危害，但囿于时代条件，也只能在下游施治。如此治河，或可保黄河一时无虞，却不能保证其长期安澜。与以往不同，黄委会主张上中下游并重，干支流兼顾，以整个流域为对象。该会在黄河上中下游开展测量工作，在干支流上普遍建立水文站、水位站，在中上游地区进行水土保持试验，筹拟在黄河中上游及干支流上建立拦洪水库。所有这些，改变了中国

① 《李仪祉水利论著选集》，水利电力出版社 1988 年版，第 71 页。

几千年来单纯着眼于黄河下游的治黄思想和实践，把中国的治黄理论和实践推向一个新阶段。

黄委会实施标本兼治的治黄方针。其治标内容主要有堵塞决口、培修堤埝及严密黄河防汛，以使黄河不发生水患。对黄委会而言，黄河治标只是维持黄河不再为害的权宜之计，而治本才是保证黄河安澜的根本之策。该会在开展黄河治标实践的同时，也在为治本做准备。黄委会首先测量黄河河道地形和水文，根据实测资料，对该河河势水情和水文进行研究，以进一步认识黄河河性。在此基础上，黄委会拟订了一系列工程治本计划。为探索黄河下游治本之策，黄委会委员长李仪祉积极促成德国水工专家恩格斯完成治导黄河模型试验，解决了黄河下游治理的宽窄堤距之争。此外，该会把黄河上中游的水土保持作为黄河治本的战略举措之一。

在标本兼治的同时，黄委会积极发展黄河流域的水利事业。该会参与开发的黄河水利事业包括灌溉、航运和水力发电。灌溉方面，黄委会关注及支持黄河中下游的虹吸淤灌工程，对流域内可放淤之地进行初步调查，并与陕、青、甘、宁、绥等省合作，或合修灌渠、或帮助各省测勘灌区地形、或为其拟订整理灌区渠道计划，疏浚旧渠，以推动这些地区灌溉事业的发展。航运方面，该会对黄河河道进行勘测，并对上游局部河道实施整治，取得了一定效果。在水力发电方面，黄委会勘查了黄河及其支流的水力蕴藏情况，并拟订了发展黄河水力的相关计划。

黄委会以整个黄河流域为治理对象，坚持标本兼治的方针及防害与兴利并举的综合治黄方略，开辟了现代治黄的新趋向，把中国的治黄理论和方略推进到一个新阶段，在治黄史上占有重要地位。

二　科技是黄委会治河的基本手段，是黄河治理的基本动力

治理黄河水患，确保黄河安澜，是中国历朝历代统治者的愿望，先贤们曾为此不懈努力。但是，黄河依然“三年两决口，百年一改道”。历史上，黄河久治不愈的一个重要原因就是生产力水平低下，科技落后。

鸦片战争后，西方先进科学技术，包括水利科技传入中国。在这一过程中，早期的水利“海归”们起到了重要作用。他们把西方科技带到中国，并在治河中加以运用；同时，一批外国专家或受中国政府聘请，或出于科学考察目的来到中国，对黄河进行查勘研究，从而使中国的治黄理论和技术发生了巨大变化。

近代水利科技的传入，为黄委会科学治黄提供了技术支撑，而早期的水利“海归”们多成为黄委会的领导者和技术骨干。1933 年 9 月，黄委会正式成立时，委员会只有 7 人，其中“海归”就有 4 人，两度留学德国的李仪祉担任黄委会委员长，留学生许心武为副总工程师、张含英为黄委会委员兼秘书长，洋博士沈怡为委员，“海归”在黄委会中占据多数。截至次年 4 月，委员会总人数达到 14 人，其中“海归”8 人，依然占据多数。可见，水利“海归”是早期黄委会的领导和技术中坚，该会实现了由官僚治河向专家治河的转变。

黄委会委员长李仪祉早就强调“以科学从事河工之必要”。[①] 主持该会工作后，他将自己科学治黄主张付诸实践。在李仪祉领导下，黄委会成立后迅速组建测量队，勘测黄河河道地形，并进行精密水准测量；在黄河干、支流上建立大量水文站、水位站，搜集、整理与研究黄河水文资料，以增加对黄河河性的认识；对黄河泥沙进行分析实验，并与世界知名水工专家恩格斯教授合作，开展治导黄河模型试验，积极筹建中国自己的水工试验所，以解决治黄中的难题。在勘测、试验及分析、研究基础上，黄委会设计并拟订出各种专门及综合性治黄计划，使黄河治理建立在科学的定量分析基础上。这与只凭经验进行定性分析的传统治黄方式不同，是治黄手段的一次革命性变革，具有重要意义。

三　政府相关决策与黄委会的治黄工作关系密切

国民政府建立之初，为应对河患，曾采取措施加强黄河下游各省的河防合作，却难以从根本上改变下游三省各自为政的局面。在各方呼吁下，1933 年，国民政府终于正式建立黄委会，结束了清末以来黄河下游分省治理的河防体制，使黄河流域有了统一的治黄机构，这对治黄多有裨益，是政府的明智之举。然而，政府在成立黄委会的同时，又成立黄灾会。时值黄河发生洪灾，行政院决定，为统筹救济与治黄，从 1933 年 9 月 23 日起，在黄灾会存在期间，黄委会受黄灾会指挥监督。黄委会原本即为专门治黄机构，成立后已着手进行黄河堵口。然而，黄灾会并不安排黄委会继续从事这项工作，而是由黄灾会另设工赈组负责，使黄委会本已开始的堵口工作半途而废，只能从事黄河勘测、设计和治本研究等工作。由于黄灾

① 《李仪祉水利论著选集》，水利电力出版社 1988 年版，第 17 页。

会接管了黄河堵口、排水等工程，行政院原定拨给黄委会办理堤防善后工程的50万元，财政部只拨给了5万，每月的经常费被削减一半，原定10万元的开办费也才给了4万元。因此，黄委会的正常工作受到极大限制。

黄委会行将成立之际，行政院长汪精卫就决定了该会的工作任务，“要在统一黄河制度、筹拟治河根本计划，至实际工作，仍赖各省府之共力协助”。[①] 各省设有河务局，负责各该省黄河修防。河务局隶属于各省政府，仅在名义上受黄委会指导监督。行政院的上述决定给黄委会的工作造成了不利影响。作为治黄专门机构，黄委会既管不了黄河堵口，也管不了下游修防。而此时治河机构虽多，但系统纷歧，各治河机关“事权不一、责任不专，一遇疏失，则互相推诿”[②]。黄河在1933—1935年频繁决口漫溢，1934年还出现了黄河长垣段堵而复决、各方推诿扯皮、无人负责的情况。可见，国民政府虽建立了黄委会，使黄河流域有了统一的治黄机构，但是，由于决策不当，又导致黄委会在治黄工作中处于失位境地，黄河下游河防并未真正统一。

一方面，治黄机构林立，另一方面，黄河频繁决溢、无人负责。此种情况遭致各方的批评，统一河政的呼声高涨。国民政府遂于1936年通过了《统一黄河修防办法纲要》，将黄河下游三省河务局收交黄委会接管，使下游修防脱离了省的关系，黄河河政真正统一。河政统一，便于黄委会统筹安排黄河的治理与开发工作，裨益良多。

黄委会是中央所设水利机构，中央决定该机构的上层人事任免权。但是，中央人事任命有时也会带来问题。李仪祉任黄委会委员长时，副委员长初始时为王应榆，二人尚能合作共事。但是，1935年，王应榆离职，中央任命孔祥榕为黄委会副委员长。李、孔二人性格、为人及治黄理念迥异，无法合作共事。李仪祉遂辞去委员长职务，副总工程师许心武及秘书长张含英随之先后辞职，给治黄事业带来重大损失。相反，如果中央决策正确，就能推动黄委会治黄工作的开展。1933年的黄河大水给下游造成巨大损失，为寻求黄河根本治导办法，李仪祉遂请经委会拨款，赞助德国恩格斯教授继续进行黄河河道模型试验，以寻求黄河下游治理的科学依

① 《鲁代表进京请赈经过》，《申报》1933年9月11日第10版。

② 《黄河水利委员会呈》，《全国经济委员会制定统一黄河修防办法纲要及有关文书》，中国第二历史档案馆藏，1936年，档案号：44－2213。

据。经委会决定给以支持，并派沈怡赴德参加恩格斯主持的治导黄河试验。该次试验采用“之”字形河槽。试验结果表明：河道之刷深，在宽大之洪水河槽，较狭小河槽为速。经委会的这一正确决策，不仅推动了黄委会的黄河治导工作，而且促进了中国水工试验的发展。

政府的相关决策对黄委会治黄工作影响甚大，所以，政府在做出事关黄委会及其治黄工作决定的时候，需要慎之又慎。

四　时局对黄委会的治黄工作影响极大

国民政府成立初期，国内政局不稳，战端频开。这种情况下，黄委会难以建立起来，遑论治黄。1929 年 1 月，国民政府公布了《黄河水利委员会组织条例》，任命冯玉祥为该会委员长，马福祥和王瑚为副委员长，并公布了委员名单，筹备建立黄委会。可是，该会并没有建立起来。其重要原因在于当年 5 月爆发了蒋冯战争，冯玉祥战败下野，“黄河水利委员会以内战搁浅”。[①] 1931 年，国民政府再次筹备黄委会。然而，当年江淮大水灾发生，日本又发动了“九·一八”事变，赈济和救亡成为时代主题，“后因经费无着，黄河水利委员会仍未成立”。[②] 直到 1933 年 9 月，黄委会才正式成立。此后，该会开始为治黄擘画，堵口、测量、设计等工作全面展开。经过两年努力，黄委会终于取得 1936 年黄河安澜的治黄成就。

此后，随着日本侵华步伐的加快，黄委会的工作日益军事化，正常的修防受到干扰。1938 年 5 月，该会被正式纳入战时体制，除受经济部直辖外，兼受第一战区司令长官司令部指挥监督。随后，该会不仅参与并指导了花园口掘堤，还要继续配合军方实施筑堤阻敌、以黄制敌的政策，抗战使黄河修防者变为堤防破坏者。抗战时，黄委会及其下属机构辗转迁移，正常工作被打断，原来拟订的各项治黄计划无法完成。

抗战胜利后，围绕堵塞花园口决口问题，黄委会与中共进行谈判，先后签署了《开封协议》与《菏泽协议》。在施工程序上，双方达成了“复堤、浚河、裁弯取直、整理险工等工程完竣后再行合龙放水”的协议。

---

① 秦孝仪主编：《革命文献》第 81 辑，《抗战前国家建设史料——水利建设（一）》，台湾中央文物供应出版社 1979 年版，第 160 页。

② 黄河水利委员会编：《民国黄河大事记》，黄河水利出版社出版 2004 年版，第 64 页。

1946年4月，该会根据堵口复堤工程实际进展情形，做出当年秋汛后再打桩、凌汛前合龙的决定。不意在塔德和联总的影响下，国民政府决定于1946年大汛前就堵口，黄委会只得将打桩抛石提前至大汛前进行。这项草率之举不仅有违与中共达成的协议，遭到对方激烈反对，而且严重脱离实际。由于仓促堵口，工料准备不足，造成第一次堵口以失败告终。此后，国共双方在堵口复堤问题上继续进行博弈，不仅使黄委会无法按计划完成堵口任务，而且还造成堵口行动屡次受挫，合龙时间被延迟了。

正所谓“天下宁，黄河平”。反之，天下不平，黄河难宁。黄委会十多年的治黄实践，恰好印证了这一说法。总结黄委会十多年的治黄历史，可以看出，只有政治稳定、决策正确，将科技作为治河的基本手段和动力，坚持标本兼治的方针及防害兴利相结合的方略，治黄事业才能顺利发展。

参考文献

一　档案

（一）中国第二历史档案馆藏，《民国时期黄河水利档案选编》，电子影像文档，格式：标题，全宗号－（目录号）－案卷号（以下档案按照档案号排序）

1.《黄河水利委员会请拨开办费经临费》，1－531。

2.《黄河水利委员会呈报组织成立及改隶经过情形》，1－3265。

3.《黄河水利委员会办理黄河下游堵口及善后堤防工程》，1－3269。

4.《全国经济委员会呈报关于黄河贯台决口抢堵合龙暨验收移交情形》，1－3277。

5.《国民政府行政院黄河水灾救济委员会组织章程》，2－1631。

6.《黄河沿岸冀鲁豫省各县代表等请设置河务机构统一事权案》，2－3744。

7.《山东省政府委员何思源等提议将山东河南河北三省河务合并并设立专局统筹治理及变更黄河行政组织的呈文》，2－3746。

8.《黄河水利委员会确定会址并设立办事处工程处》，2－3748。

9.《黄委会导渭工程处组织草案》，2－3749。

10.《黄河水利委员会督查河防暂行规则》，2－3750。

11.《黄河水利委员会核定施行黄河流域各省治水计划》，2－3752。

12.《黄河水利委员会勘察下游三省黄河报告及豫冀鲁请拨款培修堤防》，2－3756.1。

13.《黄河水利委员会勘察下游三省黄河报告及豫冀鲁请拨款培修堤防》，2－3756.2。

14.《黄河水灾救济委员会请饬河工主管机关负责办理黄河岁修防汛等工程》，2－3761。

15.《山东韩复榘孔祥榕拟疏浚黄河整理海口计划及有关文件》，2－3768。

16.《治理黄河机构设置与撤销》，2－8193。

17.《黄委会商讨豫省河防问题座谈会纪录》，2－8195。

18.《黄委会修培花京军工堤工程计划书》，2－8196。

19.《黄河水利委员会接修铁谢东段堤工计划书及有关文书》，2－8199。

20.《黄河水利委员会宁夏工程总队编宁夏河东河西两区水利工程计划纲要》，

2－8201。
21.《安徽山东等省民意机关团体及个人关于整修黄河的建议》，2－8208。
22.《孔祥榕建议黄水泛滥善后意见》，2－8209。
23.《国民党七中全会关于培修黄河堤工程的提案》，2－8211。
24.《水利委员会对于第五战区绥靖会议建议中牟黄河决口治标治本办法研拟意见》（1945年10月），2－8213。
25.《黄委会修建京水镇柳石坝工程报告并请拨发经费（附图表照片）》2－8215。
26.《水利委员会报告1939年至1941年黄河泛滥及防护抢修情形》，2－8216。
27.《黄委会1942年度实施水土保持实验工作计划及概算》，2－8895。
28.《黄河治本计划概要》，2－9274。
29.《经济部振委会验收接受续修黄堤及黄河水利委员会接管新堤案》，2－9278。
30.《行政院关于拨款修筑豫省黄河各堤案》，2－9279。
31.《行政院关于拨款修筑豫省黄河各堤及会勘黄河防范新堤报告书》，2－9280。
32.《黄委会请拨款加修豫皖苏三省黄泛滥区域大堤案》，2－9284。
33.《黄河堵口复堤工程局所编〈黄河堵口复堤计划工程概要〉》，2－9291。
34.《姜文斌电陈请勿建筑东西两堤案》，2－9394。
35.《黄河长江流域水灾调查报告》，2－1－3744。
36.《黄河水利委员会核定施行黄河流域各省治水计划》，2－1－3752。
37.《豫皖苏三省地方当局关于培修黄河堤工程的建议》，2－1－8210。
38.《黄河水利委员会淮域工程会议纪录（附机密图件）》，2－2－2715。
39.《黄河水利委员会针对日伪破坏黄河堤工研拟对策及实施办法》，2－2－2716。
40.《黄河水利委员会对于日寇阴谋导黄入卫问题研究对策的文书（附1939年黄河水灾区域图）》，2－2－2717。
41.《行政院关于修筑黄河防范新堤的函电》，2－2－3042。
42.《黄河水利委员会委员长副委员长委员任命》，2－4－177。
43.《黄河水利委员会组织成立及委员任免》，2－4－178。
44.《黄河水利委员会及所属经费决算书》，3－8－6480。
45.《黄河水利委员会会计室组织规程及颁发官章》，4－8959。
46.《监察院派员查办黄河堵口复堤工程局腐败无能误工殃民案》，8－1708（2）。
47.《立法院有关修正黄河水利委员会等水利机构组织条例案》，10－1099。
48.《内政部派员赴德在德人恩格斯所设水工试验场作治导黄河计划试验费用案》，12－1361。
49.《黄河水利委员会组织法》，12－6－111。
50.《外交部为请国联派遣水利工程人员来华修堵黄河决堤与驻国联代表办事处及经济部等来往文书》，18－1352。

51. 《行总河南分署办理黄河堵口复堤工赈等案》，21 – 17531。
52. 《黄河堵口复堤工程会谈纪录》（含英文），21 – 2 – 302。
53. 《花园口黄河堵口复堤工程进展报告及工赈报告》，21 – 2 – 303。
54. 《黄河工赈计划及报告》（英文），21 – 2 – 3079。
55. 阎树楠著：《宁绥之黄河水利（稿本）》，27 – 401。
56. 《黄河水利委员会所属现任公务员登记册》，27 – 4 – 4562。
57. 《黄河上流水利测量计划纲要》，28 – 840。
58. 《黄河水利委员会编〈西北水利问题提要〉》，28 – 841。
59. 《利用黄河水力建立电厂计划图》，28 – 11517。
60. 《湟水水力发电计划概要》，28 – 15270。
61. 张含英著：《黄河治理纲要》，28 – 18613。
62. 《黄河水利委员会委员长孔祥榕褒扬案等》（影像目录名称与档案案卷名称不一致，案卷实际名称为《国民党政府黄河水利委员会及导淮委员会委员褒扬传记资料》），34 – 836。
63. 《黄河水利委员会编黄河流域水土保持工作实施计划》，35 – 496。
64. 《黄河口 1935 年修理情形》，44 – 1036。
65. 《全国经济委员会派员督查黄河贯台堵口修堤工程案》，44 – 1046。
66. 《黄河水利委员会委员长孔祥榕关于修正该会组织法等问题给全国经济委员会秘书长秦汾的函件》，44 – 1838。
67. 《全国经济委员会制定统一黄河修防办法纲要及有关文书》，44 – 2213。
68. 《黄河水利委员会测量队工作报告》，44 – 2237。
69. 《黄河水利委员会关于黄河中上游防制泥沙初步计划及蓝图》，44 – 2240。
70. 《全国水利建设五年计划大纲及附件》，44 – 2 – 281。
71. 《黄委会委员长孔祥榕关于黄河治本治标计划》，44 – 2 – 282。
72. 《全国经济委员会令发黄委会黄河修防处组织规程》，44 – 654。
73. 《黄河水利委员会请颁赠德籍水工专家恩格斯奖章》，44 – 852。
74. 《黄河水利委员会整理平汉桥上下游河槽计划》，44 – 1025。
75. 《绥远黄河测量队测勘民生渠报告及施工计划意见》，44 – 1050。
76. 《蒲德利视察冀鲁豫三省堤工志要及山东贯台堵口工程及长垣灾况报告》，44 – 1725。
77. 《全国经济委员会制定统一黄河修防办法纲要及有关文书》，44 – 2213。
78. 《黄委会编送黑岗口黄河巨型试验及防制土壤冲刷试验计划》，44 – 2241。
79. 《国联水利专家赴晋察勘汾河及甘肃宁夏两省水渠等工程书》，44 – 2282。
80. 《国联水利专家勘察黄河堵口及灾况报告（附照片）》，44 – 2 – 82。
81. 《全国经济委员会水利委员会第二次会议纪要》，44 – 2 – 235。

82.《全国水利建设五年计划大纲及附件》，44－2－281。
83.《黄河水利委员会委员长孔祥榕关于黄河治本治标计划》，44－2－282。
84.《全国经济委员会1934年度办理水利行政事宜报告》，44－2－283。
85.《1936年度水利建设进行概况》，44－2－285。
86.《全国水利建设报告》，44－2－286。
87. 全国经济委员会1937年6月编：《一年来之水利建设》，44－2－287。
88.《全国经济委员会编统一全国水利行政事业案办理经过报告书》，44－2－288。
89.《黄河水利委员会等编送“国民政府政治总报告”（水利事业）》，44－2－304。
90.《黄河防泛会议及黄河水利委员会第一次会议汇编》，320－2－225。
91.《黄河水利委员会编印勘查下游三省黄河报告》，320－2－228。
92.《黄河试验简略报告（附图）》，331－380。
93.《治导黄河试验报告书》，331－411。
94.《山东黄河沿岸虹吸淤田工程计划》，331－525。
95.《豫冀鲁三省黄河堤防修培计划》，331－695。
96.《治理黄河及发展其水力（三门峡蓄水坝工程计划）》，331－719。
97.《黄河治本计划大纲》，331－994。
98.《山东董庄黄河堵口工程纪要》，331－1484。
99.《黄河下游造林计划报告》，377－195。
100.《黄河水利委员会职员名册》，377－292。
101.《黄河水利委员会职员名册》，377－294。
102.《黄河水利工程总局山东修防处职员名册》，377－295。
103.《黄河水利工程总局宁绥工程总队赴绥施测情形》，377－586。
104.《黄河水利委员会朝林区1945年度造林种草工作计划书》，377－693。
105.《彻底整治黄河计划（底稿）》，377－823。
106.《黄河水利委员会职员录》，377－856。
107.《黄河水利委员会河南修防处各项工程完成情况报告书》，377－860。
108.《黄河水利委员会编黄河流域水土保持实施计划》，377－5－496。
109.《陕西省水利建设概况、褒惠渠灌溉工程概述、泾惠渠概述》，377－5－498。
110.《黄河善后问题之检讨》，377－5－773。
111.《蒋匪黄河水利委员会职员录》，377－5－843。
112.《黄河河务会议》，422－7－409。
113.《黄河堤防造林办法》，422－7－663。
114.《全国水力发电工程处黄河资料》，429－345。
115.《黄河上游兰州附近朱喇嘛峡及洮河牛皮峡（茅笼峡）查勘报告（中英文）》，429－738。

116.《黄河治本计划及零星资料》，623 - 649。

117.《黄河水力发电》，623 - 685。

118.《金陵大学农学院与黄河水利委员会合作水土保持来往文书》，649 - 1430。

119.《国民政府军事委员会办公厅公函》，787 - 3489。

120.《第20集团军参谋长魏汝霖呈报黄河决口经过》，787 - 3496。

121.《黄河水利委员会第二次大会议程》，846 - 9 - 225。

122.《水利委员会水利示范处1945年经费预概算书筹备堵复黄河决口及整治提案》（1945年），846 - 9 - 1497。

（二）郑州黄河档案馆藏档案，格式：档案题目，档案号。

1.《战后五年建设计划》（1942年8月），MG1.2 - 55。

2.《豫省参议会第三届第四次大会议案》（1945年），MG2.1 - 39。

3.《豫河南岸大堤最险堤段防空计划》，MG2.2 - 184。

4.《豫河北岸大堤最险堤段防空计划》，MG2.2 - 185。

5.《河南修防处民国二十六年（1937年）有关南二段遵绥署令在黑岗口堤坝修复机枪掩体工程》，MG2.2 - 214。

6.《河南修防处民国二十六年（1937年）抗战非常时期组织民工防汛队并防空防特等》，MG2.4 - 59。

7.《黄委会民国二十三年至三十七年安徽省要求制止豫省引黄入淮、黑岗口安设虹吸工程及济南狮子张庄迤东修建窄遥堤》，MG2.5 - 18。

8.《黄河史料（关于归故的谈判）》（1949年6月），MG3.2 - 2。

9.《黄河堵口复堤工程计划概要》，《黄河下游堵复工程总局组织规程草案、工程计划概要及有关文件》（1946），MG3.3 - 8。

10.《黄委会与第一战区共同研究的以黄制敌对策议决事项实施办法、本处拟制的挑溜大坝计划书及挑溜情形的报告》，MG4.1 - 37。

11.《本处勘查泛东敌人筑堤及泛水入涡情形报告书、关于派员侦察日伪修堤情形与黄委会、第三集团军司令部的往来文书》，MG4.1 - 49。

12.《本局与河南修防处等机关关于汜、广、荥、郑等县导泛阻敌军工侦察情形的来往文书》，MG4.1 - 168。

13.《河南修防处民国33年派刘宗沛左起彭赴临泉汤总司令部汇报河防军事情形》，G4.1 - 264。

14.《黄河之水文》，MG5.1 - 59。

15.《绥远省乌梁素海总退水渠改线工程勘测报告书》，MG5. 2 - 102。

16.《黄河流域上中游蓄水减沙的研究和试验方法》，MG5 - 3 - 47。

17.《黄委会1942—1946年各年度水土保持工作及试验工作计划》，MG6.1 - 39。

18.《径流冲刷小区试验二年来之初步报告》，MG6.1 - 124。

19. 《整理兰州至宁夏间黄河航道初步工程计划书》，MG6.5－3。
20. 《黄委会上游工程局有关方面新闻稿二则与四年来工作概况及展望》，MG6.1－38。
21. 《导渭工程处呈陕西引渭灌溉工程初步计划》，MG6.4－2。
22. 《本会拟耀惠、沣惠、坝惠灌溉工程计划书》，MG6.4－53。
23. 《黄河上游工程处关于湟水航道的查勘与竣工报告施工细则和工程费预算报告书》，MG6.5－15。
24. 《黄河航运资料》，MG6.5－24。
25. 《本会函聘试用审查合格技术人员情况》，MG8－9。
26. 《本局与国民政府文官处关于委任本委员会委员问题的来往文书》，MG8－18。
27. 《本局与国民政府考试院关于函聘试用各大学学生问题》，MG8－22。
28. 《河南修防处、第三集团军、第一区专署关于成立联合侦察班问题的指示、组织规章、会议纪录名册》，MG8－106。
29. 《本局奉令转发凡中央驻甘各机关皆归谷主席指挥监督令上游修防林垦工程处遵照由》（1942年11月—1942年12月），MG8－118。
30. 《黄委会、黄河水利工程总局及所属单位民国22年—36年机构设置与组织法规和当时人事安排》，MG8－146。
31. 《黄委会民国二十四年至三十七年（1935—1948年）人员考勤考绩、出国留学及河北修防处齐寿安任职》，MG8－162。
32. 《联合侦察班组织规程会议记录名册及组织撤销》，MG8－354。
33. 《本局河南修防处公务员考成考绩》，MG8－889。
34. 《民国二十二年至三十三年河南省政府令各治河段均受河务总局指挥监督》，MG 8－1164。

二 资料集

1. 长安县水利志编纂组编：《长安县水利志》，陕西师范大学出版社1996年版。
2. 陈汝珍主编：《豫河三志》卷7，河南黄河河务局1931年版。
3. 甘肃省地方史志编辑委员会、甘肃省水利志编辑委员会编纂：《甘肃省志·水利志》（23），甘肃文化出版社1998年版。
4. 国立西北农林专科学校水利组：《李仪祉先生纪念刊》，出版单位不详，1938年。
5. 河南省地方史志编辑委员会编纂：《河南省志·水利志》，河南人民出版社1994年版。
6. 河南省地方史志编撰委员会：《河南省志·黄河志》，河南人民出版社1991年版。
7. 河南省地方志编纂委员会总编辑室编：《河南地方志征文资料选》，1983年第4期。
8. 河南省政协文史资料委员会编：《河南文史资料》第37辑，河南人民出版社1991

年版。

9. 胡焕庸：《黄河志 · 气象》，国立编译馆 1936 年版。

10. 黄河防洪志总编室、黄河水利委员会黄河志总编室编：《黄河志 · 黄河防洪志》，河南人民出版社 1991 年版。

11. 黄河水利委员会黄河志总编辑室：《河南黄河志》（内部资料），1986 年。

12. 黄河水利委员会黄河志总编辑室：《黄河大事记》（增订本），黄河水利出版社 2001 年版。

13. 黄河水利委员会黄河志总编辑室：《黄河大事记》，河南人民出版社 1991 年版。

14. 黄河水利委员会黄河志总编室：《黄河志 · 黄河大事记》，河南人民出版社 1991 年版。

15. 黄河水利委员会黄河志总编室：《黄河志 · 黄河河政志》，河南人民出版社 1996 年版。

16. 黄河水利委员会黄河志总编室：《黄河志 · 黄河流域综述》，河南人民出版社 1998 年版。

17. 黄河水利委员会黄河志总编室：《黄河志 · 黄河人文志》，河南人民出版社 1996 年版。

18. 黄河水利委员会黄河中游管理局：《黄河志 · 黄河水土保持志》，河南人民出版社 1993 年版。

19. 黄河水利委员会勘测规划设计院：《黄河志 · 黄河水利水电工程志》，河南人民出版社 1996 年版。

20. 黄河水利委员会勘测设计研究院：《黄河志 · 黄河规划志》，河南人民出版社 1991 年版。

21. 黄河水利委员会勘察规划设计院：《黄河志 · 黄河勘测志》，河南人民出版社 1993 年版。

22. 黄河水利委员会水利科学出版社：《黄河志 · 黄河科学研究志》，河南人民出版社 1998 年版。

23. 黄河水利委员会水文局：《黄河志 · 黄河水文志》，河南人民出版社 1996 年版。

24. 孔祥榕：《山东董庄黄河堵口工程纪要》，出版单位不详，1936 年版。

25. 刘于礼：《河南黄河大事记》，河南黄河河务局 1993 年版。

26. 内政部编：《内政法规汇编》第 2 辑，内政部公报处 1934 年版。

27. 宁夏区政协文史资料研究委员会：《宁夏文史资料》第 13 辑，1984 年版。

28. 宁夏水利志编纂委员会编：《宁夏水利志》，宁夏人民出版社 1992 年版。

29. 钱承绪：《中国之水利》，上海经济研究会 1941 年版。

30. 秦孝仪主编：《革命文献》第 81 辑，《抗战前国家建设史料——水利建设（一）》，中央文物供应社 1979 年版。

31. 秦孝仪主编:《革命文献》第82辑,《抗战前国家建设史料——水利建设(二)》,中央文物供应社1980年版。
32. 秦孝仪主编:《革命文献》第83辑,《抗战前国家建设史料——水利建设(三)》,中央文物供应社1980年版。
33. 秦孝仪主编:《革命文献》第88辑,《抗战前国家建设史料——西北史料(一)》,中央文物供应社1981年版。
34. 秦孝仪主编:《革命文献》第89辑,《抗战前国家建设史料——西北史料(二)》,中央文物供应社1982年版。
35. 秦孝仪主编:《革命文献》第90辑,《抗战前国家建设史料——西北史料(三)》,中央文物供应社1982年版。
36. 秦孝仪主编:《中华民国重要史料初编——对日抗战时期续编》(1),中央文物供应社1981年版。
37. 青海省地方志编纂委员会编:《青海省志·水利志》,黄河水利出版社2001年版。
38. 全国经济委员会水利处:《陕西省水利概况》,1937年版。
39. 荣孟源主编:《中国国民党历次代表大会及中央全会资料》,光明日报出版社1985年版。
40. 山东河务局黄河志编辑办公室编:《山东黄河大事记》,黄河水利出版社1985年版。
41. 山东省地方史志编纂委员会编:《山东省志·黄河志》,山东人民出版社1992年版。
42. 山东政协文史资料委员会编:《山东文史资料选辑》第23辑,山东人民出版社1987年版。
43. 陕西省地方志编撰委员会编:《陕西省志·水利志》,陕西人民出版社1999年版。
44. 陕西省地方志编纂委员会编:《陕西省志·水土保持志》,陕西人民出版社2000年版。
45. 陕西省委党校教研室、陕西省社会科学院党史研究室编:《新民主主义革命时期陕西大事记述》,陕西人民出版社1980年版。
46. 陕西水利局编:《李仪祉先生逝世三周年纪念刊》,1941年版。
47. 邵文杰等编:《河南省志·黄河志》,河南人民出版社1991年版。
48. 沈怡、赵世暹、郑道隆编:《黄河年表》,军事委员会、资源委员会印行,1935年版。
49. 沈云龙主编:《近代中国史料丛刊》三编第47辑,《统一全国水利行政事业纪要》,文海出版社1988年版。
50. 水利部水文司编:《中国水文志》,中国水利水电出版社1997年版。
51. 水利委员会编:《水利法规汇编》第2集,水利委员会印,1946年版。

52. 陶述曾著：《陶述曾治水言论集》，湖北科学技术出版社 1983 年版。
53. 王传忠、丁龙嘉主编：《黄河归故斗争资料选》，山东大学出版社 1987 年版。
54. 渭南市水利志编纂委员会编：《渭南市水利志》，三秦出版社 2002 年版。
55. 渭南市政协文史和学习委员会、渭南市水务局编：《渭南文史资料》第 1 辑，《三河专辑》，2002 年版。
56. 吴相湘主编：《民国二十四年江河修防纪要》，传记文学出版社 1971 年版。
57. 西安市档案局、西安市档案馆编：《筹建西京陪都档案史料选辑》，西北大学出版社 1994 年版。
58. 西北农学院农业水利学系编：《李仪祉先生逝世周年纪念刊》，1939 年版。
59. 徐百齐编：《中华民国法规大全》（1），商务印书馆 1936 年版。
60. 张含英著：《黄河志 · 水利工程》，国立编译馆 1936 年版。
61. 郑州黄河志编辑室编：《郑州黄河志》，1996 年版。
62. 中共冀鲁豫边区党史工作组办公室编：《中共冀鲁豫边区党史资料选编》第 3 辑，《文献部分》（上册），山东大学出版社 1989 年版。
63. 中国第二历史档案馆编：《中华民国史档案资料汇编》第五辑第一编，《财政经济》（7），江苏古籍出版社 1994 年版。
64. 中国第二历史档案馆编：《中华民国史档案资料汇编》第五辑第二编，《财政经济》（8），江苏古籍出版社 1997 年版。
65. 中国第二历史档案馆编：《中华民国史档案资料汇编》第五辑第二编，《政治》（5），江苏古籍出版社 1998 年版。
66. 中国第二历史档案馆编：《中华民国史档案资料汇编》第五辑第三编，《政治》（2），江苏古籍出版社 1999 年版。
67. 中国人民政治协商会议河南省委员会文史资料研究委员会编：《河南文史资料选辑》第 4 辑，河南人民出版社 1980 年版。
68. 中国人民政治协商会议河南省郑州市委员会文史资料研究委员会编：《郑州文史资料》第 2 辑，1986 年版。
69. 中国人民政治协商会议河南省郑州市委员会文史资料研究委员会编：《郑州文史资料》第 6 辑，1989 年版。
70. 中国人民政治协商会议卢龙县委员会文史资料委员会编：《孤竹骄子》（李书华李书田专辑），1999 年版。
71. 中国人民政治协商会议全国委员会文史资料研究委员会编：《文史资料选辑》第 84 辑，中国文史出版社 1982 年版。
72. 中国人民政治协商会议全国委员会文史资料研究委员会《文史资料选辑》编辑部编：《文史资料选辑》第 84 辑，文史资料出版社 1982 年版。
73. 中国人民政治协商会议陕西省委员会文史资料研究委员会编：《陕西文史资料》

第 11 辑，陕西人民出版社 1982 年版。
74. 中国人民政治协商会议陕西省咸阳市委员会、杨陵区委员会文史资料委员会编：《后稷传人》第 1 辑，三秦出版社 1996 年版。
75. 中国人民政治协商会议泰州市委员会编：《泰州历代名人》（续集），江苏人民出版社 2005 年版。
76. 中国人民政治协商会议天津市委员会文史资料委员会编：《近代天津十二大教育家》，天津人民出版社 1999 年版。
77. 中国社会科学院近代史研究所整理：《黄炎培日记》第 5 卷，华文出版社 2008 年版。
78. 中国水利学会、黄河研究会编：《李仪祉纪念文集》，黄河水利出版社 2002 年版。
79. 中华民国史事纪要编辑委员会编：《中华民国史事纪要（初搞）中华民国二十六年（1937）（一至六月份）》，中国国民党中央委员会党史委员会，1985 年。
80. 周开发主编：《三十年来之中国工程》（下册），京华书局 1967 年版。
81. 左慧元：《黄河金石录》，黄河水利出版社 1999 年版。

三　著作：

1. 岑仲勉：《黄河变迁史》，中华书局 2004 年版。
2. 陈耳东：《河套灌区水利简史》，水利电力出版社 1988 年版。
3. 陈红民主编：《1933：躁动的大地》，山东画报出版社 2003 年版。
4. 陈家珍、薛岳等著：《中原抗战：原国民党将领抗日战争新历记》，中国文史出版社 2010 年版。
5. 陈琦：《黄河上游航运史》，人民交通出版社 1999 年版。
6. 陈伟达、彭续鼎：《黄河过去、现在和未来》，黄河水利出版社 2001 年版。
7. 陈梧桐、陈名杰：《黄河传》，河北大学出版社 2001 年版。
8. 成甫隆：《黄河治本论》，北平平明日报社 1947 年版。
9. 程有为：《黄河中下游水利史》，河南人民出版社 2007 年版。
10. ［美］戴维、艾伦、佩兹著：《工程国家——民国时期（1927—1937 年）的淮河治理及国家建设》，姜智芹译，江苏人民出版社 2011 年版。
11. 当代治黄论坛编辑组：《当代治黄论坛》，科学出版社 1990 年版。
12. ［美］费正清：《剑桥中华民国史》（下册），中国社会科学出版社 2006 年版。
13. 风笑天主编：《社会学导论》，华中科技大学出版社 2008 年版。
14. 冯亚光著：《西路军生死档案》，陕西人民出版社 2009 年版。
15. 龚崇准主编：《中国水利百科全书·航道与港口分册》，中国水利水电出版社 2004 年版。
16. 国风：《大河春秋》，中国农业出版社 2006 年版。

17. 何颖：《行政学》，黑龙江人民出版社 2007 年版。
18. 侯全亮、魏世祥：《天生一条黄河》，黄河水利出版社 2003 年版。
19. 侯全亮主编：《民国黄河史》，黄河水利出版社 2009 年版。
20. 胡焕庸：《黄河志·气象篇》，国立编译馆 1936 年版。
21. 胡一三：《黄河防洪》，黄河水利出版社 1997 年版。
22. 黄河航运史编写委员会：《黄河上游航运史》，人民交通出版社 1999 年版。
23. 黄河上中游管理局：《淤地坝概论》，中国计划出版社 2005 年版。
24. 黄河水利委员会编：《民国黄河大事记》，黄河水利出版社 2004 年版。
25. 黄河水利委员会编：《世纪黄河：1901—2000》，黄河水利出版社 2001 年版。
26. 黄河水利委员会黄河志总编辑室编：《历代治黄文选》（下册），河南人民出版社 1988 年版。
27. 黄河水利委员会黄河志总编室编：《黄河大事记》（增订本），黄河水利出版社 2001 年版。
28. 黄河水利委员会山东黄河河务局编：《山东黄河大事记》，黄河水利出版社 2006 年版。
29. 黄河水利委员会水土保持局编：《黄河流域水土保持研究》，黄河水利出版社 1997 年版。
30. 黄河水利委员会治黄研究组：《黄河的治理与开发》，上海教育出版社 1986 年版。
31. 黄淑阁等：《黄河堤防堵口技术研究》，黄河水利出版社 2006 年版。
32. 军事科学院军事历史研究部：《中国抗日战争史》（中），解放军出版社 1994 年版。
33. 李赋都：《中国第一水工试验所设计大纲》，中国第一水工试验所董事会印制，1934 年。
34. 李书田等：《中国水利问题》，商务印书馆 1937 年版。
35. 李文海：《历史并不遥远》，中国人民大学出版社 2004 年版。
36. 李文海等：《中国近代十大灾荒》，上海人民出版社 1994 年版。
37. 李仪祉：《李仪祉全集》，中华丛书委员会发行 1956 年版。
38. 李仪祉：《李仪祉水利论著选集》，水利电力出版社 1988 年版。
39. 李正义：《李仪祉传》，陕西人民出版社 1989 年版。
40. 梁启超：《李鸿章传》，中国城市出版社 2010 年版。
41. 林修竹：《历代治黄史》卷 5，山东河务局印 1926 年版。
42. 刘淑珍、艾思同：《人事管理概论》，济南出版社 2002 年版。
43. 刘照渊：《河南水利大事记》，方志出版社 2005 年版。
44. 鲁承宗：《八旬忆往：一个知识分子讲述自己的故事》，重庆出版社 2001 年版。
45. 鲁枢元、陈先德：《黄河史》，河南出人民版社 2001 年版。

46. 骆承政等：《中国大洪水——灾害性洪水述要》，中国书店 1996 年版。
47. 梅桑榆：《花园口决堤前后》，中国广播电视出版社 1992 年版。
48. 梅桑榆：《血战与洪祸：1938 年黄河花园口掘堤纪实》，中国城市出版社 2009 年版。
49. 钱承绪：《中国之水利》，中国经济研究会，1941 年。
50. 秦晖、金雁：《田园诗与狂想曲——关中模式与前近代社会的再认识》，语文出版社 2010 年版。
51. 渠长根：《功罪千秋——花园口事件研究》，兰州大学出版社 2003 年版。
52. ［日］桑田悦：《简明日本战史》，军事科学院外国军事研究部译，军事科学出版社 1989 年版。
53. 沈百先、朱光彩：《中华水利史》，台湾商务印书馆 1979 年版。
54. 沈怡：《黄河问题讨论集》，台湾商务印书馆 1971 年版。
55. 水利部淮河水利委员会《淮河水利简史》编写组：《淮河水利简史》，水利出版社 1990 年版。
56. 水利部黄河水利委员会：《黄河水利史述要》，水利电力出版社 1984 年版。
57. 水利部黄河水利委员会：《人民治理黄河六十年》，黄河水利出版社 2006 年版。
58. 水利水电科学研究院《中国水利史稿》编写组编：《中国水利史稿》（下册），水利电力出版社 1989 年版。
59. 宋希尚：《近代两位水利导师合传》，台湾商务印书馆 1977 年版。
60. 宋希尚：《说淮》，京华印书馆 1929 年版。
61. 谭其骧：《黄河史论丛》，复旦大学出版社 1986 年版。
62. 王成敬：《西北的农田水利》，中华书局 1950 年版。
63. 王德春：《联合国善后救济总署与中国（1945—1947）》，人民出版社 2004 年版。
64. 王渭泾：《历览长河——黄河治理及其方略演变》，黄河水利出版社 2009 年版。
65. 王星光、张新斌：《黄河与科技文明》，黄河水利出版社 2000 年版。
66. 王英顺等：《淤地坝防洪保收技术》，黄河水利出版社 1997 年版。
67. 王友龙等：《现代管理学》，江苏教育出版社 1989 年版。
68. 王振民：《民国开发西北》，西安市档案馆 1997 年版。
69. 魏永理主编：《中国西北近代开发史》，甘肃人民出版社 1993 年版。
70. 吴君勉：《古今治河图说》，水利委员会印制，1942 年版。
71. 武汉电力学院编写组：《中国水利史稿》，水利电力出版社 1987 年版。
72. 武汉水利电力学院、水利水电科学研究院《中国水利史稿》编写组编：《中国水利史稿》，水利电力出版社 1979 年版。
73. 徐福龄、胡一三：《黄河埽工与堵口》，水利电力出版社 1989 年版。
74. 姚汉源：《中国水利史纲要》，中国水利电力出版社 1987 年版。

75. 姚汉源：《黄河水利史研究》，黄河水利出版社 2003 年版。
76. 张弊：《水利泰斗李仪祉》，三秦出版社 2004 年版。
77. 张含英：《黄河水患之控制》，商务印书馆 1938 年版。
78. 张含英：《历代治河方略探讨》，水利电力出版社 1982 年版。
79. 张含英：《明清治河概论》，水利电力出版社 1982 年版。
80. 张含英：《我国水利科学的成就》，中华全国科学技术普及协会，1954 年版。
81. 张含英：《我有三个生日》，水利电力出版社 1993 年版。
82. 张含英：《治河论丛》，国立编译馆 1936 年版。
83. 张含英：《治河论丛续编》，水利电力出版社 1992 年版。
84. 张泰峰、［美］Eric Reader：《公共部门人力资源管理》，郑州大学出版社 2004 年版。
85. 张咏梅、宋超英：《社会学概论》，兰州大学出版社 2007 年版。
86. 赵春明、周魁一：《中国治水方略的回顾与前瞻》，中国水利水电出版社 2005 年版。
87. 赵得秀：《治河初探》，西北工业大学出版社 1996 年版。
88. 郑肇经：《河工学》，商务印书馆 1934 年版。
89. 郑肇经：《中国水利史》，上海书店 1984 年版。
90. 中国水利学会、黄河研究会编：《李仪祉纪念文集》，黄河水利出版社 2002 年版。
91. 中国水利学会水利史研究会编：《中国近代水利史论文集》，河海大学出版社 1992 年版。
92. 周魁一：《中国科学技术史·水利卷》，科学出版社 2002 年版。
93. 邹逸麟：《千古黄河》，中华书局 1990 年版。

四 期刊文章

1. 鲍梦隐：《抗战胜利后黄河堵口工程中的现代化因素》，《史学月刊》2012 年第 1 期。
2. 鲍梦隐：《抗战胜利后南京国民政府黄河堵口中的工赈》，《民国档案》2011 年第 3 期。
3. 蔡铁山：《浅谈新时期研究民国治黄历史的必要性》，《人民黄河》2001 年第 5 期。
4. 车宝仁：《李仪祉与关中水利》，《西安教育学院学报》1996 年第1 期。
5. 陈靖：《李仪祉先生与陕西水利——创修泾、洛、渭、梅等渠经过》，《西北大学学报》（自然科学版）1983 年第 3 期。
6. 程鹏举、周魁一：《中国第一水工试验所始末》，《中国科技史》1988 年第 2 期。
7. 崔浚灌：《关中水土保持实验区的回忆》，《黄河史志资料》1987 年第 2 期。
8. 邓贤：《黄河殇：1938 年花园口决堤揭秘》，《青年作家》2007 年第 1 期。

9. 冯晓蔚：《炸黄河铁桥、决花园口大堤真相》，《文史月刊》2007 年第 2 期。
10. 龚喜林：《中共在黄河归故中的斗争》，《党史文苑》2004 年第 1 期。
11. 何世庸：《花园口决堤见闻》，《百年潮》2002 年第 10 期。
12. 黄伟纶：《“水文”词源初探》，《水文》1994 年第 5 期。
13. 蒋晓涛：《解放战争初期关于黄河堵口复堤的斗争情况》，《历史教学》1986 年第 6 期。
14. 李福荣、郭昭明：《我国近代水利科学技术的先躯者李仪祉》，《渭南师范学院学报》1987 年第 2 期。
15. 李赋都：《我国近代水利科学技术的先驱者李仪祉先生》，《西北大学学报（自然科学版）》，1982 年第 3 期。
16. 李赋都：《我国近代水利科学技术的先驱者李仪祉先生》（续），《西北大学学报（自然科学版）》1982 年第 4 期。
17. 李国英：《李仪祉治黄思想评述——纪念李仪祉先生诞辰 120 周年》，《人民黄河》2002 年第 3 期。
18. 李翰园：《宁夏水利》，《新西北》1944 年第 10—11 期。
19. 李勤：《试论民国时期水利事业从传统到现代的转变》，《三峡大学学报》（人文社会科学版）2005 年第 5 期。
20. 李玉才：《冯玉祥的水利思想与实践》，《合肥学院学报》（社会科学版）2009 年第 4 期。
21. 李祖宪：《甘宁青之水利建设》，《新西北月刊》1941 年第 5 期。
22. 林观海：《中国近代水利的先驱——李仪祉》，《华北水利水电学院学报》（社会科学版）2003 年第 1 期。
23. 林建成：《李仪祉先生传》，《民国档案》1990 年第 4 期。
24. 刘一民：《抗战时期大后方的农田水利建设》，《求索》2005 年第 9 期。
25. 刘钟瑞：《灌溉事业与农民心理》，《水利》1948 年第 2 期。
26. 陆和健：《抗战时期西部地区农田水利建设述论》，《扬州大学学报》2004 年第 5 期。
27. 罗舒群：《民国时期甘宁青三省水利建设论略》，《社会科学》1987 年第 2 期。
28. 马仲廉：《花园口决堤的军事意义》，《抗日战争研究》1999 年第 4 期。
29. 梅昌华：《张含英：我国近代水利事业的开拓者》，《决策与信息》2011 年第 5 期。
30. 苗印：《黄河花园口“堵复”阴谋大揭秘》，《档案时空》2003 年第 9 期。
31. 牛济：《李仪祉与陕西水利建设》，《人文杂志》1983 年第 2 期。
32. 钱正英：《纪念我国著名水利科学家李仪祉先生诞辰 100 周年》，《中国科技史杂志》1982 年第 4 期。
33. 秦草：《大禹治水第二人——杰出的水利科学家李仪祉》，《西安教育学院学报》

2004 年第 2 期。
34. 渠长根：《1938 年花园口决堤的决策过程述评》，《江海学刊》2005 年第 3 期。
35. 渠长根：《1938 年花园口决堤因素分析》，《中州学刊》2003 年第 3 期。
36. 渠长根：《1938 年花园口事件研究综述》，《许昌学院学报》2003 年第 3 期。
37. 渠长根：《花园口事件研究——一个紧迫的史学课题》，《周口师范学院学报》2004 年第 3 期。
38. 渠长根：《花园口事件真相披露经过》，《百年潮》2003 年第 5 期。
39. 渠长根：《近代黄泛之源：1938 年花园口决堤原因探索》，《华北水利水电学院学报》（社科版）2003 年第 1 期。
40. 渠长根：《谁最早公布了 1938 年花园口决堤的消息》，《民国档案》2003 年第 2 期。
41. 渠长根：《炸堤还是掘堤——1938 年花园口决堤史实考》，《历史教学问题》2003 年第 3 期。
42. 渠长根：《筑堤阻敌，以黄制敌——论 1938—1945 年间国民党在黄泛区的抗战策略》，《军事历史研究》2004 年第 3 期。
43. 尚冠华：《民国后期黄河流域水土保持工作的几项举措》，《中国水土保持》2002 年第 2 期。
44. 沈社荣：《抗战前后西北农田水利兴起的原因及作用》，《固原师专学报》2001 年第 9 期。
45. 时德青：《中国近现代水利的开拓者——李仪祉》，《水利发展研究》2005 年第 6 期。
46. 王锋：《对仪祉文化的初步研究与思考》，《中国水利》2010 年第 9 期。
47. 王建军、刘建平：《试论陕西近代水利工程及其影响》，《西北大学学报》（自然科学版）2001 年第 6 期。
48. 王建军：《陕西近代化农田水利工程的历史地位》，《陕西水利》2001 年第 5 期。
49. 王民洲：《李仪祉与“关中八渠”》，《水利天地》1988 年第 6 期。
50. 王树滋：《西北水利鸟瞰》，《建国月刊》第 2 期，1936 年 2 月。
51. 王喜成：《试论 1946—1947 年关于黄河花园口堵口问题国共双方的斗争》，《中州学刊》1989 年第 3 期。
52. 王翔、邢朝晖：《关中八惠与陕西十八惠——纪念李仪祉先生诞辰一百二十周年》，《陕西水利》2002 年第 2 期。
53. 王延荣：《试析中共在黄河归故斗争中的策略》，《华北水利水电学院学报》（社科版）1994 年第 2 期。
54. 王质彬：《李仪祉的治黄思想及其对陕西水利的贡献》，《人民黄河》1982 年第 3 期。

55. 吴以敩：《民国年间的水土保持工作》，《黄河史志资料》1987 年 1—2 期。
56. 肖富、辛理：《李仪祉痛斥吃喝风》，《陕西水利》1994 年第 1 期。
57. 谢俊美：《档史结合论从史出——〈功罪千秋——花园口事件研究〉余谈》，《民国档案》，2004 年第 1 期。
58. 熊先煜：《黄河花园口选址及挖掘纪实》（王发星抄印标注），《档案管理》2005 年第 5 期。
59. 熊先煜：《我是炸黄河铁桥、扒花园口的执行者》，《炎黄春秋》2009 年第 4 期。
60. 熊先煜：《炸黄河铁桥扒花园口大堤真相》，《文史精华》2001 年第 11 期。
61. 许国华：《罗德民博士与中国的水土保持事业》，《中国水土保持》1984 年第 1 期。
62. 薛华：《早期水利"海归派"与黄河治理》，《寻根》2012 年第 4 期。
63. 阎文光、赵平：《中国的"水土保持"一词的由来》，《中国水土保持》1986 年第 4 期。
64. 杨力：《河南黄河电讯联络》，《黄河史志资料》1985 年第 3 期。
65. 姚汉源：《河工史上的固堤放淤》，《水利学报》1984 第 12 期。
66. 姚远、唐得源：《我国近代水利科学家李仪祉》，《陕西师大学报》（自然科学版）1984 年第 1 期。
67. 姚远：《中国近代水利大师李仪祉》，《西北大学学报》（自然科学版）1990 年第 2 期。
68. 尹北直：《李仪祉与江淮水利》，《工程研究》2009 年第 4 期。
69. 尹北直：《民国防汛减灾工程决策的非技术因素探析》，《中国农史》2010 年第 2 期。
70. 庾莉萍：《花园口掘堤真相及功过》，《陕西水利》2006 年第 2 期。
71. 酝籍：《中国现代水利之父李仪祉》，《新西部》2003 年第 10 期。
72. 张含英：《中国水利史的重大转变阶段》，《中国水利》1992 年第 5 期。
73. 张骅：《丰功伟业一代宗师——李仪祉对我国水利事业的贡献》，《陕西水利》1992 年第 2 期。
74. 张骅：《李仪祉——我国近代水土保持工作的先驱》，《中国水土保持》1989 年第 2 期。
75. 张骅：《我国近代治黄和水土保持工作的先驱李仪祉》，《人民黄河》1999 年第 11 期。
76. 张兴兆：《花园口事件的史料真伪》，《兰台世界》2008 年第 20 期。
77. 张云：《重新解读花园口事件——〈功罪千秋：花园口事件研究〉评介》，《军事历史研究》2003 年第 4 期。
78. 郑启东：《国民政府时期农田水利的发展》，《中国经济史研究》2005 年第 2 期。
79. 中国第二历史档案馆：《德国总顾问法肯豪森关于中国抗日战备之两份建议书》，

《民国档案》1991年第2期。

80. 中国第二历史档案馆：《国民政府1937年度作战计划（甲案）》，《民国档案》1987年第4期。

81. 周军：《黄河东流去——国共两党关于黄河花园口堵口复堤的斗争》，《党史纵览》2002年3期。

五 学位论文

1. 鲍梦隐：《黄河堵口：南京国民政府关于战争遗留问题的解决》，硕士学位论文，河南大学，2010年。

2. 褚俊乾：《李仪祉水土综合治理思想研究》，硕士学位论文，长安大学，2009年。

3. 高峻：《新中国治水事业的起步（1949—1957）》，博士学位论文，福建师范大学，2003年。

4. 侯普慧：《1927—1937年河南农田水利事业研究》，硕士学位论文，河南大学，2007年。

5. 黄正林：《黄河上游区域农村经济研究（1644—1949）》，博士学位论文，河北大学，2006年。

6. 李艳：《近代河西地区的水利、水权、水案与乡村社会》，硕士学位论文，兰州大学，2009年。

7. 裴庚辛：《1933—1945年甘肃经济建设研究》，博士学位论文，华中师范大学，2008年。

8. 渠长根：《功罪千秋——花园口事件研究（1938—1945）》，博士学位论文，华东师范大学，2003年。

9. 王兴飞：《政治还是民生？——伪政权黄河堵口研究（1938—1945）》，硕士学位论文，南京大学，2012年。

10. 尹北直：《李仪祉与中国近代水利事业发展研究》，博士学位论文，南京农业大学，2010年。

11. 曾磊磊：《黄泛区的政治、环境与民生研究（1938—1947）》，博士学位论文，南京大学，2013年。

12. 张庆林：《山东抗战胜利后的善后救济研究（1945—1947）》，硕士学位论文，山东师范大学，2010年。

13. 赵国壮：《南京国民政府水利行政统一研究（1928—1935）》，硕士学位论文，华中师范大学，2008年。

14. 周亚：《环境影响下传统水利的结构和趋势研究》，硕士学位论文，陕西师范大学，2006年。

六 报刊

《出版周刊》、《东方杂志》、《大公报》、《导淮委员会半年刊》、《工程》、《华北水利月刊》、《黄河堵口复堤工程局月刊》、《黄河水利月刊》、《建国月刊》、《经济部公报》、《立法专刊》《民国开发西北》、《闽政与公馀非常时期合刊》、《人民黄河》、《人民日报》、《陕西水利月刊》、《申报》、《水利》、《水利通讯》、《水利月刊》、《外交部公报》、《西北问题》、《西北资源》、《行政院水利委员会月刊》、《中国水土保持》、《中央日报》、《中央周报》